AF890589

BEITRÄGE ZUR QUELLENKUNDE

DER

ALTDEUTSCHEN LITERATUR.

BEITRÄGE ZUR QUELLENKUNDE

DER

ALTDEUTSCHEN LITERATUR

VON

KARL BARTSCH.

STRASSBURG.
VERLAG VON KARL J. TRÜBNER.
1886.

G. Otto's Buchdruckerei in Darmstadt.

VORWORT.

Seit einer Reihe von Jahren gehe ich mit dem Plane einer 'Quellenkunde der altdeutschen Poesie' um, welche ein Verzeichniss sämmtlicher uns erhaltener poetischer Denkmäler in deutscher Sprache bis zum Jahre 1500 umfassen soll, mit Angabe sämmtlicher Handschriften und Fragmente, sowie der Orte, an denen etwas davon gedruckt ist. Ich glaube annehmen zu dürfen, dass eine solche Arbeit den Fachgenossen willkommen sein wird. Als Vorläufer sende ich dies Schriftchen voraus und verbinde damit die Bitte, namentlich an die Vorstände von Bibliotheken, mich auf handschriftliches Material in weniger bekannten Bibliotheken aufmerksam zu machen. Meine Absicht bei dieser Schrift war, theils unedirte Sachen zu liefern, theils zu schon herausgegebenen unbekanntes Material zu erschliessen, endlich auch nach neuer Prüfung oder Vergleichung bereits benutzter Quellen die Kritik unserer altdeutschen Denkmäler zu fördern. Als Probe eines Verzeichnisses, von der jedoch ein paar bestimmte Gattungen kleinerer Denkmäler ausgeschlossen sind, veröffentliche ich einen Theil des A. Indem ich die noch nicht edirten Stücke durch ein Sternchen hervorhebe, wird man leicht übersehen, wie viel noch in Handschriften verborgen ist.

HEIDELBERG, im Juni 1885.

K. B.

INHALT.

ZU WERNHERS MARIA.

I.

DIE HEIDELBERGER BRUCHSTÜCKE.

Die in meinem Besitze befindlichen Bruchstücke einer Handschrift von Wernhers Maria sind allerdings in Feifaliks Ausgabe für die Lesarten bereits benutzt worden; aber bei der seltsamen Gestaltung des Feifalik'schen Textes, der auf der Umarbeitung in der Wiener Handschrift beruht, stehen die besseren Lesarten von C und D (der Berliner Handschrift) im Anhange statt im Texte, dazu an zwei verschiedenen Stellen, so dass man ein Bild von der Ueberlieferung nur schwer bekommt. Da eine kritische Ausgabe des Gedichtes noch immer aussteht, so scheint mir der Abdruck einer Handschrift gerechtfertigt, deren Text zwar auch von Entstellung und Umarbeitung nicht frei ist, aber doch dem Originale näher steht als der Feifalik'sche und der der Berliner Handschrift. Ich nenne meine Bruchstücke die Heidelberger, weil ich die Absicht habe dieselben später der hiesigen Bibliothek zu übergeben.

Ich schicke eine Uebersicht der erhaltenen handschriftlichen Quellen voraus.

I. VOLLSTÄNDIGE HANDSCHRIFTEN.

1. Berliner königl. Bibliothek, Ms. Germ. 8⁰. 109. 91 Blätter, Ende des 12. Jahrhunderts; mit 85 Miniaturen.

Herausgegeben von F. W. Ötter (Nürnberg und Altdorf 1802. 8.) mit Nachbildungen von sechs Miniaturbildern; besser und genauer von H. Hoffmann in seinen Fundgruben 2, 147 bis 212. Neu verglichen von Feifalik für seine Ausgabe. Die Hs. bricht mit V. 4882 F. ab. Von Feifalik bezeichnet: D.

2. Wien, Archiv des deutschen Ordens, klein Quart, 103 Blätter, von denen 9ᵃ—74ᵇ das Marienleben enthalten, 13. Jahrhundert. Herausgegeben von J. Feifalik (Wien 1860); vgl. dazu meine Recension, Germania 6, 117—123. Von Feifalik bezeichnet: A.

II. BRUCHSTÜCKE.

1. München, 'Docens Fragment', 1 Pergamentblatt aus der zweiten Hälfte des 13. Jahrhunderts. Abgedruckt in Aretins Beiträgen 7, 119—124, in Docens Miscellaneen 2, 103—108, und danach in Hoffmanns Fundgruben 2, 213 bis 214 und in Wackernagels altd. LB[5]. 227—230. Das seit 1833 für verloren geltende Bruchstück wurde von F. Keinz wieder aufgefunden und nebst Bemerkungen über das Alter und Textberichtigungen besprochen in den Münchener Sitzungsberichten 1869, II, 295—298 (vgl. auch 302 f.) Von Feifalik bezeichnet: B.

2. Nürnberg, Bibliothek des germanischen Museums, ein Pergamentblatt in kl. Octav, noch aus dem 12. Jahrhundert. Von mir herausgegeben im Anzeiger für Kunde der deutschen Vorzeit 1862, Sp. 112—115, jedoch, da mir keine Correctur zuging, mit mehreren Druckfehlern, die ich hier berichtige. V. 11 l. *dv.* 29 *mannen.* 83 Punkt nach *ê.* 84 *niht.* 86 *sibenstvnt.* 92 *deme.*

3. Augsburg, Stadtbibliothek, 4 Pergamentblätter in Hochquart, vielleicht noch aus dem 12. Jahrhundert. Herausgegeben von B. Greiff in Pfeiffers Germania 7, 305—330.

4. Die Bruchstücke der von Feifalik mit C bezeichneten Handschrift. Dieselben befinden sich:

a) in Karlsruhe, Hofbibliothek, vier Pergamentblätter in Octav, 14. (nicht wie Mone und ich früher angegeben, 13.) Jahrhundert. Sie stammen, wie die Aufschrift 'iste liber est fratrum predicatorum in Nurenberga' zeigt, aus dem Prediger-kloster in Nürnberg und waren auf die Deckel der Handschrift Nr. 71 des Klosters S. Peter im Schwarzwald aufgeklebt. Die Handschrift kaufte 1781 der Abt von S. Peter, Philippus Jacobus, der viele Bücher aus Nürnberg erwarb. Herausgegeben, aber in unrichtiger Folge, von F. J. Mone im Anzeiger für Kunde des deutschen Mittelalters 7 (1837), Sp. 156—164. Ich habe 1862 die Blätter verglichen und führe hier die Abweichungen von Mones Druck, auch die unbedeutenderen, selbst einige Abkürzungen an.

V. 3 *d'stunt.* 28 *burden.* 30 *wa . . | in.* 36 *h'cze.* 38 *irn.* 51 *begonde.* 67 *genese.* 70 *zu.* 71 *begink* 93 *krummē.* 104 f. *begreif. vī | den.* 106 *di flucht.* 107 *en mochtē.* 126 *vnd.* 126 *d'luste.* 131 *entsamēt.* 140 *schutte.* 150 *kunftigen.* 166 *sichtumes.* 169 *rechtē.* 191 das nach *di* abgeschnittene Wort am Schluss der Zeile begann mit einem *g*, dessen Anfang noch sichtbar ist. wahrscheinlich *grimmen.* 203 *doch e1 . . . . | te in grozlichen.* 205 von dem ` auf *g* folgenden Buchstaben (r) ist noch ein Theil ι sichtbar. 207 *di.* 211 *and'.* 215 *tribu |* 224 nach *g* noch Rest eines Buchstabens: *vngı |* 235 *der | wr den.* Am Schlusse der Zeile, wie der übrigen ein Wort abgeschnitten; l. *der arme* = A. 240 *ri |* , *i* noch erhalten. 242 von *m* in *milten* nur ²/₃ erhalten. 247 das *e* von *lufte* erhalten. 250 *el* von *swebel* erhalten. 252 . . *nm' anen.* 254 . . *egīne.* 256 *di gemahelen*, *d* noch zu erkennen. 275 ( )*v.* 278 *di.* 289 *suftzen.* 314 *brengē.* 323 *wache |* 331 ( )*o*, also *Do*, nicht *Hi.* 333 der vor *ster* stehende Buchstabe war kein *o*, sondern was so aussieht war Rest des *p*, es stand *p'ster*, wie auch 341 steht. 339 vor *in* Rest eines *k*, also von *truk.* 343 *marterie.* 350 | *n lit.* 357 *i* nicht sicher. 368 vor *wol* scheint *o* zu stehen, also wahrscheinlich *so.*[1]

b) in Heidelberg in meinem Besitze: eine ausführliche

[1] In einer andern Handschrift von S. Peter fand ich drei Streifchen einer alten Freidank-Handschrift (13. Jahrh.). Das eine beginnt mit 166, 21—22, ein anderes mit 168, 3—4 wo in 4 *behabet* = AMNO a steht.

Beschreibung habe ich in Feifaliks Ausgabe S. IX—XI gegeben.

c) in München, ein Doppelblatt. Herausgegeben von Fr. Keinz a. a. O. S. 298-305. Von Keinz bezeichnet mit E; doch bedarf es einer besonderen Bezeichnung nicht, da die Fragmente zu der als C bezeichneten Handschrift gehören. Sie bildeten Blatt 10 und 15 der Handschrift.

5. München, zwei Pergamentstückchen, die das obere und untere Drittel eines Octavblattes, Ende des 13. Jahrhunderts bildeten. Von Schmeller aufgefunden, wurden sie als zu Wernhers Gedichte gehörig von F. Keinz erkannt, und Mitteilung über sie a. a. O. S. 305—307 gemacht. Ich bezeichne sie mit G. Abdruck folgt unter II. Sämmtliche in München befindliche Bruchstücke (1, 4^c, 5) sind unter der Bezeichnung cgm. 5249 Nr. 2 vereinigt.

Ich lasse nun noch eine Uebersicht der in den Bruchstücken erhaltenen Reste des Gedichtes folgen und bezeichne die Fragmente wie folgt:

1 = B. 3 = F. 4^b = C^b.
2 = E. 4^a = C^a. 4^c = C^c. 5 = G.

	Fundgruben	Feifalik
G	= 147, 1—14	1—26
G	= 147, 24—148, 13	44-87
G	= 148, 22—32	102—120
F	= 148, 37—150, 21	130—240
F	= 152, 14—155, 39	364—622
C^b	= 152, 32—155, 7	398—564
F	= 158, 1—159, 27	775—909
C^b	= 158, 21—159, 19	813—887
C^c	= 159, 19—160, 27	887—965
C^b	= 160, 27—164, 35	965—1254
B	= 163, 40—165, 9	1189—1289
C^c	= 164, 36—165, 29	1255—1328
C^b	= 165, 30—166, 39	1329—1408
C^b	= 170, 30—31	1647—1650
C^b	= 171, 8—9	1685—87
C^b	= 171, 32—35	1722—26
C^b	= 172, 14—17	1760—64

	Fundgruben	Feifalik
C^b	= 175, 35–177, 9	1993—2069
C^b	= 177, 17—20	2079—89
C^b	= 177, 33—35	2113—17
C^b	= 177, 39—178, 2	2128—35
C^b	= 178, 15—16	2161—65
C^b	= 179, 26—30	2245—75
C^b	= abweichend	2277—85
C^b	= 180, 27—29	2288—2306
C^b	= 180, 36—41	2315—22
C^b	= 180, 43—181, 10	2325—47
C^b	= 181, 18—23	2358—68
C^b	= 181, 24—35	2371—87
C^b	= 182, 45	2470—74
C^b	= 183, 7—8	2494—98
C^b	= 183, 15—18	2509—16
C^b	= 183, 21—187, 16	2539—2782
C^b	= 187, 33—34	2816—20
C^b	= (188, 13—16)	2852—56
C^b	= 188, 38—40	2889—92
C^b	= 189, 18—192, 35	2930—3128
E	= 189, 18—190, 33	2933—3006
C^b	= 196, 19—198, 11	3361—3498
C^a	= 211, 18—Schluss von D	4455—4572
C^a	= fehlt	4641—4850

Nur für wenige Stücke liegen daher, wie man sieht, vier Handschriften vor, für eine beträchtliche Anzahl aber drei.

Ich gebe nun einen Abdruck meiner Bruchstücke. Abkürzungen habe ich beibehalten, den Schluss der Zeilen durch einen Strich, Ergänzungen durch Cursivdruck bezeichnet. Die Blattzahl bezeichnet die Zahl, welche das Blatt in der vollständigen Handschrift eingenommen hat. Links habe ich die Zählung des Textes von D (Fundgruben), rechts die von A (Feifalik) beigefügt.

Fundgr. F.

152, 32 (4[a]) . . . . ande, 398
33 daz er daz selbe schelten
mit ubele wolte gel|ten; 400
34 er enwolte ouch nicht mere
wid' in sin hus | kere
35 und wolte sich vor leide
von sime wibe sch*ei*|de,
36 von siner wunnenclicĥ cronen. 405
in einer wus|tunge wolte er wonen,
38 in einer wuste verre.
do *hiz* | ouch in der herre
39 alliz sin vihe dar triben
und *wolte* | da bliben. 410
40 des vihe wuchers wolte er leben,
zehe*nten* | und almusen geben
41 michels baz danne e,
vil *veste* | wesen an siner e,
153, 1 an nichte sich v'sumen, 415
clag*en* | und kummeren
2 in der menslichen brod, 418
3 daz die we*rlt* | anders nicht enist
wanne gestuppe und mist
4 *und* | ein schade der gar v'windet,
so sich di sele enpin*det* |
5 von menschelicher zarge:
so zergent ouch alle *vro*|wden mit arge.|

7 Als vrouwe anna daz v'nam, 419
daz ioachim ir m*an* | 420
8 so sere was gelei[di]got,
do wer ir liber der tot.
9 daz vil | wunnencliche wip
herte hilt si den lip.

Fundgr. | | F.
10 daz er *ir* | het entwichen, 425
daz was ur clage michel, 426
11 und so *ver*|re was geuarn.
si trût nicht bewarn
12 ir hiwi*sh* | daheime.
dar umme was ir vil leide,
daz si uffe der | erden 427
scholte witebe w'den
bi lebendingem man. |
18 si muste erbleichen dan, 430
19 ir schone wart v'derbe*t*. |
(4b) *a*lle ir vreude wart d'schreket, 432
ir iam' wart derwek|*et*.
20 di hende hub si hohe 433
gein der phabize vrone,
gein | *de*m himelriche. 435
21 si sprach vil tugentliche
'ouwe du | gewaltiger got,
mine vil innencliche not
23 geruche | zu bekennen.
io enmak ich nicht gewenken, | 440
24 *ich* mûz liden waz du wilt.
io hab ich augst uil. |
25 *wa* mocht ich raste vinden?
do du mir an den kin|*den*
keine vreude nîe gegebe, 445
daz du mir be|*neme*,
h're also gute,
mit sulchem ungemute. |
29 *waz* du wilt, daz muz erge.
di totun heizstu uf ste, | 450
30 *di* armen machs tu riche,
in selben ungeliche, |
31 *di ri*chen lestu vallen:
des muzen si dir alle
32 grozer | *m*eisterschefte iehen. 455
wo dine ougen geruchen se|*hen*,
34 daz ist gnedikeit mer

Fundgr. F.

danne griz in dem m', 458
|*din*er gûte manikvalde
35 me danne zwige in dem | *w*alde
mugen gesin
od'
ę índem mer vische [se]sín.
36 gezalt | *h*astu die sterne, 459
si mugen dir dinen g'ne, 460
37 der du wilt | *ge*ruchen.
nu ledige mich von den flůchen,
38 di mich | *ha*ben gederret,
mine wammen gesperret,
39 di sch|oltu, herre, entslizen, 465
daz ich din' heilikeit genize.' |

40 Anna suchte ir venien
mit zehern als manigē, |
41 daz si got erhorte,
ir angst gar zustorte. 470
42 (5ª) do si nid' | genikte
und wid' ouf geblikte
43 in einen boumgar|tun,
si begonde umme warten
154, 1 und sach an eime | aste 475
di sperken schrie vaste.
2 si gahte zu eime neste, |
da si ire kint weste
5 und bracht in di spise
uf eime | cleinen rise, 480
3 uf eime birnboume.
di vrouwe nam | des goume,
4 wi vrolich si flugen,
durch daz si iūge | zugen.
6 si sprach 'ouwe h're, 485
nahen und v're
7 ist din | trost geleitet,
din gnade bereitet
8 vor aller slachte | kund'.
du stiftes michel wund' 490

Fundgr. F.

9 durch daz du ob in | allen bist.
dine geschefte du gist
10 unmenschliche wune. |
von regen und von sunnen
11 machstu di erden b'nhaft. | 495
den vogelin gibstu di kraft,
12 daz si ire kint meinen, |
wi si in d' luft sweimen.
14 du gebuͤtes den wilden tirn,
daz | si zihen. 500
di natere di da slifet,
wa si ur kint begrifet, | 502
si get in willeclichen bi
und bezeiget daz si sin muter | si.
16 von dir di vische namen 503
wucher und samen,
17 di in | deme wazere vlizen: 505
diner gute si geniͤzen.
18 allez daz | da ie wart,
daz hat din segen wol bewart,
19 daz ez sich | v'neuwet,
waz kruchͤt od' flͤuget 510
20 uffe der erden | od' in dem wage.
nu sage ich dir gnade,
21 daz du | aleine
so v're hast gescheiden
von allen sachen, | 515
di du hast derschaffen,
22 von allen dingen,
di uz dem | urspringen
23 dins gewalts sint bekumen.
(5ᵇ) dar ûz | hastu mich genumen, 520
24 gesundert und gescheiden,
des | mûz ich immer clage und weinen.'|

25 E daz si di rede volsprach,
einen engel si gesach
26 vor | irme antlizce sten. 525

Fundgr. F.

di vorhte begonde si angen:
27 si | widersaz ez harte.
do si begonde warte
28 an sine scho|ne vederen,
vr sin wr als ein wedele
29 tut vor deme | winde daz loup.
der engel nicht ouf schop
31 sine bot|schaft vrone.
di vrouwen gruzt er schone
32 mit senftlichen worten.
'du scholt dich nicht wrchten',
sp"ch | der engel lichte.
'd' alle dink von nichte
konde wol | gemachen,
35 d' wil selber wachen
36 uber din reinez | gebet,
als d' kunc ie tet
37 a uber alle di ir gemute |
keren an sine gute.
38 do din alt man ioachim,
als ich | dir kundigen bin,
39 vnd dir zu iungest ziet,
di gotis | gnade ouch wirret,
40 daz du swanger wurde
keiser|licher burde.
41 du treist unt' dinen brusten
des dich | wol mak gelusten,
155, 1 eine tochter here.
ja enwirt | ouch nimmermere
2 ur glich geborn.
si ist zu kunegī | erkorn
3 uber allez himelischs her.
si schol gotis | sun geber,
4 den vil heiligen crist,
der aller werlde | vater ist.
5 di tochter ist herlich:

---

162 a vber, *nach* a *von blasserer Tinte ein* e *eingefügt.*

Fundgr. F.

ir wart nie kein | vrouwe glich
7 under wiplichem kunde:
si wirt ein 564

(9ᵃ) . . . . . . nicht mere,
bet
er wurde gerauft sere
an dem *libe* | und an der sele. 813
158, 21 als er des nachtes entslif,
d' *engel* | im ab' rif 815
22 'wes sumes tu dich ioachim?
an *stunt* | ich bote bin,
23 daz du mûst varn. 818
du enwolles *ez be*|warn,
24 du mûst des engelden,
daz anna nich*t vil* | selden 819
25 nach dir weinen wirt. 820
du weist wol d*az* ¦ si gebirt
27 eine tochter gute:
di ist in gotis h*ute* |
28 von ewe zu ewen.
wi schal ich dich dines wrum vlehe*n*'? |

29 An deme andern morgen 825
do v'liz er | alle sorgen,
30 er hub sich ouf bereite.
er wolte | nicht lenger beite,
31 er sagte sinen lûten
des en|gels wort zu dûte. 830
meine
32 ḍ si riten alle geine
daz si vm | w^e^ren engegene,
33 als daz vihe mohte gen.
si sprachē, | wolt ir da besten,
34 daz müezt ir an si tun: 835
ez were ein | michel missetun,
daz er also tete,
als im gekund*et*| hette 838

---

185 bet *von jüngerer Hand.* 207 meine *von jüngerer Hand.*

Fundgr. F.

der gewaltige bote.
si ri^{e}fen vaste hin zu g*ote* |
35 uffe sine barmunge
mit weinden zungen:
36 si w*ren* | alle verte, 839
daz mos und di herte, 840
37 beide berge und t*al.* |
daz vihe karten si uber al.
38 si warn in der ode
ge*we*:sen funf manden
und ouch gebůwet 845
mit sulch*em* | missetrůwen,
39 daz er botschaft eine
enpot hin | wider heime
40 sime schonen wibe:
daz het si zu n*ide.* | 850
41 (9^{a}) *dǫ* su an irme gebete stunt,
als dike gute kind'e tůnt, |
42 *mit* zeheren begozen,
der engel unu'drozen
159, 1 kom ir | *abe*r zu sune 855
bi des boumgarten zune,
2 do su lac an | *ir*me knie.
der engel zu ir gie,
3 ur leit er ir gebu^{e}te. |
. . . er si getroste. 860
4 er sprach, daz si ginge
und irn mā | *en*phinge
5 zu einer phorten di hi^{e}z antea:
d' wirt | *be*geinte ir alda
6 ane zwivel an dem tage. 865
daz was | *i*r trůren und ir clage
7 in dęme winde u'swunden. |
*i*r herzce was enpunden. |

8 Si gahte gein deme burgetor,

---

239 z *von anderer Hand.*

Fundgr. F.

des wirtes beitte | *si* da vor 870
9 mit des engels geleite.
si wolte ur langez | beiten
mit gebete unt'misschen.
13 si stalten ir hiue|wizcen
beidenthalben zu den siten.
14 daz mer vlog | vil w^{e}iten.
10 si stunt uf einer hôhe, 871
daz si v're sehe | 872
und w^{e}ite mochte geschouwen.
di vil edele vrouwe |
vil da nider dike 873
mit manigem ufblike,
wo er | *vur*e da her: 875
da zu was ir vil ger.
di lûte di da wa|*ren*,
di begonden alle vragen
von der vrouwen | *sch*ône
der gewisse bote queme, 880
d' ir hette daz uz | *ge*numen,
wanne ir man scholte kumen.
do si da | *w*urden inne,
daz von der gotis stimme
di rede | was erschellet, 885
18 anna wart gezelet
19 zu dem aller | 887

160, 27 (11^{a}) . . . . | den tac behalte
28 mit vire und mit gesange.
so | wirt vil wol enphangen,
su schol uns willekumē | si. 965
ia luchtet uns daz megetin,
als di lilie uz den | dorn.
si weget ouch uns da vorn,
so ez uns an di | not gat.
den sundern si da bistat 970
vil rechte mûte*r*|liche.

Fundgr. F.

si wil uns nicht entwiche,
wanne si uns bren*get* | an di stat,
des ir gert und bat 974
allez unser gemûte. |
so groz sint ir gûte.
30 si hertet wol di lenge 975
unsere | vreude von anegenge,
do si in der molde
mit uns | buwen wolde.
31 wa man sant mariam nennet,
so | vreuwet sich und menget 980
32 beide sele und | lip.
ir name uns wege git
33 zu unserm heymo|te
uzir diser brode. 984
34 bezer name wart nie,
der zu | leben ie: 985
35 des loben wir den heilant,
der da herber|ge vant
36 in dem sunnenschine.
si enwart ouch ni*e* | zu wibe,
si ist magt unbewollen:
si gibt uns tros*t* | enuollen. 990

37 Dannen uber dru iar,
daz si di toch|ter gebar,
38 ir oppher si uf huben.
mit deme kinte | si ez trugen
39 gein deme tempele schône. 995
maria | gin da vore
40 so wol uf gerichte
den luten zu ge|sichte,
41 daz si nie umgesach.
zu der muter si nicht | sprach 1000
42 noch sich dar zu nicht gemûzte,
(11b) daz si den | vater gruzte,
161, 1 und si ni des gezam, 1001
daz si wip od' mā |

Fundgr. F.

2 an wolde schouwen.
si gink vor allen vrouwen
3 vil | gerechte zu der reste. 1005
aller kinde beste
4 daz suchte ma|nige venien.
des wundert di menie,
5 daz si kint was | *a*me libe
und doch alten wiben 1010
6 ein gut bilde vor | *t*ruk
und aller zuchte gnuk.
den meiden di da waren
und in deme tempel lagen
alle zit und alle | vrist 1015
in gotis dinst,
9 dem bevalch si daz kint,
dē | alle di dinent,
di daz ewige leben
immer wollēt | sehen. 1020
10 do bleip si gerne under in.
di muter und ioachī |
11 di ilten dannen keren.
di maget wuchs | mit eren
12 an aller slachte laster 1025
und nam | wr sich vil vaste,
14 daz si vor libe weinten
di got vō | herzcen meinten.

16 Do sprach di vrouwe anne |
'got schubet ouf lange 1030
17 sine gnade, wanne er | wil,
und gibt der zumale vil,
18 daz si nimant er|grunde
noch wrbaz mac gekunde, 1034
19 geceln noch | gemezen:
wer scholte im des v'gezen?
20 mine viͤn|de 1035

---

348 herzcen meinten *am Schluss der folgenden Zeile.*

Fundgr. F.

besten an den schandin,
21 di mir ubele sprachen, |
si enwosten waz si rachen.
22 do ich unberhaft was |
und dar nach schire genas 1040
23 der liben tochter di | ich han,
doch mochten si alle wol enstan
24 (12ª) daz | daz gotis zeichen,
daz er uz mir wolte reichen. 1044
25 nu | muz in allen daz loben,
daz von im ist kumen,
leyen | und phaffen 1045
und waz er hat derschaffen:
daz bekent | in allez an mir,
di wilden vogele und tir, 1048
di vissche | und allez daz wunder,
daz in des mers grunde
27 beide | flûzet und swebet, 1049
waz kruchet oder lebet 1050
28 uffe | dem ertbodeme
oder in den luften obene,
29 daz muz | mir bescheinen,
wi ich in lob und meinen.' |

30 Vor gotis geburte 1055
wi gut di lute worchten, |
31 wi heilig si do waren,
di kint di si gebaren | 1058
und doch in den iarn waren. (1061)
nu ist ir wol di schult.
33 war | umme wir daz meiden,
daz di vaste und di vire
34 in | gesezcet nicht enist, 1065
unz aller manne lezzist
35 si er|ledigot
uz engestlicher not?
36 von des ersten mannes | sunden
waz daz aptgrunde 1070

Fundgr. F.

37 gerucht von den selen, |
di muzent dar keren, 1072
38 sulche und semeliche,
arm und | riche.
39 do enwart kein gebeine 1073
so lutter noch so rei|ne
40 daz daz mochte bewarn, 1075
si mûsten alle dar varn, |
41 mit manigem ser erbite
der osterlichen cite,
42 daz | der ewige schin
erblûte mitten under in, 1080
43 do des cru|cis insigele,
daz zeichen uz dem himele,
162, 1 di tifen hell*e* | entrante,
den tuvel geschante
und sine volgere, 1085
die | dar inne waren.

3 (12b) Do hie got uber di | sinen
ein michel licht liz schinen,
4 ein groz berk | tal und glast,
nu horet wi des cruces ast 1090
5 und der | vil heilige stam,
der erlost wip und man. 1092
6 sin der hei|lige aller heiligen 1093
beide sich und lon
7 aller d' werlde | erzeigete,
di sich zu im neigeten,
8 und di helle was zu|brochen, 1095
sint musten wir uasten
9 und mit banvi^e^re |
eren di holden sine, 1098
di irn lip karten
zu gemisschel|ter marter
10 und sulche werk worchten,

---

412 dar inne waren *am Schluss der folgenden Zeile nach* uber di.

Fundgr. F.

daz si nicht | envorhten
11 des libes wandelunge.
moyses der junge, | 1099
12 di da vor lebeten, 1100
wi vil si tugende phlegeten,
13 ir ge|dult doch nimant beget,
di an ir iargezit gestet, |
14 wanne si den nie gesahen, 1105
des si zu herren iahen, |
15 der sint under uns gie
und sich crucigen lie, 1108
16 daz | alle heilikeit
wurde dester baz bereit
und cristen|licher ere
wurde dester mere. |

17 David und abraham 1109
di waren fursten lobesā, | 1110
18 ysaach und iosue,
iacob in der alten e, 1112
19 und di to|chter ysachar,
di unser vrouwen gebar
20 und ir | vater ioachim, 1113
di hatten alle irn sin
21 an got | gewendet: 1115
des enwurden si nicht geschendet,
22 sint | in himelriche
den engelen geliche 1118
23 (13ᵃ) und da so ge|vristet,
daz in nicht gebristet,
24 wanne des aleine, |
daz wir si uz scheiden
25 an unsern hochgeziten,
da | durch daz si muzen bᵉiten
26 der gotis ledigunge
ī | deme abgrunde
27 mit allem irm gezeume,
geruk|et in di hohe,

Fundgr. F.

29 dar si nu sint gefuret
von dem | tuvele ungeruret,
30 daz heilige ingesinde
vor | haze noch vor nide
31 uns armen ruche enpin|den,
daz wir si her nach vinden 1122
32 in den unzellichlen eren,
so wir von disem enlende keren. |

33 Nu v'nemt dise lere 1125
von der maget here,
34 di | uns den heilant gebar.
gute herzcē, nu hebet | uch dar,
35 da ir den trost vindet,
des uch nim|mer zurinnet. 1130
36 bit si darunter nige,
daz si *vil* | ulizclichen lige
37 irme trutsune an deme fuz*e*, |
unz er uns gebuze
163, 1 unser leit und unser ser. | 1135
der prister heizet wernher,
2 der des lides be|gan.
von dem er urkunde nam,
3 der ist ouch | von cristen
zu eime ewangelisten 1140
4 geseinet | und gewihet.
nimant in des v'zihet.
5 matheus | ist der erthale,
der retet daz vns uz tragen
6 di | margariten in daz licht, 1145
daz si v'tunkelt w'de | nicht 1146
7 in irdisschem stoube.
ia hilft uns d' gloub*e*,
8 (13b) |den wir an die kuneginne haben,
so wir dem tuvel | widersagen.
si ist in ein sterne, 1147
ia mugen wir si | loben gerne, 1148
9 di himelisschen brut.

Fundgr. F.

si beschirmet | wol daz lût
10 und alle ir undertane:
di tut si sorgen | *ane*.
11 si hat gemert wol daz lôn
allen gotis heiligē, |
12 wanne allez kunne 1149
muste zur helle brunne, 1150
13 w' | *in* di maget nicht kumen,
di si uz deme fure hat | genumē.
15 si ist ein cristalle
uber die engele alle | 1154
17 cesme eintalp gesten,
so wir zu gerichte gen.
18 alle volgere 1155
di bitent den sagere,
19 den der heilige geist begoz,
da her mine sunde so groz
20 mit gnaden wolle | bedeke,
unz ich di h'zcen erweke, 1160
21 di noch slafende | sint,
daz si erkennen daz kint,
22 daz si mit armen | ummeving,
do si zu kemenaten ging
23 bi der sme|hen crippen: 1165
do wart adams rippen
24 an d' vrouwē | wol geeret.
si hat alle vreude gemeret. |

25 Do sant maria
di edele maget und vrie 1170
26 juncvrouwe unberuret,
zu deme wart gefuret, |
daz der kunik salomon
stifte durch daz gotis | lon
27 in der stat zu iherusalem, 1175
e her begunde | uf gen,

---

531 di edele . maget vnd vrie.

Fundgr. F.

28 gepredigit wart si witen,
wanne si in | den selben geziten
29 er beluchte als di sunne 1180
(14ᵃ) uz | allem irm kunnde.
30 ir antlize und ir ougen
32 daz | muzen ane schouwen
33 di lute mit vorchten.
wa | andere vrouwen worchten
34 linwat und syden, | 1185
ir keine mochte erliden
35 der erweit also vil,
so | diz kint in sinem spil 1188
36 mochte volbringen.
ia | worchte si mit sinnen
37 allez des si begonde.
waz | di alten konde,
38 daz enmohte ir nicht engan.
des | nachtes ilte si uf stan,
39 daz si ir venien pflege, |
gote si sich ergebe.
40 ire gewonheit 1189
sage ich uch | gereit. 1190
41 alle morgen vru
so gedahte si dar zu, |
42 daz si ires gebetis hutte,
di reine und di vil *gute*, |
164, 1 mit michelem vlize 1195
unz ^{su} si dem in bize,
2 so d*i* | vrouwen gazen,
wider zu w'ke gesazen,
3 de*n* | half si unz zu none.
so gink si aber schone | 1200
4 w^{e}r den altare,
daz si ir gebete spreche.
5 da stunt | si unz an di vesper,
daz alle di swester
6 den sanc | an gevingen, 1205
ir tagezit begingen.

Fundgr. F.

7 so kom ge|vlogen gabriel,
der gotis engel vil her,
8 er bra chte ouch ur daz himelbrot,
daz er dʻ kunegin|ne bot 1210
uz siner hant in di ir:
10 anders az si nich*t* | vil.
11 waz man ir gab zu spise, 1211
daz gehilt di ma*gt* | wise
12 armen ạenlenden
in di stat zu senden.
13 (14b) *al* di samenunge, 1215
alt und junge,
14 di wurden do | wol innen
der tugentlichen minnen,
15 di si mit | den egelen hatte:
si selbe ez wol vʻdagete. 1220
16 doch was | ez unvʻborgen,
daz enmocht si nicht besorgen. |

17 Heilige swestere wonten do
in salomonis tem|plo,
18 di waren do gehohet, 1225
sider sint si gar zustoret. |
19 nu habent ez besezen
rittere vil vʻmezen,
20 di we|rend ez mit kreften
vor dʻ heidenschefte. 1230
do di kei|serinne,
di erwelte gymme, 1232
zuvʻsiht der wʻlde, |
di ir den sal erwelte,
21 daz si wolte erschinen 1233
bi | *den* heiligen wiben,
do lobte si unsern herren, | 1235
daz er si also vʻren
uz den andern erhub
daz si | *se*nfticlichen trug
22 alle di erbeit, 1239

Fundgr. F.

di si zu gewon|heit
23 hatten gesprochen,
und nimant enmochte | 1242
24 den iren sin erkunden noch ergrunden.
si ilte zu al.len stunden
25 zu gotis dinst, 1245
zu d' ewigen genist.
si | was an alliz wandel,
kuscher danne di andern,
26 ir keine was so wise. 1247
si az di gotis spise,
27 di ir der engel | brachte.
keines ubels si gedachte. 1250
28 an d' gute was si | *st*ete,
in geistlicher wete.
34 wachen und vasten 1251
des | mocht su nicht gemachen
35 bleich od' trube:
des wū|*d*ert genuge. 1254
daz beste het si derkorn.
ia d'hub si |

165, 30 (16ᵃ) Do si begonde wachsen, 1329
do wart si an dē vahse | 1330
31 schone und an dem libe
vor irdisschem wibe.
32 ein | h're hiz abiathar,
der karte sinen mut dar,
33 daz | er die magt gewūne 1335
sime libe zu wūne.
34 d' kin|dissche man
d'. was ouch ir gehorsam.
35 d' vil rit|terliche degen
wolte si elichen nemen 1340
36 ane val|sche mīne
durch erben gedinge.
39 di vrouwe | daz nicht v'dolte:

Fundgr. F.

si sprach daz si nicht enwolte |
166, 1 und nimm' man gewinnen, 1345
w'ltlichē gefrurē. |
2 ez duchte si so michel,
si wolte wesen sicher
3 vor | mannis gebende
bis
unz an des lides ende. 1350
7 do bot er | mite groze
sinen gnozen,
8 di des tempels phlagē, |
daz si di magt geben 1354
zu koufen sime kinde:
des | bat er daz gesinde.
11 er bot in golt daz rôte 1355
und | gedingte vil genôte,
12 daz silber vil wize,
daz si im | hulfen mit vlize.
sin edel gesteine 1357
daz was in | alliz veile. 1358
er bot di breitē borten
und vlehte | mit den worten,
13 daz daz kint lustsam 1359
sime sulne wurd und'tan. 1360
14 di mite er wegete:
ez begōde | in allen wol gevalle.
15 si retten al gliche
und kunlten grozliche,
16 daz si vil gerne tete 1365
des si der edele | herre bete.

17 Do sprach sant marie,
(16b) got | hette enzundet si
18 mit bezerem mute
in engelissch' | hute. 1370
si sprach mit guten zuchten

655 biz *von anderer Hand jünger.*
677 herre bete *am Schluss der folgenden Zeile.*

Fundgr. F.

'nu weset nicht | ungemute :
19 lazet var dise spil,
wāne ich nimmer | enwil
20 dekeinen man gewinnen 1375
zu w'tlichē din|gen.
21 ir enschult mich nicht reizen.
ia hab ich got | entheizen
22 mine sele unbewollen.
mac ich daz er|wllen, 1380
23 daz ist der beste rat,
da min gedinge ane | stat.'
24 do was ein bisschof unt' in,
der was sin vliz|ik umme gewin 1384
durch di gabe mere
tuw' und | swere,
di was im geheizen.
26 er sprach 'du schalt | mich lazen 1385
27 dir di warheit sagen,
di enwil ich | nicht v'dagen.
28 got selber gap adamen,
so wir | an der schrift v'namen,
29 evam zu wibe.
warn von | ir libe 1390
30 ensprungen
alt und iūgen,
31 so were di we|rlt ode,
geringe und blode:
32 so enrife nimant an | got. 1395
vrouwe, laz ab, ez ist din spot:
33 nim dē man | zu diner e
daz ez dir zu selden erge,
34 volge den | luten.
gebe der gotis trûten 1400
35 di kint also reine, |
36 di gotis ere meinen.
als zu himele ist gach,
also | schullen ouch hernach
unser nachkumē tun: 1405

Fundgr. F.

37 daz | ist d' beste wistum,
38 den wir imm' mugen erden|ken:
39 du ensalt uns an der bete nicht wenken'.| 1408

170, 30 (20^{a}) .... niht wandeln sine wort. 1647
nu suche eine kurzce | gerten dort,
31 di dir ist enphallen.
di ervreuwet | 1650

(20^{b}) sie im von d' wizce:
di vedern musten glizce.
171, 8 do | wart ein thradē grozer 1685
von sinen gnozen,
9 si | 1687

(21^{a}) ..... sunde 1722
171, 32 mit ir imm' buwen
33 in gotlichen truwen: | 1724
34 daz mahtu wol geleisten.
35 du bist des huses meister | 1726

172, 14 (21^{b}) .... ne 1760
15 mit bescheiden' rede
mine gemehels^{b}az gebe. |
17 als si zu iren iaren kume,
in mime huse gewone | 1764

175, 35 (25^{a}) an ir chirgirdiste, 1993
wanne si w'kes gluste, 1994
36 daz si durch | alte mīne
truwen brechten inne
37 an dem ir gegerbe, |
daz si di manigen varbe

Fundgr. F.

38 sprengeten an di bilde,
daz | di leuwen wilde
39 und di trachen swebten dar an,
bei|de vogele und man,
40 di manige merwund'
und alle | kund',
176,1 des di werlt pflege
daz dar an lege.
2 di prist'e | sante er ouch dar 1997
wol gezinnelot har,
3 daz si in | zu helfe spunnen,
so si beste kunden. 2000
4 do wart ir stit | vil groz:
di vrouwē wurfen ir loz,
5 wa der purpur und di | syde
scholtē bliben,
6 welche des w't were, 2005
daz si daz | beste neme
7 und dar ane worchte.
di ruhen har si | vorchtē: 2008
8 des wolte iclich megetin
g'ne uberk wor|den sin.
9 do gevil daz loz an daz kint, 2009
da von alle wip | sint 2010
10 geziret und gesegenot,
daz si di syden grûn und | rot
11 in irn hanten bliben.
also wolte si gesigen,
12 daz | di and'n spunnē di har. 2015
di vil wenige schar
13 di enliz | daz nicht ane nit.
d' engel in daz seit,
14 daz si durch | ir minne
si hizen kuneginne, 2020
15 wanne si von rechtē | schulde
hette gotis hulde.
17 d' engel d' di spise
uz dem | vronen paradyse

Fundgr. F.

18 sente marien brachte, 2025
do er an | den schinph gedachte,
20 den di megde hatten und' in, |
er wolte erschreken irn sin.
21 vn allen er d'schein
(25ᵇ) |licht als d' goltstein. 2030
176, 22 er sprach 'ich wil uch wissa|ge:
daz ir zu spotte wolt habe,
24 ir w'det des wol in|nen,
daz si zu keiserinnen
25 ub' alle di werlt wesen | mûz. 2035
so wirt ouch uch des getusches bûz: 2036
26 so geseht | ir vil gereit
di gerechten warheit.'
do vorchten si | d' rache: 2037
28 mit zuchten si sprachen,
29 si wolten ez gerne | bûzen.
si buten sich zu der kuneginne fûzen. 2040

31 Nu horet, liben, dise sage:
an dem and'n tage
32 di | kamerer des sunnen
di gink zu ir brunnen
33 an des | houes ende 2045
und twuc ire vil reine hende,
34 aller | truwen ein lichtvaz.
do si eine wile da gewas
35 und | and's nimant da enwas,
ein engel lutter sam ein | glas 2050
37 d' kom zu ir geslichen.
er bat si wesen sicher |
38 vor aller slachte leide.
vreude und weide
39 und daz | ewige leben 2055
daz wolte got von ir geben, 2056
teile und | spende
den armē enelenden,
di der tuvel hatte u'ra-|ten.

Fundgr. F.

177, 1 eŕ sprach ez muz kumē ein licht, 2057
daz enmochte | h' in d' vinster nicht
3 leng' sin v'borgen,
si were | di alle sorge 2060
4 mit deme oley d' barmunge
linderen | begunde.
do si aller geruste
von geistlichen listen
mit | im geredet hette, 2065
do vw'arf er sin gewete,
9 beide ou|gen und munt,
daz si vn an d' selben stunt
nicht | 2069

177, 17 (26ᵃ) .... kort,
daz er dar wid' queme, 2083
daz si sin ein ende neme. |

18 Hie get ez an den ernst. 2085
nu mugt ir aller gernst |
19 uwer h'zce hohen,
di senfte rede horen,
20 daz aller bes | 2089

177, 33 .... erden. 2113
er vant di gotis w'den
34 in einer kemenatē. | 2115
dar in so gink er drate.
35 di cleinen syden si span. | 2117

177,39 (26ᵇ) .... si da worchte, 2128
40 daz sleich ur uz den henden,
des boten si | nicht enkande. 2130
41 di vorchte er ur gebuzte:
nu horet | wi er si gruzte.
178, 1 'ave maria,

855—57 *nur die obersten Spitzen der Buchstaben erhalten.*

Fundgr. F.

di dine bruste vrie
2 di | 2135

178, 15 .... einen sun, 2161
d' ur gnade wil tun.
16 er wirt geheizen | emanuel.
kein mut' gebirt nimm' mer
keinen | 2165

179, 26 (28*) .... | vid, 2245
wanne er an ure suze glit,
27 daz von sime kunde |
sulche ere ist v'numen.
28 aaron mit sin' gerte
d' lob|te wol ur gev'te, 2250
29 wanne er si vor dûte
den erhaften | lûten.
nu sprichet d' kunik yesse, 2251
di maget wiz als | d' sne,
daz von sime geslechte
nicht bezers kumē |

179, 30 ..... | sin lon;
vor . en . . g . . . 2255
.... | megetin
wi si alle zu dringen, 2257
di di langen brife | bringen,
di si von ur tichten.
nu ist kumē zu ge|sichte 2260
daz si biwilen frumelich scriben.
nu sehent | si si ane digen
alle engelissche schar.
nu ving'zei|gent si dar.

Di meide huben sich an si, 2265
di si | meinete,

---

885 gent si dar *am Schluss der folgenden Zeile.*

Fundgr. F.

sant margarete
und alle di ur hetten
kein | dinst erboten:
di sint nu geert von gote. 2270
wie himel | menige mit ur gat
wo si sitzet od' stat
in dem himel|riche:
si loben si alle gliche
d'i diet uz aller zungen | 2275

(28b) . . . bent di husgenozen
mandunge groze.
da fluzet | cynamome, 2277
balsamus smeket schone
und' allen | den gesellen.
ur gesallt ist ob in allen. 2280
nu wil ich | der geswigen,
di zu disme liben
mit eren sint gesun|dert,
wanne mich des nicht enwundert,
daz si di | 2285

180, 27 und enwizen wan|ne uns d' tot 2288
28 begrifet ungewarnet.
di sele ez dan|ne gearnet, 2290
29 waz d' licham hat gefrumet.
we wi u|bele uns daz bekumet,
daz wir un dinen selten. |
des muzen wir enkelten.
nu bitet di gotis bruth | und den sal, 2295
daz si da ture gruzsal
des engels an uns | bedenke,
und wa wir gewenken,
daz si v'kise den | zorn.
jo wern wir selig geborn, 2300
di uz irs h'czen tife

uf | ur gnade rifen.
nu vleben wir di getruwen,
daz | si uns nu v'nuwe
von allen houbetsunden 2305
und | 2306

180,36 (29ᵃ) . . . . | und gereite: 2315
do si in ir kintheite
37 keinen wucher | gebar,
und daz si gezwivelte gar 2318
38 und ouch vor ¦ ald' bidemt.
nu ist ur brust gewihet,
40 ez ist ur libe | ergangen. 2319
di vrouwe ist kindes swanger 2320
41 und ist | nu worden berhaft.
io maht ouch du di gotis kraft | 2322

180,43 waz er gebutet und wil: 2325
er bezeiget wund' vil.
181,1 nu | ist di sechste manot,
daz sin zeswe daz gebot,
daz di | alte wamme
einen ᵛᵒʳboten sime lamme 2330
muze gewin|nen,
d' unkundet vinden.
3 di durre ist worden wchte, |
sin gnade witen luchte
witen und v'ren. 2335
er ist meist' | aller herren.

5 Do di himelissche maget,
als | uns lucas saget,
6 gesmacte und bekorte

---

936 *nur die obern Spitzen der Buchstaben erhalten.*
937—39 waz—nu *nur die Spitzen erhalten.*
948 aller herren *am Schluss der folgenden Zeile.*

Fundgr. F.

von gabrie|lis worte 2340
7 d' obersten suze,
do gedachte si an daz gruzen, |
8 daz elyzabethen scholte
und sich des vreuwen wolte, |
9 daz ur so was gelungen 2345
an d' gotis barmunge,
19 daz si | 2347

(29ᵇ) an des berges ende 2358
181, 18 ur niftelen si besprach.
do su si | zu dem ersten an sach, 2360
20 si gruzte si mit truwen.
selt|sene und ittenuwe
21 si kuste di husvrouwen
wur|den di mere,
di da geschehen waren.
mit lachendē | *ougen*,
23 *mit* h . . l*i*cher minne.
di mit der kuneginne | 2368

181, 24 Elizabeth di gute 2371
di erkante in irm gemute |
25 von d' gotis tougen,
daz aller d' werlde vrouwe |
26 ur zu hofe was kumen. 2375
si enhet ez e nie v'numē |
27 von menschlich' zungen.
d' si da wolte stungen,
28 d' | konde si wol gelere
di kunftigen ere. 2380
29 daz was d' | heilige geist,

965—967 *in dieser Reihenfolge in der Handschrift, aber mit Umstellungszeichen.*

969 *von* h . . l . . her minne *nur die oberen Spitzen erhalten.*

971—972 *nur die unteren Spitzen erhalten.*

Fundgr. F.

recht' dinge volleist, 2382
30 d' alle vreude | kundet.
d' het si ouch enzundet.
31 zuhant wart si | wîssagens vol: 2383
si rette schone und wol
mit sante | marien, 2385
di vor allen wiben
den segen muz horen, |
den nimant mak verstoren.
35 *si sprach* cū magna uo | . . . 2387

(31ª) . . . | tuvel angesigen 2470
und vō des meres wage
zu deme | besten muzen gahen. |

182, 45 Daz *and' lit hat ende.*
nu wil ich an missewende | 2474

183, 7 . . . . | zustorn 2494
8 des swarzen valants nit 2495
nu so uns di volle|ist git.
eine rede wil ich breiten
wr alle di cristenheite | 2498

183, 15 (31ᵇ) . . . . | sorgen. 2509
daz kint daz e verborgen 2510
was in irme libe, |
daz kumt zu kurczer wile
von ur gnediclichen. |
16 d*i* s*orge muz wichen*
vnd . . . . bose 2515
d*i* e- | 2516

990—991 *nur die oberen Spitzen erhalten.*

995—996 *nur die oberen Reste der Buchstaben erhalten, von den cursivgedruckten nichts.*

1007—1009 *nur von den in Antiqua gedruckten Buchstaben sind obere Reste erhalten.*

Fundgr. F.

(31ᵇ) nimant konde getrigen,
di got uz allen luten |
erwelte um zu ein' brute
und di so hat gekindet, |
(32ᵃ) daz si nimm' me gewinnet.
mochte d' sun gesprech|en,
kein sin dink gezechen,
d' wunste daz er were |
so schone und geneme,
als di lichte maget ist.
hette | di manige list
od' mochte si gekosen,
si wolte di | himelrosen
mit schone ub'treffen:
si sund't vō den | heffen
den vil lut'n win
und daz gute oley,
daz uns | heilet unser sere,
di uns geslagen hat di schare, |
da von di sele d'sturben,
ab ur v'gezen wurde,
di | uns den arzt gewan,
d' uns den sichtum benam.|

Hi schult ir wizen unt' u, 2539
183,21 wo dise buchel alle | dru 2540
di maget wil des walten,
22 daz da kein kint |
wed' krump noch blint
23 nimm' wirt geborn, 2545
daz | ewiclich si v'lorn,
24 si wolle ez selber vristen
zu | dem iungisten,
25 so d' lip mit manigem ser
scheidet | von der sel. 2550
welch wip reine
nicht hat wanne daz | eine,
daz ist zwivel keine,

Fundgr. F.

si genist etteliche | teile, 2554
so ez ur gat an di not:
di maget vluhet | d' tot.
in welchem huse di schrift gelit,
d' engel | un manunge git,
di dar inne buwent
und ur | des getruwent,
von sant marien und von gote. | 2557
si d'wllent daz gebote
allen frumē wiben,
daz *si* | ez ab scriben 2560
und senden ez zu minne
(32b) in dem v . . . | meringe
v're und nahen,
da man ez gerne epfahen |
durch d' meide libe, 2565
daz ma ur daran vorchtlich dine. |

183, 26 Di magt sant marie
geruche di namē drie
27 um | uns armē bite,
daz uns ir sun gesetze 2570
30 zu d' rechtē | hant in den rink,
so daz groze teydink 2572
34 zu aller jun|gest wirt
und d' here huswirt
35 mit zorne beginnet | scheiden 2573
di liben von den leiden,
36 sine kint von dē knech|ten: 2575
di sundert er vō den rechten, 2576
37 di ubeln von dē guten. |
da schol danne cristis mut'
vaste helfende wesen,
daz | ire holden genesen,
und vil manige dytwe,
di mit | grozer truwe
nu ligent an irn wzen.
w' mochte uns baz | gebuzen

Fundgr. F.

di totliche vorchte
und waz wir ie geworch|ten
39 in getelosen sinnen?
zu den selben teydingen
40 ge|sitzet si bi d' syten
dem kunige, d' so witen
41 richtet mit | gewalte:
daz enwirt nicht ufgehalten.
42 allis daz wir | ie gedachten,
daz wir hinnen brachten
43 ane bûz und | ane bichte,
ez d'gat da nicht so lichte,
44 so wir uns beden|ken.
wir enmugē da nicht gewenken.
45 aller herczen | tougen
d' enmugen wir nicht v'lougen,
46 wir muzen | ie da buke
waz wir ie zu ruke
184, 1 sundē ie gewurfen. |
di d' vrouwen da bedurfen
2 und ir helfe g'ne sehent, |
di schuln irs dinstes gerne pflegen
3 (33ᵃ) in dirre werlt so sch|one
mit geistliem done
4 in irs kindes minne.
wol | w' di vogetinne
5 nicht hie gestete,
dort ist ez zu spete. |

6 Daz dritte liet heb ich hi ane. 2579
als di rittere zu dē | vanen 2580
8 vaste muzen sygen
in dem volke wigen, |
9 wer zu dem sterne
flucht habent gerne,
10 der daz cristenli|chiz her 2585
schone leitte uber daz mer 2586
11 werltlicher schan|dē.

Fundgr. F.

si ledigete ouch von dē banden
di ruwigē sele |
durch irs suns ere.
14 nu gebuwet wol, mine liben | kint, 2587
di sante marien holt sint 2588
15 und si vaste me|inent,
so si ire sunde weinent:
16 gedenket wol *wi* | wir haben gesaget, 2589
daz di ewige maget, 2590
17 ioseph | wart gemahelot
und daz si durch not
volgē und | hengen,
daz dar nach unlenge
18 ioseph was dahei|me, 2595
wanne h' zu der meide reine
20 zu capharnaum | kerte,
da er sine iung'n lerte
22 zimm'n groze ky*le,* |
daz si nicht zuvilen 2600
als di winsto'ke
daran be|nen bozen
23 uffe des mers unden:
den list er wolte | kunden.
24 d' vil alt brutdegen 2601
was gewesen unter | wegen
25 dri mandē und ein halbiz iar,
wanne er | gefrumte vil gar
26 des in di furstē baten, 2605
di in ge|ladet batten.
27 dar nach wart er in ein,
daz er fure | wid' heim
28 in di burk zu nazareth,
(33b) di mit grozem | lobe stet 2610
29 in sant marien gůte:
dar truk in sin gemute. |

30 Sin gesinde und di megetin
di hizen si willeku|men sin:

Fundgr. F.

32 er wart vil uuol enpfangen. 2615
do stunt ez | unlange,
33 wanne er des wart inne
an d' kunegin|ne,
34 daz si ein lebendingez kint truc.
do gewan h' | leides gnuc. 2620
185, 1 vil michel wunder in des nam,
wi si | scholte dekeinē man
2 imm' habe ub'kumen,
di bi | *der* spise wart gezogen,
3 di ur von himele wart ge|*san*t 2625
in der engelisschen hant.
4 der vil einvaltig mā |
hatte gedank und wan,
5 daz si mit bosen sachen |
zu sulchen ungemachen 2630
6 were verraten.
di vrouwē | in alle baten,
7 daz er mezelich clagete
und sich | wol gehabete.
8 si sagetē ur unschulde 2635
und swu|*ren* bi gotis hulde, 2636
9 di vil geistlichē wip:
di but|*en sele* und lip,
10 daz nimant kome 2637
zu der maget scho|*ne*
11 mit keime ungeverte,
noch si des ni begerte, 2640
12 daz | si uber di straze ginge
und ie keinē man enpfinge |
oder ie gespreche kein wort,
werer hie da oder dort,
zu | keinē werltlichē manne, 2645
daz si von dannē
not | scholte liden.
13 si mocht ouch an ir libe
kein wan:del wizen,
si hette sich gevlizen 2650

Fundgr. F.

15 wol tugentlicher | gûte,
si konde sich selber wol gehute,
16 (34ᵃ) ir eren manik|valt
mit des liben gotis gewalt. |

17 Der alte mit dem barte 2655
begonde sufczen harte |
18 sin leit und sin ungemach.
zu den vrouwē er do sprach |
19 'waz trostes muget ir mir geben?
ia muget ir | selber wol sehen, 2660
20 daz si kindes swanger ist:
war zu sch|ol der uppige list,
daz ir mich wollet trigen?
io be|twinget si di wige.
nimant ist so tummer, 2665
so alt | noch so junger,
23 er enmuge di rechtē warheit |
und min vil innenclichez leit
24 wol schouwē und | kisen.
mochte ich nu verlisen 2670
25 mit rechten dingen | minē lip,
von herczen duchte mich des zit, 2672
26 daz ich | nu tot were.
wolte got in sine gnade 2673
mine | sele wider nemen!
waz mac ich zu antwort geben 2674
dē | unsern richteren?
di werdent uns gen'e,
so daz kint | her wᵉr gat, 2675
daz siner e nicht enhat:
33 so muzē | wir doch mit schanden
disen lip verwandeln,
so si mit | den steinen
zupoln unser gebeine. 2680
so mûz mich | rûwen di vart,
daz ich ie so alt wart,

Fundgr. F.

daz muze | got erbarmen: 2681
der bezeige sine milte an mir armē.'|

37 Di vrouwē sprachen im aber zu.
'wir sagen dir | herre waz tu scholt tu:
38 hab vil gute reste, 2685
daz ist | dir nu daz beste. 2686
wirf din leit zuruke,
(34^b) wanne | got andir gluke
siner barmunge,
wanne er di ledegun|ge
mit sinē troste wolte geben. 2687
186, 1 und nemstu uns al|len daz leben,
wir mugen dir anders nicht gesagen.|
daz eine muzen wir vertragen, 2690
daz si der engel bespr|ach,
den si mit vreudē ansach
dike und ofte.
ab | ur daz wol tochte,
des enwizē wir nicht: 2695
er ist sch|one und licht.
der warheit muzen wir iehen:
9 waz hie | wunders ist geschehen
an der brute lustsam,
10 daz hat | der engel getan.' 2700
11 do zurnte er also sere.
er sprach 'ich | wil nicht mere
12 vernemen euwer gekôse.
ez was ein | man bose,
13 der uch alle hat betrogen. 2705
er was von | himele nicht gevlogen, 2706
14 er kom geslichen uz der | stat.
an sine tumpliche bete
15 hat si gewendet ir ge|mute. 2707
des werden wir geleidet
und alle gescheidet.'|

17 Joseph im gedachte,
des in got wider brachte, 2710

Fundgr. F.

18 daz | er wolte entrinne,
e sin di lute inne
19 wurden | alle gliche.
er sprach 'ich mûz entwiche
20 durch | des libes angest.' 2715
wanne er mochte langest
21 di | marter ufgezalten
di sine lit behalten:
daz wolt | er willeclichen tun. 2716
er enkonde sinen wistum |
an nichte baz derzeigen.
lehen und eigen
daz w|olte er alliz laze 2717
und kere sine straze,
24 (35ᵃ) da er si|cher mochte gesin.
arweite wanne daz man|schin 2720
26 des nachtes uf errunne,
daz in gewisen kunde |
27 wanne er sich derhube.
di ougen warn im trube |
28 von der tage menige.
in aller siner gegine
29 was | sin alter kein.
do er des alles wart inein
31 und vil | genote 2721
sine sache geordenote,
32 an sinem bette er | lac.
der got, der alle herczen mac
33 von sorgen wol gevri|en, 2725
der wolte den diner sinen
34 nicht lazen underwegen. |
er hiz im kundigen sinen segen
einen engel, den | er sande. 2729
der vlaug vil ilende
in di kemenaten. |
kundigē und raten
wolte er im daz beste,
e er | in wachende weste.

Fundgr. F.

do wacte er in also schone, 2731
d' | gewaltige bote vrone.
der ewangelista sagte daz, |
daz nie herre wurde baz
von troume enpunden. 2735
wir | mugen daz urkunde 2736
an der messe wol horen,
so | di pristere singent in den koren.|

36 Der engel sprach zu dem manne 2737
'din vorchte | ist untervangen,
37 ioseph fili david:
din scheppfer | dir den trost gid. 2740
38 war woltes du hine gahen? |
ia scholtu wider enpfahen
39 dine gemaheln reine. |
nicht langer du enweine. 2744
40 si ist ob allen wiben: |
dir endarf ouch an irm libe
41 nicht misseleide: |
(35ᵇ) du schalt des volleclich glouben, 2745
42 daz alle ire | tougen
von deme heiligen geiste sint bekomen.|
43 ir kusche wirt ur nicht benumen, 2750
si muz im|mer maget sin.
nu laze daz gut wesen sin,
187, 1 daz | dich got erwelt hat 2755
an den tougenlichẽ rat. | 2756
2 dine ur immer gerne
mit vlize und mit eren,
als | du seist ur eigen:
des enschaltu nicht gewei|gern.
3 den sun den si gewinnet 2757
und in di werlt brin|get,
4 der wirt geheizen ihc.
di sunde kan er alsus | 2760
5 lesschen und swenden, 2761
daz di lute mak geschei|den

Fundgr. F.

des tuvels ruge und sin clage
an dem iun|gisten tage.
di warheit ich dir stelle:
6 er ledigz | uns von der helle.
di sinen willen haben getan, |
7 der himel ist in uf getan.
8 und alliz daz da ie ge|wart, 2763
daz ist geseinet und bewart
9 von | siner mankrefte 2765
und mit der herschefte,
10 der nimmer | wirt ein ende:
da mahtu din dinst wol bewende.'|

11 Joseph der einvalte
nicht lenger er enwalte. 2770
12 sin | vreude wart so michel,
io was er worden sicher |
13 vor allem ungemûte
von des engels gûte.
di | wunder hi^{e}z er scriben, 2775
unser vrouwen sant ma|rien
14 bot er sich zu fuzen.
(36ᵃ) er sprach 'wi wol mich | muzen
15 di sunde immer ruwe,
daz ich dich misse|truwe 2780
16 uffe dinen lip ie gewan
umme keinen | 2782

187,33 (36ᵇ) . . . | ug ez witen unter in 2816
von gazen zu gazen.
di iuden | begonden hazen
34 di ungewonliche wort
um den | 2820

(188,13) (37ᵃ) . . . | in dem rich, 2852
daz man si steinote.

Fundgr. F.

si strebten vil genote, |
daz si da musten ligen tot: 2855
(188,16) des betwank si doch kein |

188,38 (37b) . . . | daz urteil genament
39 aqua celotippie. 2889
ez tet dē | schuldigē we.
40 si dreuten unser vrouwen,
si woltē | 2892

(38a) do woltē si wesen vil gewis, 2930
daz si mit grozem val|le
zu gespotte in wurde allen. 2932
189, 18 davidis kint io|seph,
als da gescriben stet,
19 der begerte keiner vriste, | 2933
trank zu dem ersten,
20 ane sorge er dar w[e]r. 2935
er en|vorhte nicht daz er verlûr
22 lip oder sele.
io gedach*te* | er an di lere
23 di um der engel zu sprach,
do er zu i*un*|gestē sach: 2940
24 di freute sine gedank.
do hub er uf*fe* | und trank
eine schenke groze
vor sinē husg*e*|nozen.
28 do stunt er ane wende. 2945
si derwischten in bi *der* | hende
29 umme den alt' sibenstunt.
dannen schit *er* | wol gesunt, 2948
30 daz kein urkunde
lugenlicher fund*e* |
31 an im wart erfunden:
do vergaben in di wutenden h*un*|d*e*.

1410 d *von* hunde *auf der folgenden Zeile.*

Fundgr. F.

32 Do gink ez an unser vrouwen: 2949
di stunt | mit spilnden ougen 2950
34 mitten in deme kreize.
di *sch*eltwort also heize
35 di warn ir linde als der tou, 2953
wa*n* | si di bosheit ni gerou,
37 di si mit mannen begie:
d*en* | willen gewan si nie.
38 der bischof rette mit ir. 2955
'daz *ur*|kunde kisen wir
39 an din selbis libe.
nu sage we*r* | dich zu wibe
40 mit schanden hab gemachet. 2959
des d*in* | ouge lachet,
41 des mochtes du baz weinen.
du m*ust* | den man bezeigen
190, 1 und must di steine liden, 2961
di *mo*|yses sulchen wiben
2 sazte an di buch.
(38b) du enda*rft* | uns nicht versuchen,
3 daz du turrest lougen. 2965
daz du | *h*ast gefrumet tougen,
4 daz schinet an dir da vor|*ne*
von dem gotis zorne.'
5 di maget in antworte |
mit gezogenlichen worten, 2970
6 io hatte sin zungen
in | *s*uze rede betwungen.
7 si sprach 'ich enhab des nicht | *g*etan, 2971
daz ich todes habe wan.
8 got weiz min un|*sch*ulde,
und hab ich gotis hulde,
9 so můz min rat wer|*den*: 2975
er enlezet mich nicht dersterben.
10 hab aber ich ge|*s*undet,
daz ich so bin enzundet
11 mit werltlichem fu|*re*,
sin gnad ist so ture, 2980

Fundgr. F.

12 daz mag er wol derzeigen. |
wer di sele wil gemeilen,
13 der endarf den falschen sin |
nicht lazen an in.
14 sich selber er betruge,
wer mit im | keine lugen
15 wolte beherten.
er enliz nie verwerten |
16 mit mannes unzuchten:
des wil ich hie gerichten |
17 aller dirre dyͤt,
wil ez got gebiͤt,
18 di mich geho|*r*ent und gesehent,
daz si her nach iehent
19 daz got | *der* sterker si.' 2983
daz wazer daz ir stunt bi,
20 daz hub | *si* also hohe 2985
und trank ez also schone
21 so vil daz | *di* des jahen
di daz gerichte sahen,
22 daz si sin gn|*uc* duchte.
ur antlize schone luchte 2990
23 michels | *b*az danne e.
ez entet ur nicht we.
24 si enlizen | *si* nicht sten,
si muste sibenstunt gen
25 (39a) umme den | altar. 2995
do erzeigten ur di gebar
26 daz si nicht ensw*ar*. | 2997
daz volk daz da was dar
gesament von nide,
d*az* | neigh dē heiligē . . .

29 Do erbarmten sich di herren, | 2999
daz si alzuverren 3000
31 di maget hatten getriben,

1480 neigh dē heiligē *am Schluss der folgenden Zeile.*

Fundgr. F.

do *si an* | alle irn liden
32 ganz was bestanden,
wi si doch b*ekan*|den,
33 daz si trûc daz kindelin. 3005
von welchen dingen da*z* | mochte gesin,
34 des nam si wunder alle. 3007
do si su zuval*le* |
ane schult brachten,
vil leide si in gedachten.
de*s* | heiligen crists blume 3009
di wolte do mit gefuge 3010
35 vō | deme teidinge
ur ganzen ere bringe.
36 si vorchten | di vertanen,
daz si mit bosem arkwane
38 dannoch | wrten ir haz. 3015
richten wolten si baz.
39 do swur si m*a*|nige eyde,
di enwarn nicht meyne, 3018
den grimmi|gen luten
bi allen gotis trutin
und bi allen d*en* | boten,
di ie komen zu^{von} gote,
di in deme himel*e* | swebten
und ewiclichen lebeten
40 und da hett*en* | reste
in der burge veste,
di mit sternen als*o* | rot
vaste ist genagelot,
41 da nie ouge gesach |
sichtū noch ungemach
191, 1 von keiner unkrefte:
si s*w*|ur der herschefte
3 bi der sunnen und bi dē manen,
d*az* | si alliz falsches ane
4 an allen zwivel were 3020
werk*e* | und geberde
und aller bosen dinge 3021

Fundgr. F.

daz uzen | *noch* innen
5 und irs libes burde
nie bezuket wurde |
6 *von* keines mannes gelphe.
si bat ur got so helfe
7 an | *de*me iungisten urteile. 3022
do sprachen si alle gemeine,
8 si | *wo*lten sis verwizen. 3025
mit dinste si sich vlizen,
daz si in der | *un*maze
geruchte genczelich laze. 3028
11 di maget sant | marie 3031
si furten also schone sie
13 wider in ur herberge. | 3032
si hatte di gots werde 3033
14 mit der ceswen irs kindes
des bo|sen ingesindes
15 nicht wol uberwunden. 3034
di tifen ge|danke kunden, 3035
16 di sprachen daz daz selbe dinc
uber | allen irdisschen rinc
17 her nach derschulle
und allē isrl' | gewurre. 3040

18 Bi den geziten was ein keiser,
ein | gewaltiger vogt der weisen,
20 der was augustus genant. |
*d*i riche hatte her allesamt 3044
21 in sine gewalt betwun|*g*en:
di taten und sungen
22 waz er eine gebot. 3045
der | *v*ordert golt rot
24 und silber wol gebrant
uz allē | *la*nt.
25 scinses wolte er nicht enpern.
[di]lute musten | in gewern 3050

1544 gewurre *am Schluss der folgenden Zeile.*

Fundgr. | F.

26 wes sin wille wart inein.
7 michel was | daz sin heil.
2 do di nuwe herschaft derschal 3051
uber berge | und uber tal,
wo di lute waren,
den scins si im ga ben.
wider im was ein ander kunig, 3055
ein vollic herre | und frumic,
31 czirinus von syria.
32 eines buches be|gunden si da,
33 daz si di menige an scriben
(40*) und di lu|te uz triben, 3060
34 daz si an di cronen gedechten
und ir *ur* | kunde dar brechten
35 an den gelobten ziten 3061
uber all*e* | gegine witen.
36 nimant was so biderwer,
der getors*te* | da wider
uf gereke sinen vinger. 3065
so smeher noch *so* | geringer 3066
was ouch nimant in der werlt,
er must*e* | daz keiserlich gezelt
38 mit schacze eren, 3067
den vr*onen* | hort gemeren.
39 di uz gevarn waren,
di musten heim | gahen 3070
zu irn vrunden und zu irn kinden,
192, 1 daz man | si gesament funde,
so man di brife machen scholte, 3071
wi | der herre wolte.
2 waz dri pfenninge wak,
so ez uffe | der wage lak,
3 daz gab ein iclich man, 3075
der daz leben *wol*|te han.
4 der sich wolte weren,
den erslugen di scherg*en*. |
5 di daz gelt enpfingen
und wr di fursten ging*en* | 3080

Fundgr. F.

6 mit scinslichem horte,
si brachten in sinem worte |
7 guldine sule
und geladene mule.
8 di wagene al|so veste 3085
si musten nider breste
von des schaczes swere, |
der dem helde mere
gefuret warn zusamene
in si*ne* | treskame*re*. 3090

9 Do wart ein kreftiger fride: |
di swert musten si versmide,
10 beide spize und sp*er*. | 3093
do enwas kein her,
11 daz immer des gedechte,
daz *ez* | sich undervechte.
12 do enwas nicht urleuges
bi d*es* | meres puwe
13 noch kein nitgeselle.
(40b) mit groz*er* | *eb*enhelle
14 und harte vrideliche 3095
stunden alle di riche. |
15 *di* senfte und di stille
di was des kindes wille,
16 daz bi | *der* maget was verholn.
der keiserliche zol 3100
19 daz sint di | *n*amen dri,
di uns habent gevriet hi. 3102
wol wir di | . . ich underscheide.
der vil stetige vride
uber lip und uber | sele
daz ist di geburt vil here,
di von der magt luch|*te*.
do got des zit duchte,
22 michel recht was daz, | 3103

1604 treskame *am Schluss der folgenden Zeile.*

Fundgr. F.

do cristo nachwendig was,
23 daz vester vride wurde | 3105
und di selicliche burde
24 ab muste slifen.
di rebe | was da rife,
25 da wir den wintrube
ab schullen | *cl*ube, 3110
26 da von uns floz daz wisot,
daz den ewigen | . . t tot
der cristenheit bename
mit siner heilwa|*ge*.
der sun sant marien 3111
schol uns anscriben
28 an | daz lebendinge buch,
wanne der des ersten wibes | fluch
mit der maget wolte storen. 3115
di vreude sch|ullen wir horen,
di da nimmer zurgat,
behalten | *w*ir den irn rat.
30 di sich des wollent weren,
di irn | *w*illiclichen schergen 3120
31 benement in daz leben:
so | mochten wir liber geben
32 den cins den drien genen|*de*n,
di kunnen daz wol derkennen,
34 ab wir si rech|*te* meinen, 3125
so wir des libes brode unterneigen. |

35 Do durch des keisers gebot
der cins was gesa | 3128

196, 10 (44ª) . . . . | truk, 3362
wanne wes di vrouwe gewuk 3361
11 und | wår si in wolte sende,
daz brachte er an ein ende. |
12 do er unterwegen was, 3363
do kom di zit daz si genas. |

Fundgr. F.

13 di geburt tet ur nicht we. 3365
obstetricum vice
15 stunden | di engele dabi,
do di maget edele und vri
16 zeigte | den heilant,
der alle rich und lant 3370
17 uf gnade wolte | schouwen.
io was ouch bi der vrouwen
18 weder man | noch wip,
noch kein irdisscher lip.
19 wirdig was des | nimen, 3375
da di engele scholten dinen,
daz er da were, |
di herschaft ane sehe,
20 daz gotlich geslechte.
wi hôrn | zu wihennachten 3380
di geistlichen hirten
von des himels | wirte
21 michele ere kunden.
doch enmugen sis nicht | dergrunden.
23 io ist sin tusenstunt me, 3385
dan da gescriben ste. |

24 Daz groze sufczen und di clag
di ander vrouwen | mu°stē hab,
26 so si gewinnen di kint,
di von sunden be|kumen sint, 3390
27 daz was ir seltsene.
si was sin allis | ane. 3392
28 daz kint daz da wre gink,
als si daz von erste | enpfink,
29 do was di luttere ane meil.
da von | gewan si daz heil,
30 daz si nicht enswar,
do si xp̄m gebar. |
daz golt daz di werlt hat, 3393
di in deme enlende stat, |
daz enmochte nimant widerwegen 3395

Fundgr. F.

di geburt von | dem segen,
den uns di maget brachte,
(44ᵇ) do si got so | bedachte
an allen irn dingen.
sagen und singen 3400
muzen | wir immer dannen. 3401
der val ist zugangen,
der uns mûte | sere.
alle gleubige sele 3402
di schullent der hochczite |
warten und bite
32 mit geistlichẽ troste, 3405
do got sine cris|tenheit erloste.

33 |Joseph der heilige man,
do er di | ammen gewan,
34 er ginc zu deme steine.
do lag di ma|get reine 3410
35 in eime grozen lichte.
io entruweten | si mit nichte
36 an di stat gegahen
da si den glast | sahen.
37 do hatte si gewunnen 3415
di ewigẽ sunnen,
des | schin nimmer zurget,
di wile daz der himel stet.
38 daz | kint si dike kuste.
ez lac ir an der bruste, 3420
39 daz wenig was | zu sehene
und michel zu bekennene, 3422
40 daz den tot | vertribet:
gein im di erde bidemet.
41 daz di berge alle | 3423
mit michelem schalle
weget und ersuchet, 3425
daz | hatte da gebuwet

1719 tenheit erloste *am Schluss der folgenden Zeile.*

Fundgr. F.

42 in eime wenigen luge.
sin | muter hatte vreuden gnuge. |

43 Do entorsten di vrouwen an daz hol,
daz ez li¦chtes was vol, 3430
197, 1 keine wis ernennen.
si mustē | vor senden
2 den milten patriarchen.
si wundert vil ¦ starke,
3 wan daz licht schone 3435
in dem steine be|kome, 3436
da ie vinster inne was.
durch not vorch¦ten si daz.
4 iosephs kusscheit 3437
di gab in do geleit, |
(45*) daz er mochte langen.
dó di geburt was ergan|gen, 3440
des kindes was er vil vro.
di gotis gnade lobte ¦ er do.
5 er sprach ‘vrouwe vil lustsam,
waz du gebu|tes daz ist getan.
6 wiltu vrouwe gruzen, 3445
so gebut | daz si muzen
7 wr din antlicze gen.
ich hi^{e}z si vor dem ¦ hole sten. 3448
8 derloubestu in eine vart,
so wirt din ere wol | bewart.
9 si dunkent mich so biderwe,
da enist nicht | widere,
si kunnent dich wol behute.
du schalt ouch | in mit guten 3449
danken und lonen,
daz si durch di¦nen willen her sint kumen.’| 3450

10 Si sprach, daz were ir vil lip.
si enscholten ouch ¦ davor nicht
11 langer sich versumen.
si bat den wek | rumen,

Fundgr. F.

wanne si ingingen,
daz si wol enpfingen |
12 des richen cristis megetin.
si hiz si willekumen sin: |
13 si bat si nider sicze. 3453
do karten si ir wicze,
14 wi si daz kint | bewarten. 3455
ein bat si im garten
15 und wunden ez mit | vlize
in di tuch so wize.
16 mit lininen vademen |
twungen si zusamene 3460
17 den lichnam her und reine |
und daz heilige gebeine, 3462
18 daz uns gibt zu lone |
di untotlichē stole
19 und di engelissche wat,
di | ouch nimant verlat
20 wer im wil getruwe.
daz wolt | er uns buwe
21 und dolte daz gebende
von wiplichen henden.|

22 (45b) Rachel und salome 3463
warn zu kindebetten e
23 gewe|sen mange cîte 3465
in der gegende wite.
24 alle wipliche si|te,
da si gewont waren mite,
25 di warn in kunt von | rechte.
do gebot daz unsere trechten, 3470
26 do si sine mu|ter angriffen,
daz si aller nider sliffen
27 zu der erden wr | tot.
ir varbe licht und rot
28 di muste do verbleich. | 3475
si sprachen daz si daz zeichen
29 e nime dervreisschsten. |

Fundgr. F.

ir bischof und ir meister
30 di hetten in dike daz | gesagt,
daz kumen scholte ein magt, 3480
31 di an man | gebere.
si iahen daz si daz were 3482
und derriten ez | so schire:
vor vorchten was in leide . und libe.|

197, 38 Do sprach daz kint edele 3483
198, 1 eine wenige selide. |
2 den kunigē ez was gesippe, 3485
doch wolte ez in di | krippe
4 sich legen lazen,
da di rindere uz azen: 3488
5 dar tru|gen ez di vrouwen.
si musten wunder schouwen
6 an | deme sune here.
der wissagen lere
7 di wart erfullet | dar ane,
wanne er wiset den wane
uber alle herschef|te
in siner mankrefte.
8 da stunt ein esel und ein rint: | 3489
daz vil keiserliche kint 3490
9 daz erkanten si do beide. |
got der gab in eine
10 verstantlichen mut
und den | sin also gut:
11 si vilen nider an di kni; 3495
daz gesch|ach ouch vor ni.
si suchten ire venje
mit vor | 3498

II.

DAS MÜNCHENER BRUCHSTÜCK G.

Der Gefälligkeit der Direction der Staatsbibliothek zu München verdanke ich es, dass ich das Bruchstück (Cgm. 5249. 2) hier benutzen konnte. Es bildet den oberen und unteren Theil eines Octavblattes, am rechten (auf der Rückseite demgemäss am linken) Rande um den Raum von etwa sieben Buchstaben, am linken (bez. rechten) um 1—2 Buchstaben beschnitten. Der mittlere Theil des Blattes, wahrscheinlich sechs Zeilen Text umfassend, fehlt. Ich gebe einen zeilengetreuen Abdruck, Ergänzungen sind in Cursiv wiedergegeben.

Ines liedes wil ich beginne. in sancte ma*rien min*
ne. der ewigen chuniginne. diu ruche mi*n sinne.*
vnd min brust zereinne. uon aller slahte mene. d*az ich*
*m*uze scriben. uon d' diu allen wiben. den etwizze h*at benom*
en. daz d' tot was bechomen. uon dem ersten wibe i*n die w*
elt. sit wart diu ewige magde erwelt. daz bediv *man vnd*
*v*vip. lieht vnd ewigen lip. mit gecirde muse scho*wen. dar*
an gedenchet edel frowen. si gebar die schonne su*nne. si ist*
*al*ler wibe wunne. wie wol siz allez vnderuie. swa*z eua*
*sv*nden begie. si hat uerbuzzet den val. ir chusche li*uhtet u-*
ber al. nu suln wir ir getruwen. sit wir in dem tode *buwen.*
*da*z si vns ellende. wid' heim gesende. vnd vns ruc*he* . . .

---

meil. *von* ewen vnt ze ewen. wir suln si an *rufen*
*vn*d flegen.
imelischiv frowe. mit dem geistlichen towe. *begiuz*
min gedanch. daz ich lob vnd din sanch. ein te*il me-*
ren muzze. hilfe mir daz ich gebuzze. daz ich *vnreh-*

---

3 *noch Reste des* d. 11 tode *unleserlich*. 12 vns (*nach* vnd) *unleserlich*.

tes ie begie. wan ich gezwiuelt nie. an dir noch *an dem* svn din. ewigez magdin. nu la mich genizen. da*z du nie u'* lieze. d*eh*ein irdischen man. der dich ze voit wolt*e han.* *du* bist liehter denne der tach. aller tugent wa*z vnd ges*-*m*ach. fluzet uz diner schoze. nu bedēch frowe *groze.*

engel braht. da got an dich gedaht. Aller men*schen not.* vnd dir die mandunge erbot. her in ditze chl*a*-*gelich ta*l. do er dich zesinen sal. wold im selwen wih*en.* *wie moh*testu mich uerzihen. guter rede und guter *li*-*ste.* *wa*n du bist div oberiste. nach gotes magencrefte. *diz liet* ich hefte. vf din gnade volle. dv bist daz tő in *ge*-*deones* wolle.

u wil ich iv den orthaben. bediv chundē vnd sa*g*-en. daz ich die materie. mit himellischen herie. *vnd diu* starchen mare. al dez baz beware. Matheus e*w*-*angeliste.* schreib iz uon chri*s*te. vnd uon der muter di*u* *in tru*ch. schreib er zeichen genuch. doch was div re

---

die schrifpte div e da slif. mit predige solte *wechen.* *d*ie suze rede entechen. di e da waz besch . . . . *diu gotes* chint ir brot. vnd ir spise fvnden dar an. der *in gewun*den uan. der wart wol ^{be}greifet. fur daz here *geweifet.* daz elliv christenlichiv schar. mit chrefte . . *use u*arn dar. zedem geistlichen stvrm. gegen dem li *ntwurm.* do der sich sol ergen. von der vinster s ɞ wir *ersten.* *z*edem ewigen lieht. got geschuf vns uo*n n*ieh*t*. e*r* *ist un*ser uater guter. nu biten wir sin muter. daz

---

18 begie, *nur ein Schimmer des* b *erkennbar*; tes ie *unsicher.* 19 svn din *unsicher.* 20 *nach* d *Loch im Pergament.* 21 *von* bist *nur schwache Reste.*

2 *Reste des* t *am Anfang.* 6 *von* n *in* in *nur der Anfang.* 12 *von der folgenden Zeile sind unterhalb* was div (12) *einige Buchstabenreste vorhanden, die nach der Raumberechnung zu* ieronimum *gehören müssen.* 13 *vom Anfang der vorhergehenden Zeile ein Paar Buchstabenreste,* solte *unsicher.* 16 den *unsicher.*

ZUR KRITIK VON FLORE UND BLANSCHEFLUR.

Seit vor nunmehr achtunddreissig Jahren der treffliche Emil Sommer, der zu früh der Wissenschaft entrissen wurde, seine Ausgabe von Konrad Flecks anmuthiger Dichtung veröffentlichte, hat meines Wissens niemand mit der Kritik derselben sich beschäftigt. Sommers Ausgabe beruht auf zwei sehr späten Handschriften (des 15. Jahrhunderts) in Berlin und Heidelberg. Beide haben nicht mehr Werth als den einer einzigen Handschrift, da sie in einer grossen Zahl ersichtlicher Fehler übereinstimmen. Leider ist es seitdem nicht geglückt, auch nur Bruchstücke einer besseren Handschrift aufzufinden, so dass der Conjecturalkritik ein ziemlicher Spielraum bleibt. Sommer selbst bekannte, dass bei dem Stande der Ueberlieferung es ihm unmöglich gewesen sei, überall das echte oder auch nur glaubliche zu ermitteln. Lachmanns Rath half für manche etwas verderbte Stelle; doch lässt auch hier wie sonst sich beobachten, dass bei aller kritischen Meisterschaft Lachmann nicht selten fehlerhaft corrigirt hat. Etwas conservativer hätte an manchen Stellen auch Sommers Kritik ausfallen können, wiewohl es nahe liegt, gegenüber solchen Quellen die Achtung vor der Ueberlieferung zu verlieren. Die nachfolgenden Blätter beabsichtigen, theils die ohne Noth verlassene Ueberlieferung möglichst zu retten, theils auf andere Weise als es in der Ausgabe geschehen ist zu bessern. Auch füge ich einige übersehene Lesarten aus H bei.

V. 58 geben beide Handschriften *und ob ez niemer man gesæhe*; Sommer schreibt *und ob ez niemen sæhe*. Spricht man *und obz*, so ist die handschriftliche Lesart bei zweisilbigem Auftakte sehr wohl zu vertheidigen. 67 Dit *H.*

V. 103 *in des orden muoz ich sîn.* B hat *in der worte mynne sin*, H *in der worte niemen sin.* Ist wohl irgendwie glaublich, dass diese Lesarten, auch wenn sie aus einer fehlerhaften Quelle stammen, aus dem Texte S's. entstanden sein können, der zu gar keiner Entstellung Anlass gab? Es ist zu verbinden *wan ez im âne list geschiht,* und dann (ohne Interpunktion) zu schreiben *in der worte meine sîn,* 'es passiert ihm ohne Bewusstsein, dass er in dem rechten Sinne der Worte ist', nämlich *der tumbe, der den herren dicke wâr seit und enweiz er es doch selbe niht.*

V. 153 haben die Hss. *in springent* statt *enspringent;* es ist wohl nur zu lesen sô die bluomen *springent*; *springen* — *enspringen* ist erhalten V. 821. Vgl. Heinrich von Veldeke (LD. 7, 129) *sô di blûmen springent*; Taler 1, 1.

V. 165. Sommer schreibt *der sumerwünne güete.* Ueberliefert ist *der sümer grün nuwer g.* H, *der summer grünete uwer g.* B, *grünete* in B meint wohl *grüenede.* Auch hier ist undenkbar, dass jene Sommersche Lesart so entstellt worden sein sollte, da sie gar keine Schwierigkeiten darbot. Es ist daher zu lesen (mit überschlagender Silbe) *der sumergrüene niuwer güete, dâ von wárt ir gemüete* etc. 'als sie hinblickten auf die frische Lieblichkeit des Sommergrüns.' In V. 167 ist wohl *belôst,* wie H hat, die ursprüngliche Lesart; denn *belœsen* ist die ältere Zusammensetzung, die ein Schreiber des 15. Jahrhunderts gewiss nicht aus sich heraus setzte. Auch V. 169 gebe ich H den Vorzug und lese *und der süeze vogele sanc*; S. schreibt *süezen* mit B.

V. 176 ff. lies

als dûhte sie diu heide gar
mit listen wol gezieret,
schône geparrieret
mit maneger slahte varwe.

S. setzt Punkt nach *gezieret*, und schreibt *schœne wase geparrieret*; H hat *waß*, B *was*; es ist das fehlerhaft eingeschobene Verbum.

V. 185 *doch* statt *ouch* haben beide Handschriften: das richtige wird sein *joch lobete man ze prîse.*

V. 188 H *mine*, B *in dem*; S. *imme*, in genauerem Anschluss an H und die im 13. Jahrhundert übliche Schreibweise wird man lesen *inme.*

V. 195 lies *der sunne engalt dâ keiner*; S. *der sunnen engalt dekeiner*; die Hss. haben *keiner*, ohne *dâ*, das doch wohl nicht gut fehlen kann.

V. 207. Statt *kennet* wie beide Hss. haben lies *kumet*; *der kumet es niht an ein ende.*

V. 218 ist bei den Lesarten übersehen, dass H *gesach* liest.

V. 222 haben die Hss. *an aller fröuden gar*, H *an fröuden gar*; Sommer *in allen fröuden gar.* Aber *aller* weist auf ein schon in der Vorlage ausgefallenes Wort, wahrscheinlich *an aller slahte fröuden gar.* Auch *in* ist nicht nothwendig.

V. 244 scheint mir Lachmanns Aenderung nicht nothwendig. *sach* in der Vorlage wäre sicherlich nicht in *jach* von H entstellt worden; es ist also von *jach* auszugehen, wofür B (gegen die Vorlage) *sach* schrieb. Es wird zu lesen sein *daz in nieman des jach.*

V. 267 f. Den Reim *zwôre* (= *zwâre*): *ôre* hat die Anmerkung mit Recht beseitigt; aber was dort Lachmann und Sommer vorschlagen befriedigt nicht. Sommer schreibt *ir was allez unverzigen von in güetlîcher hôre (: ôre)*; Lachmann *ir was allez unverzigen. der wîse und der tôre, ir iegelîches ôre was ze losende gereit.* Ueberliefert ist *wan ir güdete zwore* H, *wanne ir güt dete zwore* B. Gewiss ist *zwôre* hinzugefügt. Der Vers lautete *von ir guottæte*; die andere Zeile *ir ieclîchs ôre stæte | was* etc. Das Reimwort *stæte* fiel schon in der Vorlage aus und dies hatte die Ergänzung *zwore* zur Folge.

V. 298. Die Schreibung *Blantscheflûr*, die BH immer haben, kann beibehalten werden.

V. 381 wohl zu lesen *dô sie ze wer iht tohten. ze gewer* haben beide Hss. allerdings; allein wie *gewern* in der

Regel statt des älteren *wern* von jüngeren Hss. gesetzt wird, so hier *gewer* für *wer*.

V. 387 *inner* (statt *innen*) *zwênzic mîlen* wird zu lesen sein: *inner* entstellen die jungen Hss. gewöhnlich; vgl. Nib. und Kudr.

V. 407 wahrscheinlich *daz der künec in gebôt*; Sommer mit den Hss. *daz in der künec gebôt*, die in Prosa übliche Wortstellung statt der vom Dichter gewählten.

V. 417 lies *diu houbet* mit beiden Hss.; *ir h.* ist nur ein Versehen, wie sich daraus ergibt, dass die Abweichung bei den Lesarten gar nicht angegeben ist.

V. 437 *alsô*, das H fehlt, ist wohl zu streichen; lies *weinende sêre*.

V. 459 *si enmügen sich anders rechen*; die Hss. haben *gerechen*. Dies ist, glaube ich, beizubehalten, aber *anders* mit *sus* zu vertauschen, das in der Bedeutung 'sonst' wie in der Bedeutung 'so' von jüngern Hss. oft entfernt wird.

V. 494 *daz den künic herre nande*, wie H schreibt (*here*) entspricht mehr als *herren* (= B und Sommer) dem in der alten Sprache üblichen Ausdruck; vgl. Parz. *und dâ man mich herre heizet*.

V. 509 *si* in *diu* zu verändern liegt kein Grund vor; der rasche Wechsel der Subjecte ist in der altdeutschen Poesie auch bei gleichem Pronomen etwas ganz häufiges.

V. 542 *eins tages* in BH, das S. durch *swenn* ersetzt, weist nicht auf *swenn tages*, wie die Anm. will, sondern auf *ies* (= *ie des*) *tages*, und so ist zu schreiben.

V. 554 *daz niemen sprechen endarf*; die Hss. haben *speher darff*. Es ist zu lesen *daz niemen spæher jehen darf*. *spæher* ist gen. plur. von *niemen* abhängig; danach fiel das ähnlich aussehende *jehen* leicht aus. Uebrigens ist eben so gut *daz niemen spæher sprechen darf*, wobei der Ausfall sich ebenso leicht erklärt. Bei Sommers Lesart würde *niht* vor *endarf* kaum entbehrt werden können.

V. 590 statt *genesen wâren* hiess es ursprünglich wohl nur *genâren* (= *gebâren*).

V. 598 wahrscheinlich umzustellen *Flôre daz ander*

wart genamt. Die Hss. setzen wie so oft die prosaische Wortstellung; vgl. 407.

V. 603—605 schreibt Sommer

ichn weiz waz sie macheten,
wan daz se iewedwerez lacheten
swenn einz daz ander ane sach.

604 hat H nur *Das ieweders lacheten*, B hat *Vnd das ietlichs das ander ane lacheten*; 605 hat H *So es das.* Der Fehler steckt in V. 603, wo der Plural fälschlich gesetzt wurde, was weitere Aenderungen in B nach sich zog. Man lese

ichn weiz waz ez machete,
daz iewederez lachete
so ez daz ander ane sach.

V. 628. Auch hier ist wohl *warn* statt *gewarn* der Hss. das ursprüngliche; vgl. zu 381.

V. 662 *nü* statt *und* hat H, was bei den Lesarten nachzutragen ist.

V. 667 *er daz* ist ohne Noth in *erz* geändert, beide Zeilen haben vier Hebungen mit überschlagender Silbe.

V. 678 lies *iedoch sie niemen entwunge*; *en* fehlt in den Hss. und bei Sommer.

V. 682 *noch*, das S. ergänzt, ist weder für den Sinn noch für das Metrum nothwendig.

V. 747 liest Sommer *nâch der liebe die sie hâten; die* fehlt in beiden Hss.; es wird zu schreiben sein (mit Attraction) *nâch liebe der sie hâten.*

V. 807 *Swenn daz* S., *One daz* B, *An dis* H. Offenbar war eine falsche Initiale (A) in der gemeinsamen Vorlage, und dies veranlasste, dass der folgende Buchstabe (*u*) als *n* gelesen wurde. Es ist zu lesen *Nû daz.*

V. 815 *enwederez* die Ausgabe, *ieweders* die Hss.; näher liegt *newederez* zu schreiben.

V. 845 *wâren* ist nicht in *vuoren* zu ändern. Der Sinn ist 'sie waren oben auf dem Glücksrade' (*ûf*), und so stellen es die Dichter (z. B. Carmina Burana S. 1) dar. Im französischen Texte S. 92 *or les avoit assis Jesus.* [Ich sehe eben dass in der Anm. Sommer *wâren* herstellt.]

V. 851 f. die starke Aenderung Lachmanns ist unnöthig; man lese

wande sî was ir gewaltic.
sie wâren leider einvaltic;

vgl. V. 1467.

V. 853 liest H richtig *witze*, nicht *witzen*.

V. 854 H hat *das lute*; lies *daz liut begunde*, den in späterer Zeit unüblichen Singular ersetzt B durch den Plural, auch H meint den Plural, wenngleich es aus der Vorlage den richtigen Singular herübernimmt, und schreibt daher *begunden*. Der ganz gleiche Fall V. 496, wo Sommer das richtige erkannt hat. Vgl. noch V. 1508.

V. 898 *beschehen* muss hier mit demselben Rechte in *geschehen* verändert werden, wie es V. 147 geschah.

V. 908 die Form *müese* aus H ist wohl die echte; ein jüngerer Schreiber würde sie nicht gesetzt haben. Ebenso V. 1018 *muose*.

V. 928 statt *leider* wird zu lesen sein *beiden*.

V. 936 lies *enhelfe ez niht* statt *enhilfet ez niht*, denn H hat nicht *enthelffet es*, sondern *enthelffes*.

V. 938 *alsô* haben beide Hss., was nicht angegeben ist, eine Aenderung ist nicht nothwendig.

V. 972 hat H nicht *andern*, sondern (dem richtigen näher stehend) *ander*.

V. 988 *wîser lüge* haben die Hss.; da *erdenken* mit dem gen. nicht unstatthaft ist, so ist die Lesart der Hss. beizubehalten.

V. 1000 H hat, was nicht angegeben ist, *das su* für *daz*.

V. 1001 die Ergänzung *daz* ist unnöthig; man lese *unser kint und ouch ir*; S. *daz ir*.

V. 1011 H hat *senden*.

V. 1036 die Hss. weisen vielmehr auf *weinende er lûte schrê* oder *lûte weinende er schrê*. Vielleicht hatte die Vorlage *weinde*, was als prät. aufgefasst wurde und die Einfügung von *unde* zur Folge hatte. Sommer: *dô weinte er lûte unde schrê*.

V. 1076 wahrscheinlich ist *daz* zweimal zu setzen:

wie kumet daz daz mîn kus, wodurch der Vers besser wird.

V. 1097 *den begunden sie fliehen.* H hat *von* für *den*; vielleicht *dâ von* oder *von diu* zu lesen?

V. 1105 H hat *daz* für *waz.*

V. 1112 *die fürht ich daz ir zerinne* S.; *ir] ich* B, *su* H. Beide Wörtchen sind eingeschoben; es ist zu schreiben *der fürht ich daz zerinne; der* von *zerinne* abhängig, auch *daz* kann entbehrt werden und ist wohl Zusatz der gemeinsamen Vorlage von BH.

V. 1117 *dîn* in *iuwer* zu ändern ist nicht nöthig, da auch Bl. zwischen du und ihr wechselt; vgl. 1087.

V. 1121 f. ist nicht zu ändern; lies

> sprach Blancheflûr, 'daz sage mir.'
> 'jâ ich zewâre, ich sage dir'.

S. schreibt *mirz* (ohne *daz*) und *dirz*; aber als Object ist zu ergänzen *wâr* aus V. 1120.

V. 1126 H liest *nuez* statt *mirz.*

V. 1148 *dinges* kann beibehalten werden: *sît niht dinges âne dich ergât.*

V. 1153 die flectirte Form des Gerundiums haben die Hss. erhalten; es ist daher zu schreiben *ze beschuldenne.*

V. 1174 *swann* ist nicht in *so* zu ändern, der zweisilbige Auftakt ganz ohne Anstoss.

1220 f. lies

> wan ich mac langer niht vertragen
> des sêres des ich bin verladen;

die Hss. haben *überladen*, was S. beibehält, während er ändert *den sêr.*

V. 1233 sicherlich *wan sî tete ouch in alsam*, da *tete* das vorausgehende *kuste* vertritt; die Hss. und S. nach jüngerm Gebrauche setzen *im.*

V. 1246 *Flôre der enhuoter*, wie S., Lachmann folgend, schreibt, ist wohl nicht richtig, sondern das handschriftlich überlieferte *Flôre der huoter* ist beizubehalten: 'Flore gab auf sie Acht'; er konnte es aber nicht verhindern, dass sie sich stach, sondern nur dass sie sich *volle stach.*

V. 1278 *roubet* ist nach Massgabe von H, wo *rouben* steht, statt des später geläufigen *beroubet* in B zu setzen.

V. 1303 *iu* ist zu ändern in *iuwer: daz ich iuwer fürhten muez;* H hat *ir*, was ebensogut auf *iur* als auf *iu* hinweisen kann.

V. 1309 die Attraction *der liebe der wir hâten* in B ist wohl das richtige.

V. 1358 *diu* ist nicht zu streichen; man lese *Blanche-flûr diu'nkunde.*

V. 1360 *sî was an triuwen stæte;* statt *an* hat H *in*, B *in iren.* Wohl keine der präp. ist echt, sondern es hiess nur *sî was triuwen* (gen.) *stæte*; vgl. Nibel. 1142, 4 C. 1997, 3.

V. 1406 statt *in* zu ergänzen ist vielleicht zu schreiben *mohtez.*

V. 1417 statt *wæres* hat H *wen su*, das meint *wæn si* = *wæren si.* Die Form *wân* für *wâren*, die schwäbisch häufig ist, wird, wenn sie auch nicht im Reime erscheint, dem Dichter nicht abzustreiten sein. 2813 weisen beide Hss. darauf: statt *wârn*, wie S. schreibt, hat H *wan*, B *wanne.*

V. 1433 *bî* für *mit* zu setzen ist wohl nicht grade nothwendig; *enbieten mit* ist ebenfalls zulässig.

V. 1447 *als ich wol wæne* ist zu schreiben; die Schreiber fanden den Vers zu kurz, daher H *[nu] wol*, B *[verstê und] wol* schreibt; ein ganz gewöhnliches Verfahren, um den Vers zu verlängern.

V. 1468 *wol*, das in B fehlt, ist wahrscheinlich zu streichen.

V. 1488 f. *daz ein sô bitter smerze die maget — twanc.* Statt *bitter* haben die Hss. *bitter leides;* ich glaube, es ist *bitterleider* zu schreiben, und eher *ein* als *leider* zu streichen. Vgl. Sommers Anm.

V. 1491 auch hier ist die flectierte Form des Gerundiums zu setzen: *ze lîdenne*, die sich in den Hss. erhalten hat. In der nächsten Zeile l. mit der Hs. B *welich;* diese zweisilbige Form hat sich in H bewahrt V. 3191, wo sie ebenfalls zu setzen ist.

V. 1498 lautete offenbar nur *mit witzen stilte*, was zu

kurz schien, daher H *gestilte* (= S.), B *und mit* schreibt. *mit* als erster Fuss steht auch V. 149.

V. 1515 var. *Ruweren* hat H entschieden, weder *Ru weren* noch *Bu weren*.

V. 1593 warum sollte *Parîden* nicht erlaubt sein? *Páridém* steht V. 3963.

V. 1594 die Hss. haben *daz ein apfel den sie hâten;* S. schreibt *daz er einen apfel.* Viel einfacher ist die Aenderung *daz ern apfel; ern = er den*, wofür die Vorlage fehlerhaft *ein* schrieb.

V. 1600 *dâ von gehiezens im enstrit;* die Hss. haben *in widerstrît.* Es wird vielmehr statt *dâ von* zu schreiben sein *des: des gehiezens im enwiderstrît.*

V. 1653 *ein* würde ich nicht in *einem* ändern. Sinn 'dass ein Mann, der Troja nie gesehen, es alles was davor geschah, (nach Anleitung der Bilder) wahrhaft berichtet hätte'.

V. 1724 nach Massgabe anderer Stellen, wo beide Hss. ebenfalls *zergân* haben, wird auch hier *ergangen* zu schreiben sein.

V. 1801 lies mit B *swie ez joch;* H hat *iedoch*, was S. beibehält.

V. 1836 *mit rôter varwe bevangen* haben BH, allerdings unrichtig wegen des folgenden Verses. S. schreibt daher *mit zarter*, in der Anm. *mit schœner*; aber das adj. ist wohl überhaupt Zusatz, man lese nur *mit varwe bevangen*, was leicht den Zusatz eines adj. veranlassen konnte.

V. 1856 wie V. 1813 *dâ von* = BC mit Recht in *des* verändert wurde, und von mir in V. 1600, so ist auch hier zu schreiben *des hân ich mich berâten.*

V. 1868 *den* ist nicht nöthig zu ergänzen; es ist Auslassung des Relativums; vgl. Tobler in meiner Germania 17, 257 ff.

V. 1875 besser liest man *unde tet.*

V. 1928 *wurt H.*

V. 2006 *diu*, das in B fehlt, ist wahrscheinlich Zusatz: lies *ein gilje, was guldîn.*

V. 2011. 12 eine Umstellung ist nicht nöthig; man

nehme die Worte *dar zuo wær sî guot genuoc* als Parenthese.

V. 2036 lies *dô sprach daz ándére golt,* wenn auch die Hss. *ander* haben. Auch *sô* statt *dô*, wie H hat, ist richtig, verlangt aber ebenfalls die Betonung *ándére*, die hier ebensowenig falsch ist als bei irgend einem andern mhd. Dichter.

V. 2048 die von Sommer in der Anm. angeführte Besserung Grimms, auf welche ich auch gekommen war, ist ohne Frage der von Lachmann vorzuziehen. *mit genâden* heisst 'in Ruhe'.

2069. 70 eine ebenso gewaltsame als unnöthige Aenderung Lachmanns:

die lange junc wellen leben (Hss. sin).
zeswenthalp stuont dâ neben
(anderhalp B, under halp H, st. dar (der H) neben in BH).

Es ist *sîn* zu belassen und zu schreiben

einhalp stuont beneben sîn;

neben dem Baume; *beneben* m. gen. gab den Anstoss zur Aenderung in *in*, vielleicht auch der rührende Reim.

V. 2152 *mâl* halte ich für eingeschoben und schreibe *zeim andern hânt iuwern spot*, 'spottet mit einem andern als mit mir'.

V. 2158 *nû* ist nicht zu streichen, sondern *Blanscheflûr ist nû lange tôt* zu lesen, mit schwebender Betonung der ersten Hebung. Vgl. Nib. 1725, 4 *er ist nu lange begraben.*

V. 2193 lies *deme tôde sînen site;* bei *dem* schien der Vers zu kurz, daher H *und* einschiebt, B *das er kerte* vorschiebt.

V. 2200 *er*, das H hier fehlt, ist wahrscheinlich aus der folgenden Zeile eingedrungen (prosaische Wortstellung), dann ist auch *triuwen*, das beide Hss. haben, beizubehalten und zu schreiben

sehent wie stæter triuwen pflac
er und ouch diu cristæne,

wodurch 2201 zugleich im Masse mit 2202 übereinstimmt.

V. 2217 *gewone* hat H, und so noch oft, auch in *ime,*

das *e* nach Liquiden erhalten, was der Zeit des Dichters ganz gemäss ist.

V. 2222 wahrscheinlich ist auch hier, wie 2110 geschah, statt *disiu* zu schreiben *diu*.

V. 2239 beide Hss. haben *megede;* S. setzt *maget,* aber dies würden so junge Hss. nicht geändert haben. Entweder also mit zweisilbigem Auftakt *daz im án* oder mit Umstellung *daz an der megede im geschach*, wofür die Hss. die prosaische Wortfolge setzten.

V. 2251 es wird nicht *uns*, sondern *unser* ausgefallen sein. Lachmann oder Haupt würde dann vielleicht nach beliebter Manier *burtlîcher* geschrieben haben.

V. 2289 *briefele* H, *briefelin* B, beides weist auf *brievelî* als die ursprüngliche Lesart; vgl. zu 1321. Sommer schreibt *brievel.*

V. 2290 f. sind zu schreiben

und mir und iu daz vertreip
die wîle und die stunde.

Statt *und iu* haben BH *wider,* das sich aus *undeu* erklärt und die Aenderung der folgenden Zeile veranlasste, wo B *und uns die w. und st.,* H *umb die w. und die st.* hat.

V. 2292 lies *unz mir des got gunde;* S. ergänzt das fehlende *got* nach *mir.* Aber natürlicher erklärt sich der Ausfall, wenn die zwei mit *g* anlautenden Worte unmittelbar auf einander folgten.

V. 2325 in der Anm. hat S. die wenig glaubliche Aenderung *nâch tôde* für *nach wane* (*wanne* H) zurückgenommen und schlägt vor *nach* zu streichen und zu schreiben *swenne.* Aber *nach* ist nicht zu streichen, sondern in *noch* zu verändern: *noch swenne sô daz geschiht.* In der folgenden Zeile ist *sô* beizubehalten, nicht in *daz* zu ändern.

V. 2345 besser *daz ich geflêhe dir sô vil;* die Hss. setzen wieder die prosaische Wortfolge *dir geflêhe.*

V. 2362 statt *sîn,* das in beiden Hss. fehlt, wird man nach älterem Sprachgebrauche lieber *es* ergänzen.

V. 2417 lies *mit werke wære vollebrâht;* S. mit den Hss. *mit dem werke.*

V. 2419 f. weder die Besserung Lachmanns, die S. in

den Text aufgenommen, noch die in der Anm. vorgeschlagene von Haupt ist richtig. Wenn Haupt mit dieser Stelle aus dem Original vergleicht *fix, mort soffrir ce n'est pas gas*, so entspricht dieser Stelle vielmehr bei K 2402 *sterben ist niht sô guot, daz dich dunket süeze.* Ueberliefert ist

des mahtu wol erwinden.
[also B] sprach die kungin geswinden.

Für die zweite Zeile schreibt Lachmann (= S.)

sprach sî, die küenen swinden.

Haupt: sprach diu künigîn. geswinden —
der gedanc ist niht guot;

wo wohl *geswinden* im Sinne von 'sterben' genommen sein soll, was es aber nicht bedeuten kann. Es ist vielmehr am Schlusse der ersten Zeile ausgefallen *sîn*, schon in der Vorlage. Das hat zur Folge gehabt, dass man einen Reim auf *erwinden* suchte und in dem Flickwort *geswinden* fand. Es ist also zu lesen

des mahtû wol erwinden sîn',
alsô sprach diu künigîn;
'der gedanc ist niht guot.

'Darum magst du wohl davon ablassen'.

V. 2437 f. die zweite Stelle der Ueberlieferung wo *â : ô* reimt. Ueberliefert ist

den von minnen wart sô wê
daz sie sich selber tôten (= râten).

Lachmann schreibt *daz sie in selben schâten.* Aber das ist doch gewiss matt ausgedrückt. Viel einfacher und ungezwungener ist

daz sin selben tôt tâten.

Dass aus *tôt tâten* werden konnte *doten* B, *töttent* H, begreift sich. *selben* aber steht für *selbe den*, denn nicht der Dativ wird hier verlangt, sondern der Nomin., sie tödten sich selbst, kein anderer tödtete sie.

V. 2463 *verlorne* in *vlorne* zu ändern ist kein Grund.

V. 2494 f. lies

und vant mit grôzer ungehabe
in jæmerlîche schrîen.

Die Schreiber setzen nach prosaischer Weise *in* nach *vant*, was S. beibehält, weshalb er *grôzer* unnöthig streicht.

V. 2520 H (= S.) *daz getuon ich dir kunt*, B *daz tuon ich dir in wârheit kunt.* Das Gemeinsame ist das echte: *daz tuon ich dir kunt;* das schien zu kurz, darum die Einschiebung von *ge* in H, von *in wârheit* in B.

V. 2543 *wol*, das BH haben, zu streichen ist kein Grund vorhanden.

V. 2621 ff. sind nicht richtig gebessert. Ich schreibe

swie dicke er ime gehieze,
ob erz durch sînen willen lieze,
daz er næme die wal etc.

'Wie oft er ihm auch versprach, dass, wenn er es um seinetwillen sein liesse, er die Wahl haben sollte'. S. folgt den Hss., schreibt aber *in hieze* und *durch in* statt *durch sînen willen.*

V. 2666 *iu* hinzuzufügen ist nicht nöthig.

V. 2765 die Gerundiumform *ze sehende*, die beide Hss. haben, ist gewiss hier wie anderwärts ursprünglich. Daher ist nicht zu schreiben *ze sehen geluste*, sondern *ze sehende luste;* denn bekannt ist, dass die jüngern Hss. statt *lusten* meist setzen *gelusten.*

V. 2782 *nie gerúowéte báz*, wie die Hss. haben, ist ganz unanstössig (vgl. die Bemerkung zu V. 2036); S. schreibt der bekannten Lachmann'schen Grille zu Liebe *geruowet ê.*

V. 2798 *wande ich* hat H, *wanne ich es* B. Sommer schreibt *wan ichz.* Aber *wande* in H rührt sicher nicht vom Schreiber her, weist vielmehr auf *wan deich.* Es ist also zu schreiben *wan deichz dar umbe lâzen wil.*

V. 2813 *wân* = *wâren* (*wanne* B) ist wohl beizubehalten. Vgl. zu 1417.

V. 2851 *nie* hinzuzufügen ist nicht nöthig. Ebensowenig ist V. 2854 etwas zu ändern: *sie wâren ûzer golde geslagen.* S. schreibt *wârn ûz;* aber *usser* haben beide so junge Hss. noch erhalten.

V. 2857 *messen*, wie die Hss. haben, ist nicht in *messinc*, sondern in *messe* zu ändern. Statt *eneweder* ist dann *neweder* zu schreiben; also *noch messe neweder.*

V. 2890 *dich frumet*, was beide Hss. haben, in *dir*

frumet zu verwandeln ist nicht nöthig. *frumen* ist wie *helfen* construirt.

V. 2910 f. haben die Hss.

also daz er (ich B) niemer gekere
wider heim in sin lant,

wofür S. schreibt *sô daz er niemer kêre.* Es ist aber zu schreiben

alsô daz er gekêre
niemer heim in sîn lant.

Die Hss. haben wieder die prosaische Wortfolge, daher *niemer* zum ersten Verse gezogen und daher im zweiten *wider* hinzugefügt.

V. 2938 lies *ir iewéderéz sich sluoc,* denn dies, nicht *sich slúoc*, ist die natürliche Betonung des Verses. Zu den in der Germania 19, 358 angeführten Stellen, welche die von mir angenommene Betonung beweisen, füge ich aus dem Troj. Kriege noch hinzu:

20079 und sich verwandelte dar în.
31695 daz er begegente den zwein.
36892 dâ glitzete diu sunne.
47952 daz man versicherte dâ mite.
48130 dô enkerte diu ritterschaft.
48181 und wâpenten sich über al.

V. 2965 ganz unnöthig ist *unze daz* der Hss. in *unde dô* geändert. Der Punkt ist erst nach *dar* zu setzen.

V. 3054 *sorgen* in *sorge* zu verändern ist nicht nöthig; man kann diesen und den vorausgehenden Vers mit überschlagender Silbe lesen.

V. 3088 wahrscheinlich *des wâren sie gescheiden.* Wie an andern Stellen für *des* die Hss. *dâ von* geschrieben haben (vgl. zu V. 1600. 1856), so hier *dar umbe.*

V. 3107 einfacher ist, statt *hin* zu ergänzen, zu schreiben *ze koufende gegeben;* Hss. und S. *geben.*

V. 3116 *noch* in *joch* zu verändern liegt kein Grund vor; *noch* weist auf die Zukunft.

V. 3124 *da in niemen doch erkande;* die Hss. haben *su* statt *in.* Es ist wohl zu schreiben *dâ sîn niemen; sîn* gen. von *niemen* abhängig.

V. 3180 *beide* haben die Hss., ganz richtig, denn es ist zu betonen *beid ír únd diu wirtîn;* S. schreibt *beidiu.*

V. 3205 f. sind beide Reimwörter entstellt. Ueberliefert ist

und müeze iu got gefüegen
daz ir iuch mügent genüegen
heiles und langer wünne.

Statt *got* schreibt S. *noch*, behält im übrigen aber die hs. Lesart bei. Es ist jedoch zu schreiben

got lâze iu beiden wol geschehen
und müeze gebieten
daz ir iuch mügent genieten
heiles und langer wünne.

V. 3227 es ist doch wohl der Lesart von H zu folgen und daher zu schreiben

unz morne an den âbint.
do gelac vil schiere der wint.

Denn es ist wohl begreiflich, wie aus dieser Lesart die von B (= S.) werden konnte, aber kaum das umgekehrte.

V. 3238 *der mache sich gegen der habe* B, *der sich gegen der habe* H; S. *der sîge gegen der habe,* möglich, aber nicht wahrscheinlich. Viel natürlicher ist doch, Auslassung eines Wortes in H anzunehmen.

V. 3258 *sô vil* S.; die Hss. *also vil*; es ist *als vil* zu schreiben.

V. 3274 *und sage dir* der Hss. ist beizubehalten; es knüpft an V. 3269 an, das dazwischen liegende ist wie eine Parenthese.

V. 3283 *ze* wird zu streichen sein; die Interpunktion ist so zu ändern

dâ hin wolt ich mîne wât,
die ich veile füere durch gewin,
dar umbe ich ûz komen bin,
verkoufen ûf gewinnes wân.

V. 3298 f. sind, glaube ich, so zu lesen:

du sihest niht waz die sinne dîn
an iht anders kêre;

die Hss. haben, statt *waz*, *wan* H, *wanne* B; und *verkêre*; S. schreibt nach Lachmann

du sihst niht wâ die sinne dîn
an sich iht anders kêre.

V. 3317 f. überliefern die Hss.

von allen sorgen unze an die.
alsus (also B) für er uber se alhie.

Sommer schreibt nach Lachmann

von allen sorgen âne wê.
alsus fuorens über sê.

Es ist vielmehr zu schreiben

sô bistû gar gescheiden
von allen sorgen unze an die.
alsus fuoren übere sie.

V. 3322 *mornes*, wie B liest (H *mornens*), ist beizubehalten, S. *morne*.

V. 3349 *mit*, wie die Hss. haben, ist wahrscheinlich entstellt aus *inner*, was öfters vorkommt.

V. 3377 *sô* nach *iedoch* ist aus H aufzunehmen; es ist viel wahrscheinlicher, dass es in B ausgelassen als in H zugesetzt wurde.

V. 3379 *ê* ist nicht nöthig; *behielten* hat wie so oft die Bedeutung des Plusquamperfects. Statt *dar ynne* B, *do inne* H, wird *dinne* zu lesen sein; S. *drinne*.

V. 3419 *und*, wie BH haben, weist auf *wand*; S. setzt *wan*; vgl. 3584, wo S. *wand* für *und* geschrieben hat.

V. 3432 *getân* haben BH, S. bessert *getât*. Ich glaube aber *getæne*, dann ist *sô edellich* in *als edellich* zu bessern.

V. 3477 *dô* in *doch* zu ändern liegt kein Grund vor.

V. 3508 es wird umzustellen sein *alsô daz sie wol sâhen.*

V. 3549 *nû* ist wegen des *nû* in der vorhergehenden Zeile hier zu streichen.

V. 3582 dass *ungehabe* fälschlich an die Stelle von *schade* getreten sein sollte, ist wenig wahrscheinlich. Vielmehr ist der erste Reim entstellt; es wird zu lesen sein *an der habe. dâ was Flûren meistiu ungehabe*, wobei zugleich der rührende Reim Anstoss gegeben haben kann.

V. 3586 die Hss. *er lies dar umbe und entsaz*, S. setzt *er* für *und*. Es ist vielmehr zu schreiben *er lie'z dar umb, wand er entsaz; und* in den Hss. für *wand er* auch V. 3419.

V. 3650 überliefert ist *zu mittem tage* H, *früge zu myttem tage* B. Richtig erkannt ist allerdings, dass B *früge* zugesetzt hat. Der Vers ist aber richtig, wenn man schreibt *zuo mitteme tage;* S. setzt *zuo deme mitten tage*, um die missliebige Betonung *mìttème* zu vermeiden.

V. 3659 *aller sament* BH; S. *alze samene*, wohl um dem Verse gleiches Mass mit dem folgenden zu geben. Dies ist jedoch, da ein Punkt die Verse trennt, nicht nöthig; also ist zu schreiben *allez sament gelîche.*

V. 3674 wahrscheinlich ist zu schreiben *riete als im wol zœme;* die Hss. und S. *als ez im.*

V. 3700 *turme* ist wohl nur Druckfehler für *turne.*

V. 3719 *Wer möhte sich nû genôzen; Wer* fehlt Hss. Wahrscheinlicher ist mir, dass nach *nû* ausgefallen ist *iht*, also zu schreiben *Möhte sich nû iht genôzen.*

V. 3761 die Besserung *wætlich* trifft sicher das richtige; aber vorher wird *sô* ausgefallen sein, dann ist in der nächsten Zeile nichts zu ändern. *so enist dir niht sô wætlich sô lâ varn und hebe dich* u. s. w.

V. 3831 ich bessere *daz man wol werben mehte;* S. mit den Hss. *daz wol werden mehte.* Vgl. Walther 139, I, 13 *waz vil verdirbet des man niht enwirbet.*

V. 3850 dass diese Zeile im Reim verderbt ist, ist klar. Die Hss. haben *uff der sorgen sage ich gnade (: wage) siner sorgen freise.* S. schreibt *sus was er enwâge in der sorgen freise.* Näher an die Ueberlieferung sich anschliessend wird man schreiben

ûf der sorgen wâge
stuont er en freise.

V. 3856 *ze lassende* haben BH; S. *ze lâzen*, ich glaube eher *ze lânde* ist zu bessern.

V. 3890 lies *die mîne;* H hat *mine*, B *minen*, was S. beibehält. Vgl. 3499, wo S. mit Recht, H folgend, *die sîne* geschrieben hat.

V. 3929 *gesâhent ir keinen schœnern ie?* schreibt S.

B hat *keinen schöner*, H *keine schönre*. Beides weist auf *schœner*, was grammatisch ganz correct ist. Ich lese *gesâht ir keinen schœner ie?*

V. 3942 schreibe ich *guoten unde manecslahten.*

V. 3947. 48 die Umstellung beider Zeilen ist nicht nothwendig.

V. 3951 statt *und* zu streichen wird man dafür besser *vil* schreiben; beide Worte werden oft mit einander in Hss. vertauscht.

V. 3991 *dâ inne*, wie beide Hss. haben, ist ganz richtig; S. schreibt *dar inne*; ebenso 3993.

V. 4099 f. die starke Aenderung der ersten Zeile scheint mir bedenklich. Ueberliefert ist

und râtent mir zuo dirre sache.
ich enbin nie sô swach;

S. setzt dafür

und râtent mir dar zuo gemach.
ich enbin nie sô swach.

Allerdings ist *swache* auffällig; aber sicherlich hiess es *ich enbin nie sô der swache*. Diese unübliche aber ganz richtige Ausdrucksweise veranlasste den Ausfall von *der*.

V. 4120 *mich* fehlt in H, und ganz richtig (die Lesarten erwähnen das nicht). Man schreibe daher *waz hulfe daz ich iuch betrüge?*

V. 4122 *der beste rât des ich mich verstân* haben BH; S. streicht *beste*. Eher ist *rât* zu streichen, das aus 4105 herauszunehmen ist, oder man lese *daz beste*. Vgl. jedoch die eigenthümliche Ausdrucksweise *der minnist* neben *daz minnist, der beste* für *daz beste*: vgl. Germania 3, 485.

V. 4126 statt *nû* haben, was die Lesarten unerwähnt lassen, beide Hss. *das;* es ist *des* zu schreiben.

V. 4147 S. und Hss. *daz weder wîp noch man ze der rede niemer komen kan*. Es ist zu schreiben *daz mit ir weder wîp noch man ze rede niemer komen kan.*

V. 4221 *noch ist der gezierde mê; ist* fehlt Hss. Wahrscheinlicher, da die vorhergehende Zeile mit *hât* endigt, dass hier am Anfange des Verses ausgefallen *sî hât — noch der gezierde mê*, was den Ausfall natürlich erklärt.

V. 4243 die Hss. haben *ze der kemenâten ie gelîche*; S. setzt *ze den.* Ich glaube eher, der Fehler liegt in *ze,* wofür *in* zu setzen, also *in der kemenâten iegelîche.*

V. 4261 *offenem*, wie die Hss. haben, *offnem* schreibt S. der Lachmannschen Grille zu Liebe.

V. 4270 *ein,* das in H fehlt, ist wohl zu streichen.

V. 4273 *ez sî spâte oder fruo; ez sî* fehlt in den Hss.; näher liegend ist die Ergänzung *spâte oder aber fruo.*

V. 4276 *verholne* hat H, richtig; man lese *so verholne, man envâhen, en* fehlt in den Hss. und bei S.

V. 4332 *dâ wider* schreibt S. für das hs. *die ander*; näher liegt *dar under* 'während dem' *ist im gereit mit der twehelen ir gespil.*

V. 4344 die Schreibung *übellîche*, die B hat, ist die richtige.

V. 4356 *in* ist wahrscheinlich aus der vorigen Zeile eingedrungen; ich lese *unde enruochet waz sie sagent.*

V. 4371 *schône* in *unschône* zu ändern is nicht nöthig; er behandelt sie gut und freundlich ein Jahr lang.

V. 4385 *eime* haben BH, dies ist beizubehalten.

V. 4431 die Ausgabe entfernt sich mehr als nöthig von der Ueberlieferung; es ist nur das erste *von* in *mit* zu verwandeln, da *besetzen von* nicht vorkommt: *mit edelen boumen von art; von art* ist *mit edelen* zu verbinden, was die Wortstellung sehr wohl erlaubt. S. schreibt *mit boumen edel von art.*

V. 4449 es ist zu schreiben *ein boum da enmitten inne stât;* vgl. zum trojan. Kriege V. 17455. B hat *enmytten dar inne,* H *do mitten in,* S. *dâ mitten inne.*

V. 4459 ich lese *er wart verwandelet nie;* Hss. *verwandelt* = S, der *er enwart* setzt.

V. 4479 f. einfacher als zwei Aenderungen scheint mir Umstellung: *sô wirt von dem brunnen der runs zestunt rehte rôt.* Die Hss. folgen wieder der prosaischen Wortstellung.

V. 4500 gewiss hiess es ursprünglich *daz ein sîn bluome rôt;* S. mit den Hss. *einer sîner bluomen.*

V. 4506 *die* der Hss. ist wie so oft fehlerhaft als vorausdeutendes Pronomen bei nachfolgendem Object hereingedrungen. Es ist zu schreiben *unde nimet der amiral die selben magt ze wîbe* (S. *und nimet dô der a.*) In der nächsten Zeile haben die Hss. *das sant su by im belibe* H, *das su frowe ymme b.* B; S. schreibt *daz sî bî im belîbe.* Die Abweichungen weisen aber auf eine ungewöhnlichere Präposition, das ist *samt,* also zu schreiben *daz sî samt im belîbe.*

V. 4515 *dar umbe er sie besendet; dar umbe* ist wiederholt wegen des Zwischensatzes *als ir hânt vernomen.* Die Hss. haben B *war umb,* H *der umb als war umb;* S. schreibt *daz.*

V. 4547 die Aenderung nach V. 5343 ist möglich, aber nicht nothwendig. Ich lese statt des hs. überlieferten *wie noch* (*nach* B) *sinen genoden sin* vielmehr *swie joch sîne genâde sîn. joch* ist hier wie an andern Stellen entstellt; vgl. 185.

V. 4569 ich würde *niht* streichen und *dar umbe* beibehalten, also schreiben

sô bin ich tôt, daz weiz ich wol,
dar umbe: waz wirret daz?

V. 4595 die Umstellung von *schaden* ist nicht nothwendig, man lese

wande ich iu verban
schaden umb iuwer riuwe.

V. 4603 *und* relativisch gebraucht ist zulässig, daher nicht in *den* zu verändern nöthig.

V. 4614 ist, wie Haupt in der Anm. vorschlägt, die hs. Lesart beizubehalten, in der nächsten Zeile aber *und* zu streichen und zu schreiben *tuont iuwer besten kleider an.*

V. 4662 ich folge der Lesart von B *daz ir des spiln zuo im gânt;* H *dar spilende;* S. *irs ze spilnde.*

V. 4686 *wan er ein* (*einen* B) *fremden schin* haben die Hss.; S. setzt *er hât einen.* Ich schlage vor *wan er treit fremden schîn.*

V. 4725 von S. mit Rücksicht auf V. 4870 geändert. Allein wenn *widerkêre* (Subst.) das ursprüngliche war, würde schwerlich mit *ze spilnde* fortgefahren werden. Diese Verbindung weist auf ein Verbum. Es ist daher zu schreiben

er wirt iuch deste getriuwer
fürdernde an iuwern êren.
er bitet iuch wider kêren
ze spilnde aber morne.

V. 4820 *sô* nach *iedoch* aus H ist gewiss aufzunehmen.

V. 4834 *und ist sîn sorge waz er tuo* ist beizubehalten; S. mit Lachmann *in sorge.*

V. 4836 f. schreibe ich *daz ir ze sîme imbîze ze sînde geruochent. daz ir* fehlt in den Hss. S. schreibt für *ze sînde: daz ir des,* was mir wenig wahrscheinlich vorkommt.

V. 4864 *und ist sîn armüete* Hss.; S. setzt *im* für *sîn;* ich denke eher *sîner.* Die vorausgehende Zeile erhält durch *dekeiner* für *keiner* gleiches Mass.

V. 4871 *iu* ergänzt S. hier am Anfang der Zeile; näher liegt es vor *iemer* (V. 4869) zu ergänzen, wodurch der Ausfall sich leichter erklärt.

V. 4903 *von* ist wohl zu streichen; lies *sol iu sîn ungescheiden.*

V. 4960 da *gemêrren* neben *gemerren* jetzt wirklich belegt ist (s. Lexer s. v. *mêren*), so ist die hs. Lesart beizubehalten.

V. 4964 lies *ze grôzen sælden;* die Hss. *ze grôzer sælden,* S. *ze grôzer sælde.*

V. 4974 *daz* ist wohl zweimal zu setzen; vgl. oben V. 1076.

V. 4984 *also frum* haben die Hss.; *sô frum* schreibt S.; ebenso richtig ist *als frum.*

V. 5015 *daz er niht vertôrte* Hss.; S. *daz ez in niht.* Eine Aenderung ist nicht nöthig.

V. 5022 die Lesart von H *wan er nie gehôrte nie,* weist eher auf *wan er ê negehôrte nie* als auf *vor gehôrte* = B.

V. 5046 *guotes* statt des von S. gezetzten *gewalt* haben die Hss. Es ist aber zu schreiben *guot: genuoge* ist als Adv., nicht mit S. als Adj. zu nehmen.

V. 5048 statt des falschen *wer* der Hss. schreibt S. *niemer,* ich lese *des wæn mir niht werden sol.*

V. 5122 die Hss haben *ez sî dann (den H) ein so*

vester gemüt; S. schreibt *ein sô vester muot.* Ich glaube eher *ern sî sô veste gemuot.*

V. 5133 *gie* für *ergie*, wie beide Hss. haben, ist wohl nur ein Versehen; sonst würde wohl *ergie* als Lesart angegeben sein.

V. 5148 *owê* in Wunschsätzen ist durchaus nicht ungewöhnlich; stösst man sich an dem zweisilbigen Auftakt, so wird *wê* erlaubt sein.

V. 5158 nicht in *joch* ist das hs. *hoch* zu verändern, sondern in *noch*, 'noch heutzutage'.

V. 5182 *wol* zu ergänzen ist unnöthig, wenn man mit H *ime* statt *im* schreibt.

V. 5229 die Schreibung *ern* in H für *er in* B (= S.) ist gewiss die ursprüngliche.

V. 5231 *wie* der Hss. ist nicht in *ob* zu verwandeln, sondern in *swie*, das hier die Bedeutung 'wenn' hat.

V. 5234 durch die dreisilbige Form *jungeste* verliert der Vers seine üble Betonung.

V. 5284 *wær ich tûsent stunt sîn eigen,* wofür S. mit Lachmann schreibt *tûsent jâr*, wird gestützt durch V. 5880 *wær ich tûsent stunt dîn swester.*

V. 5317 lies *er enmüeste sîn verlorn; en* fehlt Hss. und S.

V. 5336 *nâhe gândiu herzeleit*; H hat *gonde,* B *gonder* (und *noch*). Da kein Anlass zum plur. da ist, so ist zu schreiben *nâhe gânde,* oder *nâhe gândez.*

V. 5341 die Aenderung Lachmanns *lîbes* statt *liebes* scheint mir nicht nöthig; *liebes wünne* kann man recht gut verbinden.

V. 5351 *do inne* haben beide Hss.; lies *dinne;* S. schreibt *drinne.*

V. 5388 *ez ist daz uns beide iuwer vart geriuwe; ez ist* ist auffallend; vermuthlich *ez ist wætlich* 'wahrscheinlich'.

V. 5411 *Nû nement mînen rât* ist ganz unanstössig; S. schreibt *vernement;* aber B hat *nu nement zu uch minen rat,* wo *zu uch* hinzugefügt ist, um den Vers zu verlängern; H hat die richtige Lesart bewahrt.

V. 5418 *dan* ist zu streichen und zu schreiben *ez enhelfe unser herre.*

V. 5442 *ûzer eime blîâte,* wie beide Hss. haben, ist um so weniger zu beanstanden, als auch die vorgehende Zeile (*cleider nâch mîme râte)* mit überschlagender Silbe zu lesen ist. S. setzt *ûz.* Vgl. zu 2851.

V. 5447 der Artikel ist wohl zu streichen, und nur *waz wir bedürfen cleider* zu schreiben.

V. 5469 *bedriezen*, wie H statt *verdriezen* B (= S.) hat, ist unzweifelhaft die echte Lesart, die ein Schreiber des 15. Jahrhunderts auf eigne Hand nimmer gesetzt hätte.

V. 5478 *kom* (= *kam*) ist zu lesen (Haupt in der Anm. bessert *kam*). Auch V. 6231 setzt H fälschlich *kum* für das Präteritum. Dass hier *kam* im Reime erscheint, beweist nicht, dass ausser Reime der Dichter nicht *kom* sagte; B hat hier auch *komme.*

V. 5489 lies *als sîn man im geriet;* Hss. (= S.) *im sîn man*, mit prosaischer Wortstellung.

V. 5530 da H *mitte* hat, so ist *dâ mite* zu schreiben.

V. 5557 der Conj. ist sehr auffallend; ich glaube es ist vielmehr zu schreiben

der uns sô vil hât ûf geleit
unde uns sô überluot:
wir wurden nie sô gemuot
von sô vil rôsen noch sô laz.

Die Hss. und S. haben *überlüede: müede.*

V 5588 *tuonde*, wie B hat, ist beizubehalten.

V. 5617 statt *sô*, wofür B *also* hat, ist vielleicht *sus* oder *sâ* zu schreiben.

V. 5689 *wie trûrest dû sô harte?* haben die Hss., dies ist ganz unanstössig; S. schreibt *zwiu.*

V. 5693 wahrscheinlich *wan dir einer;* Hss. und S. haben *eine.*

V. 5708 *wiltû noch der bluomen dich bewarn* B (= S.); *warn* hat H. Ich glaube *dich* ist eingeschoben und zu schreiben *wiltû noch der bluomen warn.* In der nächsten Zeile ist die Aenderung Wackernagels *jâ* für *sô* nicht nothwendig.

V. 5745 statt *gewer*, das die jüngern Hss. gewöhnlich setzen, ist *wer* zu schreiben. Ebenso V. 7371. Vgl. zu 381.

V. 5772 statt *vnd*, wie die Hss. haben und wofür Lachmann *ein* setzt, ist eher *vil* zu schreiben, das häufig mit *und* vertauscht wird; also *lîhte vil süezez lachen.*

V. 5866 der Fehler *frowen* in beiden Hss. weist auf die Form *fröweden*, S. schreibt *fröuden*. Ebenso 5991.

V. 5963 statt *süezez* hat H *süsse*, was die Lesarten nicht erwähnen.

V. 5992 *got hât wol ze mir getân*, wie H hat, ist wahrscheinlich die ursprüngliche Lesart; B (= S.) *an mir.*

V. 6000 *joch*, das B hat, ist schwerlich ein Zusatz der Hs. (vgl. zu 4547), sondern echt, daher zu schreiben *swie kûme ez joch geschehen sî.*

V. 6038 *sîn* steht zweimal, vor beiden Participien; wahrscheinlich ist es vor dem ersten, nicht vor dem zweiten, zu streichen und zu schreiben

so enwære ez nimer ergangen.
ich müest imer gevangen
und alsus sîn beslozzen.

Dass bei dieser Lesart das *sîn* nochmals vor *gevangen* gesetzt wurde, begreift sich leicht.

V. 6063 *dar zuo* ist wohl eingeschoben; der Vers hiess nur *unde wenden unsern flîz.*

V. 6081 *welichen* ist auch hier (nach B) zu schreiben (vgl. zu 1491); auch *weltlichen* in H weist darauf.

V. 6116 *ufe* hat H, und diese Form der präp. ist wohl zu setzen.

V. 6120 lies *diu min* statt *diu minre;* auch V. 6172 ist *min* statt *minre* zu schreiben.

V. 6184 *dar dâ Bl. lac* ist nicht gut mhd. Die Hss. haben *der do by Blantschefluren;* ich lese *dar bî dâ Blanscheflûr lac.*

V. 6208 lies *an liebes friundes arme;* Hss. und S. *an ir lieben.*

V. 6232 *wande* macht hier und 6237 den Vers besser als die einsilbige Form *wan.*

V. 6243 *mich* statt *mînen willen* zu schreiben ist unnöthig, da auch die folgende Zeile mit vier Hebungen und überschlagender Silbe gelesen werden kann.

V. 6250 statt *es* hat H *su;* ich glaube beide Wörtchen sind eingeschoben und nur zu schreiben *daz iuch iemer wundern mac.*

V. 6271 nicht *gwonheit*, wie die Anm. vorschlägt, ist zu schreiben, sondern *der* zu streichen.

V. 6282 die Besserung scheint mir bedenklich wegen der Verbindung der beiden Sätze mit *niht* durch *und.* Der erste Satz war sicherlich kein negativer. H hat *su gohete zu der tür,* B *su gedahte zu der tür.* Ich vermuthe *sî geharte zuo der tür* 'sie rief zur Thür hinein'; vgl. *quant ele revint, si l'apele* im franz. Texte. Dann ist auch die zweite Zeile *niht wartende dar in* unverändert zu lassen.

V. 6287 *ouch was sî berâten gâhes mit sinne* B und S.; H hat *mir,* und das führt auf die richtige Lesart *in ir sinne.* Zu übersetzen ist 'sie hatte schnell in ihrem Sinne überlegt'; vgl. *dont cuide bien* im franz. Gedichte. *mir* für *in ir* steht fehlerhaft auch V. 6418.

6304 *en* zu ergänzen ist nicht nothwendig, wenn man schreibt *unde wolte.*

V. 6383 da *got* vorausgeht, wird hier wohl *der* für *got* zu schreiben sein.

V. 6387 *fant* in B, *fan* H, weist eher auf Schreibfehler für *siht* als auf *vindet.*

V. 6460 *des ich noch keinen frumen hân* Hss.; *neheinen* für *noch keinen* Lachmann. Ich glaube *doch keinen,* 'während ich doch keinen Nutzen davon habe'.

V. 6462 *lobete* wird zu schreiben sein, vgl. V. 5745 *gewern* statt *wern* etc.

V. 6525 am natürlichsten erklärt sich die Lücke, wenn *endes* oder *tôdes* dastand.

V. 6542. 43 es liegt kein Grund vor von der hs. Lesart abzuweichen.

V. 6632 da an den andern von S. angeführten Stellen *redelîch* in den Hss. nicht entstellt ist, so ist auch hier nicht anzunehmen, dass dies Wort da gestanden habe, sondern es ist zu schreiben *herre, ez enist niht gelîch;* die Hss. haben *so gliche. gelîch* bedeutet hier 'billig'. 6634 haben beide

Hss. *der sich niht mit rede kan;* Lachmann setzte *joch* für *sich.* Ich bessere *der sich niht entreden kan.*

V. 6669 ist als Parenthese zu nehmen, der Nachsatz zu 6668 ist erst 6670.

V. 6921 *noch niemen ander* hat H, was die Lesarten nicht angeben, gewiss richtig; *anders* hat B und S. In der nächsten Zeile schreibe ich *diu min.*

V. 6931 *und der man wîben nimet war* Hss., S. *und der man an wîben,* richtiger wohl *und der an wîben,* da *man* wohl kaum aus der vorigen Zeile vom Dichter wiederholt worden ist.

V. 7047 *er enwære* haben beide Hss., was S. nicht angibt; es ist also *ern wære* zu schreiben.

V. 7082 da jüngere Hss. an Stelle von *sunder* setzen *âne,* kaum das umgekehrte, so ist *sunder* beizubehalten.

V. 7114 *iu des* ist gewiss Zusatz, der Vers ist mit *daz er nie über mer* lang genug.

V. 7127 wahrscheinlicher ist die unflectirte Form *verschaffen.*

V. 7159 *daz muoz joch unwendic sîn*; die Hss. *ouch,* was entweder beizubehalten oder mit *doch* zu vertauschen ist.

V. 7177 *als* ist sicherlich zu streichen und zu lesen

mit dem worte zestunt
er sî dannen gedranc.
dô wart sîn beiten unlanc.

V. 7192 *dirre strît der werte* hat nicht bloss B, sondern auch H; so ist daher zu schreiben. Vgl. 7614.

V. 7224 *jungen* fehlt H; die Lesarten erwähnen das nicht.

V. 7226 der Ueberlieferung näher und dieselbe besser erklärend ist *joch* für *unde.*

V. 7244 da *in* den Hss. fehlt, so wird *man'n* zu schreiben sein.

V. 7249 *von* statt *an* haben beide Hss., was als Lesart nachzutragen ist.

V. 7252 *mîns* haben BH, was beizubehalten ist.

V. 7323 *gehulfen,* wie beide Hss. haben, ist zu schreiben; *hulfen* ist wohl nur Versehen des Herausgebers.

V. 7335 das in B überlieferte *weme liep oder leit* (H hat *wenne*), das elliptisch zu nehmen, ist gewiss das echte.

V. 7350 hat auch H (= B) *lip*, nicht *liep*.

V. 7390 *daz* ist zu streichen.

V. 7482 trotz der Parallelstelle aus Parzival lese ich mit H *dannoch* (B *dannach*, S. *dar nâch*), 'ausserdem noch' dass er seinen Zorn besänftigt hatte.

V. 7506 *dan*, wie H hat, ist zu lesen; die Lesarten erwähnen die Abweichung von H nicht.

V. 7531 lies *baz noch schôner;* S. *schoener*.

V. 7538 lies *dar was gesamnet vil* = H; B hat *der*, S. schreibt *dâ*.

V. 7631 *mit* ist auffallend; ich denke es ist zu lesen *an*.

V. 7635 *ze rehtem imbîze*, wie die Hss. haben, ist gewiss richtig; es bedeutet soviel als *ze rehter imbîzes zît*. S. schreibt *rîchem*.

V. 7645. 46 fehlen in H, was nicht bemerkt ist.

V. 7653 liest H *enkante*.

V. 7687 *stân* ist nicht zu beseitigen: also *er gie hin für den fürsten stân*.

V. 7698 *vil*, das BH vor *schône* haben, ist nicht zu tilgen.

V. 7794 *er werte* ist sicherlich entstellt aus *über*; lies

der wart iesâ gesprochen
über sehs wochen.
desn (Hss. und S. den) getorste niemen lân,
swer eht im was undertân,
er enmüeste dâ sîn.

V. 7814 ist ohne Noth von den Hss. abgewichen; man lese

und diu gewære gotes minne.

V. 7874 *in*, das die Hss. haben, ist ganz richtig: *daz in iemer mêre wert, wern* mit acc. vgl. mhd. Wb. 3, 580[b].

V. 7877 *pflag* haben, was die Lesarten nicht angeben, beide Handschriften.

V. 7893 lies mit B *als in des got gunde;* vgl. oben zu V. 2292.

V. 7932 lies *versmelzet; sorgen* ist subst. gebrauchter Infinitiv.

ZUM WEINSCHWELG.

Für die bisherigen kritischen Bearbeitungen dieses Gedichtes (ausser der in den altdeutschen Wäldern 3, 13 ff., die in Wackernagels altd. LB. 5. A. 911 ff., von Hahn und Vernaleken in Pfeiffers Germania 3, 210 ff. und von Schröer, Jena 1876) ist nur die Wiener Handschrift 2705 benutzt worden, nicht die freilich jüngere und schlechtere Karlsruher (cod. Durlach. 481, Bl. 111^a—112^c), auf welche Keller in seinen altdeutschen Handschriften Nr. 2, S. 18 aufmerksam gemacht hat. Der oft bewährten Gefälligkeit A. Holders verdanke ich eine sorgfältige Abschrift dieses Textes. Da wir es hier mit einem stark überarbeiteten und interpolirten Texte zu thun haben, so scheint mir eine Mittheilung der Lesarten weniger zweckmässig als ein vollständiger Abdruck. Die Ueberschrift ist roth, und gleichlautend schwarz vorgeschrieben darüber. Ich setze an den Rand rechts die Verszahl des Wiener Textes, links fortlaufend die Zählung des Karlsruher. Die geläufigsten Abkürzungen sind in der Regel aufgelöst.

(111^a) *Von den großen truncken*

Waz ich trinckes ye hon gefehen W 1
So wil ich fur die worheit iehen
Daß ich folchs trinkes nye gefach
Den do von einē man gefchach
Dem wil ich der meinfterfchaft iehen 4
Wann er hetz zu einē lehen
Den dauchten becher enwicht 5

Er wolt nepf kopf gleſer nit W 6
Nepff kopff wer ein peüriſheit
Gleſer wer ein affenheit
(111b) Er tranck auß großen kannen 7
Er iſt vor allen mannen 8
Ein vorlauff' aller ſlünt 9
Daß tün ich euch kvnt 10
Daß ich ſulcher ſlunt 11
Nye nicht ver nam
Es můſt alle zeit vor in ſtan 12
Ein groß kandel weins vol 13
Wenn er ſprach ich ken dich wol 14
Ich weyß daß du gut biſt 15
Die weil dein in dē vaß icht iſt 16
So wil ich bawen diſe panck 17
do hub ich auff vnd tranck 18
Ein trünck von czweinczig ſlunden 19
Er ſprach ich wil eüch kvnden 20
Waz du dugent haſt liber wein 21
Wie magſt du tugenthafter ſein 22
Du" ſchon "host vn groß güt 23
Du geiſt vns hohen müt 24
Du magſt kvn den zagen 25
Wer dein waffen wil tragen 26
der wirt weis vñ karck 27
Er wirt ſnel vn ſtarck 28
Er furcht nyemancz dro 29
Die traürigen macht er fro 30
Dü geiſt dem alten jungen müt 31
Wer newr dein willen tüt
Du biſt ſelber wol gefar 34
Daz ſag ich fur vor
Du biſt lauther vn planck 35
Du hub er aber auff vn tranck 36
Ein trünck der fur die ander gie 37
Er ſprach wor vmb oder wie 38
(111c) Solt ich dich wein vermeyden 39
Ich mag dich wol erleyden 40

Seit er meinen willen tüt W 41
Er dünckt mich beßer dan güt 42
Ich genit mich ſein nymmer 43
Ich wil in loben ymmer 44
ffur türney vn̄ fur ſtechen 45
ffur tanczen hofiren fur ſprechen 46
ffur pfeller ſamet vn̄ ſcharlach 47
waz zird die werlt gehaben mag 48
Es ſey ſilber oder gold
Dennoch bin ich dem wein holt
Daß holt ich nit fur den wein 49
In hot indem herczen mein 50
Die mynne alſo behäuſt 51
Verſigelt vn̄ verkläuſt 52
Daz wir vns nit ſcheiden 53
Wer in mir wolt leiden 54
Der müſt haben mein haß 55
Er kurczt mir die weyl baß 56
Dann aller ſeiten klanck 57
Do hub er aber auff vn̄ tranck 58
Ein trünck noch beßer dann Ee 59
Er ſprach graß plumen oder kle 60
Vn̄ aller creatür meinſterſchafft 61
Würcz vn̄ aller ſtein krafft 62
Der walt vn alle fogellein 63
Do moht dich liber wein 64
Die werlt nit ergeczen 65
Sie mochten dich nit geſeczen 66
Mit allem dem ſi kvnden 67
Ich wil dir wol gvnnen 68
(111d) Das du mir kurczeſt, diß zeit 69
was freüden mir diß werlt geit 70
Daß kumpt als von deiner tügent 71
Sein lop hot vmmer iügent 72
Dein wirdikeyt wirt nymmer kranck 73
Do hub er aber auff vn tranck 74
Mangen vngefugen ſlunt 115
Wein mir iſt dein tugent kunt 116

Ich kenn wol dein krafft W 117
Dein tugent vñ dein meinſterſchafft 118
Du biſt meinſter der ſynne 119
Du libſt mir fur die mynne 120
Das ich den ſchimpff müss bawen
Koſen mit ſchonen frawen
Vñ dein mos an die ellen
Du machſt gut geſellen
Du mageſt ſeit mangen kauff 121
vnd vnter weyln ein auff lauff 122
Du mageſt lanck die kurczen ſtegen
Vñ manick groß krigen
Du mageſt manger hant ſpil 123
Mit freuden kürczweil vil 124
Die werlt iſt mit dir erhaben 125
Du kanſt die durſtigen laben 126
Du magſt die ſichen geſunt 127
Seitü mir erſt wurd künt 128
Seit pin ich dir geweſen bey 129
Wann du magſt mich ſorgen frey 130
Daz mich nẏman von dir dranck 131
Do hub er aber auff und tranck 132
Daß mir doch ſolcher ſlunt
Nymer wart künt,
(112ᵃ) Vnd nye mer vernam 97
Er ſprach der herczog von aatan 98
Waz dem wein ſo gar berait
Daz er eynē trünck noch reyt 100
Offt eins tages wol ſiben meyl
Er hieß alle sein diner eyln
Daß im nicht enging der wein
Oder er müſt verdorben ſein
Er vñ ſein ieger iordan 101
Solten die tier geiaget hon 102
Do iagten ſie noch dem liben wein
Des múſten ſie offt ein gaſt ſein
Wern ſie weiß als ich bin 103
Mir iſt vil bas dann in 104

Ich kan iagen vn̄ vohen W 105
Ich wil mich nit vergohen 106
Ich iach auch den liben wein 107
Des ieger wil ich vmmer ſein 108
Der hot mir ſo wol geton 109
Was ich ſein getruncken hon 110
Vnd was ich ſein nacht vn̄ tag 111
In meyn leyp geſwenden mag 112
Daß ist newr ein anfanck 113
Do hüb er auff aber vn̄ tranck 114
Ein drunck groſſen vn̄ ſtarck 75
Vnd solt er ein halbe marck 76
Do mit zu lon verdinet, hon 77
Er dorfft beßer nit gethon 78
Beyde ich vn̄ der wein 79
Muſſen ymmer geſamet ſein 80
Mir iſt an im wol gelungen 81
Er hot mich des beczwngen 82
Daz ich ye det sein gebot 83
(112b) Wein iſt güt für manick not 84
Kond er den mit freuden geben 85
Die werlt ſolt noch im ſtreben 86
ffreud iſt vor allen dingen 87
wir ſullen noch freuden ringen 88
Seit der wein ſo vil freiden git 89
So wil ich trincken an die zeit 90
Das er mir ſo groß freude geb 91
Das ich vmmer mit freuden leb 92
Des hab myn leip vmmer danck 93
do hüb er aber auff vn̄ tranck 94
Das die ſlund laut erclüngen 133
Vn̄ vaſt ein ander drüngen 134
Do wart von den vnden 136
Ein ſturm in den ſlunden 135
Wan der wein in in viel
Als in das mer ein voller kiel

---

125 iegers, s *durchstrichen.*

Vn̄ als die winczbrawt vff dē mer W 141
Do wart nit kurczlicher wer 142
verſucht manges ſlündes krafft 143
Iſt das nit ein meinſterſchafft 144
Das ich noch nit getruncken hon 145
Vn̄ den dinſt nit erleſchen kan
Noch meines geluſtes gnück
Das iſt ein groß vnfück
Wan verſalczen warn die würſt
Ey wie ſer mich noch dürſt
Do hub er aber an
Meyn kunſt iſt alſo geton 146
Daß ich mich nit vergohe 147
Vn̄ eß müßlich ane vöhe 148
Durch das ichs lanck treyben wil 149
Ich lebe wenick oder vil 150
(112c) So wirt mir trinckes nymmer büß 151
Hab ymant ein iungen fuß 152
Der ſol her zu mir gon
Den wil ich mit trincken beſtan
Ich wil nymmer erwinden 155
Ich múß ein gleichen
Güten zech geſellen vinden 156
So ſullen wir dann trincken
Vn̄ mit den aügen ein ander wincken
Als die trincker alle thün
Heten wir ein gefulcz hün
Vn̄ ein sweyin broten güt
So wurden wir erſt wol gemut
Vn̄ weren aller ſorgen frey
Wart geſell das wein do ſey
Bey vns hie aüff diſer banck
Do hub er aber auff vn̄ tranck
Schenck ein gib trincken
Bis vns die zvngen hincken
Er ſprach zu dem geſellen ſein

174 mir *aus* mit *gebessert*.

Wart geſell das hie ſey wein
Loß dir die weil nit weſen lanck
Do hub er aber auff vnd tranck
Hie die trünck enden ſich
Het ich newr gefult mich
Sprach der groß trincker
Got er loß vnß aller ſwer
Vn̄ mit dem lebendigen brünne vns ſpeiß
Vn̄ in ſein reich vns weyß.

Zweierlei fällt zunächst in die Augen: die theilweisen Umstellungen und die Interpolationen. Jene können, da der Vers *dô huob er ûf unde tranc* immer wiederkehrt, durch Abirren des Auges entstanden sein, aber auch schon auf älterer Vorlage beruhen. Denn eine bestimmte Reihenfolge der einzelnen Absätze wird sich kaum feststellen lassen. Selbstverständlich wird man auch hierin dem sorgfältigeren Texte der Wiener Handschrift zu folgen haben. Dass die Plusverse der Karlsruher Hs. Zusätze sind, ist von vornherein wahrscheinlich und im einzelnen zu erweisen. Von 156 des Wiener Textes an weicht der K. gänzlich ab; entweder reichte des Schreibers Vorlage nicht weiter, oder, was mir wahrscheinlicher, es wurde ihm zu viel und er kürzte mit eigenen ungeschlachten Versen, indem er noch zweimal die Zeile *Do hub er aber auff und tranck* verwendete.

Wenn sich erweisen liesse, dass die K. Handschrift eine Abschrift der W., dann wäre sie ganz werthlos. Aber sie zeigt an ein paar Stellen beachtenswerthe Lesarten, die das Gegentheil darthun. Z. 1. 3. 174 *trinckes* ist nicht Schreibfehler für *trinkens*, sondern die Form des Gerundiums mit ausgeworfenem *n*, die z. B. bei Wolfram öfter vorkommt. 7 fehlt *gar*, vielleicht richtig, es kann in W metrische Glättung sein. 19 die Vorlage hatte wohl *wîn, sprach er.* 20 auch hier kann das in K fehlende *wol* ein Zusatz in W sein, um eine Senkung auszufüllen. 33 *er* statt *der* ist gewiss die richtige Lesart; denn *der* pflegt nur im ersten Theile zu stehen. 42 *ein* hier und 66 richtig, statt *einen*

W. Auch *die ander* statt *die andern* kann richtig sein, denn *ander* wird auch nach dem Artikel in der älteren Sprache oft stark flectirt. 47 *dunckt,* die gekürzte durch den Vers geforderte Form, *dunket* W. 62 *immer*, das den Vers belastet, fehlt wohl mit Recht in K. 72 *niht* fehlt in W. 74 hat W *mit allem dem daz si chunnen.* Wackernagel und Vernaleken behalten diese Lesart bei; Schröer streicht *dem.* Es ist vielmehr mit K *daz* zu streichen: *dem si kunnen* ist Attraction. 83 die richtige hier und 136 K von Wackernagel gesetzte Lesart, Streichung von *er sprach*, wird durch K. bestätigt. Vielleicht sind auch in V. 19 K, wo *er sprach* in den beiden Hss. an verschiedener Stelle steht, diese Worte ein Zusatz. 87 *mir*, das Wackernagel streicht, wird durch K gestützt. 144 *sîn* fehlt mit Recht in K, es ist zu schreiben *fröud ist vor allen dingen,* Freude ist das höchste, und auch im folgenden ist mit K zu schreiben:

wir suln nâch fröuden ringen.
sît der wîn fröude gît,
nu wil ich trinken an die zît
daz er mir sô vil fröuden gebe u. s. w.

144 gehört noch zu dem allgemeinen Gedanken, der in 146 ff. die specielle Anwendung findet. 161 auch hier möchte ich nach Anleitung von 83 und 136 K den Vorzug geben. 163 l. *durst.* 185 l. *sweinin.*

ZU VOLMARS STEINBUCH.

Zu den zehn handschriftlichen Quellen, deren sich Lambel bei seiner Ausgabe bediente, und dem von ihm gleichfalls benutzten alten Drucke, vermag ich drei weitere Quellen hinzuzufügen, welche mir erst seit Veröffentlichung meiner Recension (Germ. 23, 109 ff.) bekannt geworden sind.

Die eine enthält nur den Anfang des Gedichtes, es ist cod. Vatic. 4395, eine Papierhandschrift des 15. Jahrhunderts, Bl. 60^b. Frommann liess im Anzeiger der Kunde für deutsche Vorzeit 1854, 159 f. ihn abdrucken, ohne die Zugehörigkeit desselben zu dem Gedichte zu bemerken, berichtigte aber das Versehen auf Sp. 186. Der Text beginnt mit 23 L. *Ich pin Aaron genant*, also ein Verfassername, der in keiner der beiden Handschriftenklassen sich findet. Derselbe ist ersichtlich aus der falschen Lesart von V. 56 hervorgegangen und hat auch die Aenderungen in 59. 60 veranlasst. Die Hs. enthält mit Lücken V. 23—76, springt aber dann auf Vers 643 über und gibt noch 643—645, um dann in der Mitte der Seite abzubrechen. Die abweichenden Lesarten sind folgende. 24 *hy pey. pechant* = WDr. 25 *daz han.* 27 *der* fehlt = WDr. 29. 30 fehlen. 32 *wan ir chrafft ist m.* 33 *vnd dar zu e.* 36 *daz] so. ein schalkch.* 37. 38 *daz man dy guten honet vnd dy pozzen chronet.* 39—54 fehlen. 55 *Nu horet aw s. hy von.* 56 *daz mein wart von aaron.* 57 *dy czwelf* = GDr. 58 *er] ich.* 89 *mein.* 60 *mir.* 61 *ouch] daz.* 62 *gleich eim s. dem chlaine.* 63 *nu ist er recht h. g.* 65 *darumbe schol nymen* (:). 66

wer. 67 *vnd dem stain. wesen* = HD. 68 *für s. vnd für allez g.* 70. 71 *an wurczen worten vnd stain leyt.* 72 *laz wir.* 73 *nu schol mir nicht verdagen.* 74 *von den stain schul wir s.* 75 *czwelf ersten.* 76 *wan dy sein dy h.* 643 *Der erst ist ein edel r.* 644 *lichten s.* 645 *vnd leuchtet in dem golde wohl.*

Es ist, wie man sieht, ein vielfach entstellter und willkürlich überarbeiteter Text; seine Grundlage scheint am meisten mit W gestimmt zu haben.

Viel wichtiger ist eine Handschrift in Wernigerode (Zb. 5), aus dem 14. Jahrhundert, in welcher das Gedicht Bl. 71—80 steht (vgl. Förstemann S. 105). Der Verfasser heisst hier *Volgmar;* die Handschrift gehört also zu der den richtigen Namen tragenden Klasse, der freilich auch hier entstellt ist. Die Vorlage hatte offenbar *Volemar* = W, was der Schreiber *Volcmar* las. Ist die Angabe '14. Jahrh.' richtig, dann ist diese Handschrift ausserdem durch ihr Alter wichtig, denn nur das Donaueschinger Fragment ist noch aus dem 14. Jahrhundert, alle andern Hss. gehören dem 15. an. Ich habe Lambel auf die Hs. aufmerksam gemacht, und eine nachträgliche Benutzung derselben wird erfolgen.

Die dritte Handschrift befindet sich in der königlichen Bibliothek zu Bamberg. Sie trägt die Bezeichnung HJ. VI. 31 und ist von Jäck in seiner Beschreibung der Bamberger Bibliothek 3, 29 erwähnt, aber der Aufmerksamkeit entgangen. Herr Bibliothekar von Leitschu, an den ich mich wegen einer Notiz darüber wandte, hatte die Gefälligkeit die Handschrift zur Benutzung für mich an die hiesige Universitätsbibliothek zu senden, wofür ich ihm hier verbindlichen Dank ausspreche. Es ist eine Papierhandschrift des 15. Jahrhunderts in Quart, enthaltend Alberti magni libri V mineralium, geschrieben 1464 von Bertold Roggenbach 'in opido Duderstadt' (Bl. 1—96^{a}); Hermetis Mercuri (Trismegisti) quadripartitum (Bl. 98^{a}—108^{a}); Alphonsi X regis Castellae clavis sapientiae majoris s. astrologia (Bl. 122—136^{a}); de herba incognita (Bl. 136^{b}—137^{c}); tractatus de magnete (Bl. 141^{a}—150^{a}); endlich ohne Ueberschrift das Gedicht von den Edelsteinen (Bl. 152^{a}—166^{a}). Es ist offenbar wegen der Verwandtschaft des Inhaltes den lateinischen Sachen beigefügt worden.

Der Text gehört zu der Klasse GDr, in welcher der Name des Dichters Joseph heisst. Da für den Eingang diese Klasse nur durch G vertreten ist, so gewinnt die Handschrift dadurch an Bedeutung. Die Lesarten derselben sind folgende. 1 ers] hercze. yn gemelte. 2 Wer = G. 4 guhet. vnde ausgeschrieben. 6 geferwetes = GH; wohl richtig. 8 der es; der ist wohl die richtige Lesart; wer hat G und danach schreibt L. swer; WH weichen unter einander ab und ändern offenbar; aber auch G hat hier wohl ebenso wie V. 2 der in swer geändert. 10 den man. 11 an] yn. 12 der = W (wer HG, swer L.); sicherlich auch hier richtig. 13 das = G. 16 wanne er yn nicht kunde. 17 nihte] nymmer. 18 Der. 22 Der. selbir gar.

23 Josep = G. 26 werlt han. 27 lugen. 29 ez fehlt. lenger. 30 erste, allein die richtige Form. 32 doch ist m. = G. 34 den = WDr. frumen man = G. 35 das = WGDr., wohl richtig. den = WGDr. boßer. 36 daz] so; auch in dem cod. vatic., und vielleicht richtig. 39 Absatz = G. enwer es, wohl richtig. dacht. 40 zcu reden. 41 so sere. 43 velscheste. verne. 44 das = GD. 46 = D, allein richtig. 47 liebet er allis[1]. 48 als, am Rande von anderer Hand zugefügt. gesteyne = D. 50 moyses. den fehlt = GDr. 51 was = G (aber taffeln). mit = GDr. saphiren = D. 52 = W, allein richtig. 53 silber HG. 54 anders dinges. nach 54 und nam doch dy steyne vor ir al dekeine = GDr., aber in richtigerer Fassung. 56 erbare. 57 dy czwilffe = GDr. 59 bruste = G. 63 der rechte h. = GD. 65 dar umbe so sal man sye lieben. 66 sichs; vgl. G. 71 und an wurcze und segen. 75 zem] alczu den. 76 dye synt auch dy.

77 almenden. 79 der = GDr. 80 vil deste, nur noch W. gerynger = WgD. 81 zauber so rezze, geändert von anderer Hand in so zauber wizze. 83 alle dy = gDr.

---

[1] Die Vorlage hatte also minnet; vgl. G und V. 65.

85 topazius, allein mit z. 86 sus. 89 und dar zcu = GDr dD. 92 ein fehlt = HGDr. dâ fehlt = dGD. 93 dryn = ƆDr. 95 by yn. 98 vil ir noch; vgl. Germ. 23, 111. 99 die keyne. 100 eyne = G. 101 vnd offin alle thure. 102 queme. dar.

105 also. 107 tegelichen sicht = G. 110 si] und = GDDr. yn. 112 beide fehlt = GHDdgDr. 113 vertribent. 114 ouch fehlt = WdDr. 115 suchen. 116 wirt fehlt. 119 grôz fehlt = HdDr. nach 120 So vorlust er gar we Syn crafft vnd syn varwe = GDrDdL. 122 nye keyn = LDƆ. so clar. 124 also = WƆ. 126 ich euch = WƆ. zelen = Dr. 127 eyn nyt. 128 iezuo] nue = w; wahrscheinlich richtig, und wande zu schreiben. 129 den fehlt = Ww. in] ir. icht habe = Ɔw. 130 sage = Ld. 132 dâ von] des, vielleicht richtig. 134 sage ich uch = WwDrg. 137 da yn = G. 138 roten = GDr w. 141 er = GwDr. 144 sich] sye. 145 al fehlt.

146 ohne innern, vielleicht richtig, und unde zu lesen. 147 vergangin = Ɔw. 148 wye lange = Gg. 149 neme = GwDr. synnen = WDLG. 150 worde = Gwd. nach 150 Vnd ist gut an den augen Offinbar vnd taugen = gD DrwdLD. 151 wirt er iehst, vgl. g. 152 Er sal auch, vgl. gw. 153 dye wil ym der steyn ist bey = HGwLg. 154 als liebp als ym.

156 in = WDƆ. 157 ze] yn. 158 dirne = GDr. vnde syn Drwg. 164 vnd ist auch = gDr. 167 wanne so = W. 168 lûter (nur W) fehlt. 169 wan aber = GDHw. 172 aller leige = GDrw. 175 al fehlt = GDr Lg. 176 rehte] nac = Gd. 178 wol besihet. 179 yn = G. 180 Recht = GDrLg. violen blat.

181 cristalle = W etc. 182 alle = w. 184 den = W. 185 habet. sonne. 187 hab = H. 189 Den der treyt, für der den treyt, vgl. G. yn = Dr. 197 dran = WHƆDr; vgl. Germ. 23, 111. 200 schlachte = GDrH. 201 ander = L. 202 gar] gung = LDr. 203 gewaßen = HDwƆ. gegraben = DwƆDr. 204 konde = d. 205 Er breche gar = L. 206 glocken. 207 Der = GDrg. trait = LgdƆ. 209 Do enwurt er nicht; vgl. D. 211

Geschadet ym nicht. 212 Aber *ioch* bey. 213 alle guet = Ld. 214 vmmer mer = Ld.

215 amantiste = HDr. 216 creffte = D. 219 morges. 220 magk = GDLdw. ertrincken = GDLd. 221 lustig = GHJ. 222 wye dicke er yn sihet an = GHDrJ. 223 vrowes. 224 er] vnd = GLDrdw. 227 in dem gulde (: hulde) = WJ.

230 deme tritte. 232 Das wißet alle w; vgl. DLd. 234 Do brunnet er yn als = GL. 235 *Der* = GDrJ. 236 Dem magk — dekein. 237 nicht noch syn. 238 bî im fehlt = HWDrw. 239 ob fehlt. starck w. = LD. 240 Vnd da von = GDLDrwg. 241 geneßen. 242 ym yn. 243 sal" geneßen "nicht. 244 en fehlt. vber = D. 245 daz] ader. 247 von den w. = Lw. 248 auch dan noch.

249 onichilus = LDrdw. 250 Des steines = GDDr dw. 252 ergrebet man wol = G. 255 es = GDL dg. 256 Den = g. san = w. 257 Alles das yme = GDdw.

259 ist eyn j. = H. 260 mangen = w. 261 sint fehlt. 263 yn synner art = Gd. 264 Vnd sal syn mit golde vorspart; vgl. Gw. 265 den = GH etc. 267 Eyn wibp dy yn yr eyn v.; vgl. GDr w. 268 Vnd kindes zu = G Dr w. 269. 270 vertauscht = GDDr w. 269 Sye (= G Dd) g. an *wil* k. 270 ir an. 272 verstellet = Lg. 273 vnd an dem munde. 274 korczen stunden = G etc. 276 fehlt; vgl. J, wo dafür ein ganz anderer Vers, der auch auf eine Lücke deutet. 277 eynnen verlingen. 279 geblutet = G.

282 alle = GDg. 284 Ane dy synt st. = Drdw. 287 noch fehlt = GH etc. ußer m. gut vnd vil. 288 hye n. = w.

289 demant. 290 erkant. 291 Der edel ist l. = GDw. 293 haßelnüße glich. 294 Daz sage ich uch = GDrw. 296 nye herters wart. 297 leiget. 300 Daz schatte. 301 ê fehlt = G etc. 302 E dan er z. = GDr w. 304 eyn. 305 Weich = GLDrd. 306 yn wol schnyt vnd = Ld. 310 ein fehlt = GH etc. ursprünglich hiess der Vers wohl und zerlâzenez blî; vgl. W. 311 demant. 312 sâ fehlt = GHDrL. 314 mache vß ym. 317 noch] vnd = DFgw.

318 gar eyn = G etc. 319 demant. 330 yn der l. = L. 321 Den haben dy = G etc. 322 übel] thun. 323 mochte keyn s. syn. 324 truge = GFw. 326 und fehlt = G H etc. n. keyn t. = GH. 327 ader frome = G etc. 332 diß. 335 es uch = F. 337 Zcu ym czuchit = G H etc. 339 butet den demant. 340 sumczuhant; vgl. G.

341 koppe. 350 ze] kindes yn; vgl. GDrw. 351 Sy = F. — dester. 353 Dy iren mannen wollen w. = Ld. 354 Dy sullen yn alle by yn.

355—360 nach 372 = L. 355 corniel. 359 yn. 360 vnd wirt auch von ym des; vgl. F.

361 coralle (:alle) = GD. 363 Eyner hande crutd das yn; vgl. G. 364 Das selbe = G etc. 365 das lant = G etc. 366 herte sampczuhant = G. 368 als = G H etc. 372 vnd wol.

373 agste. 375 dicker r. 376 nicht wan. 377 ob synnen. 379 gerñ. 384 Das sage ich uch = G etc. 385 sêre fehlt. 386 czu eynem = G etc. 387 vinende. 388 valenden. 389 man weiß irgen den. 390 Do. dar fehlt = WG etc. 391 syn frunt oder syn vint ist = GD. 392 Das besihit er wol in korczer frist = G etc. 397 Wanne er des; vgl. G etc. 398 das eßen = LD. 399 Ist er d. s. f. n. = G etc. 400 sich czu ym = GW etc. 401 ers tut; vgl. WL. 403 also.

408 treyt auch = D. 409 Also. 410 auch harte cl. = GHd. 415 wer da keynnen. yn = W. 416 ym = d. ab lat = Dr. 417 ist auch vor den tobriten; nur noch d hat das richtige Substant. 422 becken. 423 sewe sye. ein t. = GH etc.

428 ich uch = GLdw. 429 er ist fehlt = GLdDr. stralen. 431 in ist = GW etc. 432 Dor yn k. 434 tagk nach nacht = dw. 436 dar. 439 halten = Gd. 440 weter.

445 alotropie. 456 der = WG etc. 447 er ist fehlt = WG etc. 450 vnd begynnet das w. uf gan. 452 und fehlt. 454 bestadt = WDr.

457 crote der ir veil (:geil). 458 ist fehlt = Gdw. 459 als ein] ist als. 461 brünninge. 462 der ist gut = GH etc. 463 Obir irme h. 464 Nahe. 467 tropphen.

468 er] vnd. gar bol = Fw. 469 Der den = G etc. 470 kunde nȳmer = Dw. 471 dem fehlt = dL. 473 in fehlt. 475 vinende dy kein. 476 Laßin s. 477 haß = W. 478 Al.

479 Geroate. 481 allis weiß. 485 den steyn tut. 486 an der] die = GD. 487 er yn gebit. 488 er yn dem m. lit. 489 werliche. 490 betriche. 491 h. ynne allensamp = Gw. 492 mur = Dr. 494 alle druß. 495 aber fehlt = Dr w.

497 Kaltosam heißet eyn s. = G etc. 498 Den hat luczel dėkeyn = G. 502 luttet. 503 Als. 504 rehte fehlt = WGLDr. 505 in] den = Gw. eym.

507 der berla ich s. 508 erkennet = Dr. 509 hat = GDr d. 510 nahe. 511 werden = HLd. 512 Magk sy uff = D. 513 Nyeman = Ld w. 514 Her wolde sy dan gerñ.

515 (g)Ickros e. s. hißet alius Den hat luczel ymand zu hus Der ist trube das ist war = d. 517 besteyn s. 518 Dan ir aller d. = Ld. 519 hye han = GH etc. 522 mochdon = G. 524 stritten = G etc. 525 n. es uberhant. 526 alle. 528 da hym v. = Gw. 531 er] der konig = GLDr w. 532 heer = GLDr. do vorloß. 533 vnd er selber w. = GLDr. 534 ym nye erg. = GDr. 536 Vnd hete yn dar mit ym b.; vgl. GLDr w. 540 Vnd anne = GL. 545 ensicht! 547 Dy nemen. 548 der w.] auch der = GDLw. 550 Was er da mitte t. = G. 551 turckes wer. 553 Deme gevellet syn b. 554 gelider. 555 rithen eder ergan (: treit). 557 Orate. 559 Der ist syneweln. 560 ouch] doch = Gw. 562 nymmer mere s. 563 keyns. en fehlt.

565 Kalcidonius ist nehelich. 566 Dem koppunen steyn glich = GDr. 568 luczel = Gd w. 569 er yn in der czyt = G. 570 der selbige; vgl. G etc.

571 (s)Arduns der steyn ist rot = D. 573 tegelichen. 574 gescheen keyn leit. 575 dy kindes get in. 576 von bereit = GDr. 577 So man yn an. 578 So ist keyn z. so. 579 vil er geczauber. 580 icht moge gethun de man; vgl. G. 582 Sarduns yn.

584 den steyn = GH etc. 586 yn keinen keuffen.

587 Nu h. w. er = GDw. 592 steyn (= WHL) dromedat = w. 593 den steyn = W. 595 Eyn man der eyn wibp = G. 596 by ir ligen l. = G. 597 Vnd ist = GD. 598 weiz fehlt D. dy. 599 ist = GDr. 600 wol in korczer frist = GDr. 603 Zcu = G etc. 604 vnder das k. = WL. 606 Zcwar. 607 sy dan keynnen. 608 ye czu yrem w. = G. 611 drucken yn. 613 si] die. 614 ist wol. 615 f. Vnd lehit sy aber yren man ligen Bey ir als sy ist geczihen; vgl. G. 619 Als schnellichen h. 620 ob fehlt = GDL. 623 an irm arme. 624 s. w. ir ir man in dreyen tagen. 625 selbigen. 626 synem l. = G HLd. 628 sy t.

630 iu fehlt = H etc. 631 ist fehlt = Dr. 632 gevar = Ld. 633 von a. = L etc. 635 vor dy = G etc. 638 Sin g. u. syn = LDrd. 642 Der = G etc. mit ym b. = G.

644 des n.] rechte den. 646 gluwendiger. 650 an fehlt = GDDr.

651 palas = G. 652 Wanne er = GWDr. 653 Als = GDr. 654 Da von ist = D.

655 Ein s. h. fehlt; vgl. L. 656 Der steyn ist = w. 657 fehlt. 658 vnd als = GDL. 660 Allenthalben = GwLDr. 662 syn = GDr. 663 Des er. 667 Thet = DDrw. yn den = DrwLd.

669 rothe. 670 sint fehlt = d. 673 Der czu deme = GDrw. 674 er yr eynen bey; vgl. G.

676 wunderlich eyn s. 679 becken. 681 luttern = GDrw. 683 Vnd sehe das sy schyne = w. 684 Rechte yn. 685 z. gefarñ dar = GLDw. 687 eß. 689 wenne er nicht. 690 luczel = GLw. 692 als ers sehen. 693 Es sye ym l. ader l. = G etc. 694 ist ym keyner slachte. 625 dâ fehlt = WHDr. 696 saget ym wol = L. 697 bekomen. 699 So = G etc. dekein. 700 D. w. der steyn ist yn dem beckein. 701 gekeren = D. 702 von danne = D.

704 syn = W. 706 weiß wor zcu das. 708 ir uch. 709 ist auch. 710 ich hute g. 713 ymandes. 714 Wan was = G. sage = D. 716 Da von ist als g. = D.

717 kein Absatz = GDr. Wanne noch der st. e. s.; vgl. Dr. 718 gehort vor b.; vgl. G. 719 Vnd dy augen damit = G. 720 werliche. 721 er alczuhant. 722 Won s. begynne. 724 vil fehlt = GDr. dekein. 727 V. er harte s. = Dr. 729 dem gewerme. 734 Bis er = G. 735 Sie = G. 736 mochten = G. geschnyden.

737 ouch fehlt = GDr. etliche steyn = GDr. 738 were yn. 739 Mit deme selbigen s. = GDr. 740 Das schadet ym gar cl. vgl. D.

741 in fehlt = GDr. 742 Das er n. mer. 746 Das wer. 747 etliche steyn = GDr. 748 yn in eynen. 750 Der = G. w. lebendigk uf. 751 sal. 752 Dy kunde doch; vgl. G. 753 Noch nymant mochte sy g. = G. 754 synnen = G. 758 muß = GDr. 760 Was = Dr.

761 alle sampt. 762 uch hie. 763 Von dem guten gesteynne = Dr. 764 Das ist uch = G. 765 wurcze. 766 Er kente sye = g. 767 Vnd d' wortes warheit k. 768 Es ist aber m.; vgl. GDr.

772 Wanne dy da = G. 773 han. 774 Von den sage ich uch = g. 775 vnd irrer. 776 Wanne hie = w. 777 konde an den sternen; vgl. Gw. 778 in fehlt = Dr. 780 vil manig = Gw. 781 sô fehlt = Dr. 782 Nu hat ir eczlicher = G. 783 er das gest. = GDr. 784 ergrube = Dr. 785 der rechten stunde = GDr w. 786 Dye er wole sehen kunde = Dr. dann: Wye er sye ergraben solde Dar zcu er sye wulde = G. 787 Absatz = Gw. uns eyn teil ist. 788 von dem l. vortriben; vgl. G. 789 zcu gutter maße = GD. 790 Der ich eyn teil hye = GDw.

791 Welche. 792 Do eyn konigk *yn stad* (ausgestrichen) vnd eyn graue stat. 794 Vnd eyn sicheln hat in der rechten h. 795 in eym. 796 syn e. vnde syn = w. 797 ym nymmer = LDr. 798 er den steyn = D.

799 da eyn man an = GLW. 800 Der eyn = G etc. 801 Der yn. 802 Den hat der lute holde. 803 Vnd mogen ym nicht = GDL. 804 Bis das er das vingerlin wil trage. 806 Do on stant. 807 ouch fehlt = W etc. 808 wirt. 810 nach synes willen gere = Lw.

811 Welich. 812 Do ane ergr. = G etc. 813 gewoppet·

816 vff syner siten. 817 Odder yn der hende; vgl. G. 819 dem] synem = GDL. 820 Der den steyn = Gw. 823 vberhang. 824 syn vinde alle. 825 wirt er. 826 Wil er das vingerlin tragen.

829 ane synner = G etc. 831 Noch — keyn.

833 dâ fehlt = GDrL. 834 Do eyn man an = G Dr. 836 syn. 837 Vnd der m. h. ist. 840 rehten] wißen. sîn fehlt. 841 alle. 842 vnde, alle andern metrisch unrichtig und. 845 als = GDrL. 846 vnden an do. 847 auch nit = GDrL. 848 Man neme eynes h. = Dr. 849 vnd auch meren do bey = LDr. 850 Daz auch a. da sey = G. 854 en mist = GL. 858 vor fehlt = GL. widderstan = GL. 860 geczytten. 861 So ist auch keyn wipb so starck = L. 862 arg = L. 863 icht t. = LG. 864 Das yme icht g. = G. 866 bî im] in dem huße = GL. 867 in fehlt. 868 anne. alle dy s. = L. 869 erß treyt = G. 870 alle. 871 alle g. 872 Das schadet ym harte k. = G. 873 So sal d. st. s. wol b.; vgl. LG. 874 Das er rore dekeyn b. vgl. L. 875 Bis er den steyn = G.

877 Der. 878 An deme eyn man ergr. = G. 879 treyt. 880 da bey syn = L. 881 Das er = L. herlickeit, vgl. L. 882 Vnd mag ym n. keyn l. = L. 883 wol b. = L. 884 den selbigen s.

885 Wellich man = GDw. 885 Do eyn h. ane = G. 888 Denne enmag alle dy s. 891 So hat der selbige steyn = G. 893 som zcu hant. 894 in] den steyn = GDL. 895 an dem = G. 896 hende = G. 897 eyn. 898 den = GL. 899 Wilche man den s. = G. 900 An dem e. s. ergrabin st., vgl. D. 902 Das. ouch fehlt = G.

905 Der steyn sal von rechte syn = GDLw. 906 eym = GDLw. 907 keyn. 909 Vnd gibp auch n. 910 adder von f. 912 an eym = w. 913 gar] ist = GDw. 914 merrere. 915 Der steyn ist zcu mangen = G.

916 An wilchem steyn = w. 918 Eyn man = GLw. 919 Orim. 920 Vnd e. s. h. in synner. 921 Vnd dye scheiden = L. 922 Der steyn = GDLw. striten = G etc. 923 Vnd g. zcu allen stunden. 924 Vnd entphet auch von keynē waffen wundē.

928 irer hende. 929 hat = G. 930 vor sy = L. 933 tetin. 934 Der den = w. 935 kúscheit. 937 Des besten des mag sin. 939 dar zcu. 940 aloe. 942 der selbige st. = L. 945 nicht wane ane. 947 Vnd wele frauwen er icht. 949 Deme arm dar an der h.

951 da. 953 an dy scheiden = GL. 954 Barsüm = G. heißet = D. 955 Vnd in = LG. 956 Dißer. ir mir fehlt.

959 da vindet keyne = L. 960 Der ergraben = GL. 962 Der = GDLw. 963 hât fehlt = GDL. 964 eynnen trachen = W. 965 Der vnder = Gw. 967 Vnd gestrecket hat den. 969 hat. 970. 971 fehlen; vgl. w! 972 nemen. 973 wenig = D. yngewer = G. 976 Was her hyn sich. 977 ym ymmer = G. 978 vnd was = Dw. mê fehlt. 979 So muß ym ymmer wol g. 981 den man. 983 drucke er = L. dryn. 984 Vnde gebe es ym hyn = W! 985. 986 vertauscht. 986 Dyc er das w. behalten hat = G.

988 kunde (: hande). 994 es nicht. 995 nue nuwer. 996 ich irgen w. 997 Hye = GL. nach 998 (= G[L]).

Nu sal nymant den wan haben
Das er dye steyne wolt ergraben
Als her hye geschriben sicht
Wan das enhilffet nicht
Wanne dye sint ußgescheiden
Dy hir vor die heiden
Ergruben mit listen
Welche sye rechte westen
Dye weren nucze vnde gut
Was man hynnefurder thut
Das ist eyn verlorñ erbeit.
Dar vmbe han ichs euch gesayt.

999 Nv hat das = D. 1000 Got sye der yn schende. 1001 Der den s. = G. 1003—1008 (vgl. G):

Der des nicht enthut
Deme muße got geben gut

Vnd das er ymmer selig weßen
Amen sprecht wer diß leßen.

Die Handschrift steht also in nächstem Verhältniss zu G und hat vielfach einen ursprünglicheren Text als diese Handschrift. In der vorletzten Zeile hat G statt 'weßen' 'syge', wodurch der Reim gestört wird. Auch in der drittletzten Zeile der nach V. 998 folgenden Verse gewährt nur die Bamberger Handschrift einen verständlichen Sinn. Auch mit Dr. zeigt B merkwürdige Uebereinstimmung; so in der Lesart zelen 126; vgl. 763. 778. 781. 848; mit w in Bezug auf die Verse 970. 971; mit WL in V. 401; mit L unter anderm in der Umstellung der Verse 355—360; vgl. auch 655. 861 f. 874. 881 f.; mit Lw in 810; mit F in V. 360, wo F die Lesart von B voraussetzt. Endlich mit W allein stimmt B in der Fassung von V. 984, die leicht die ursprüngliche sein kann; vgl. auch V. 415.

ZU BERTHOLDS PREDIGTEN.

Da ich in meiner Recension des zweiten von J. Strobl herausgegebenen Bandes der Predigten Bertholds (Göttingische Gelehrte Anzeigen 1881, Stück 5—6, S. 140—182) nur einen Theil der darin enthaltenen Fehler herausgegriffen und die G. G. Anzeigen zudem wohl nur in den Händen weniger Besitzer der Ausgabe sein werden, so wird es, denke ich, vielen erwünscht sein, wenn ich meine kritische Nachlese hier zusammenfasse.

XXXVII (Bd. 2, S. 1—13) nur in der Brüsseler Hs. (a) erhalten.

1, 4 *wanne der zweier muoz ie einez sîn;* hier wird *wanne* aus der jungen Hs. beibehalten, während es in den aus H entnommenen Predigten in das mhd. richtige *wan* verändert wird, wiewohl auch H *wann* hat, was auf *wanne* führen würde. Freilich 56, 10 wird das *wann* von H auf einmal auch in *wanne* verändert, ebenso 57, 3. 58, 1. 2. 59, 23. Und 124, 10 ist *wann* aus H unverändert beibehalten. *wan* oder *wande* ist in allen diesen Fällen zu schreiben.

1, 9 *nutern* l. *nâtern.* — 1, 13 *alle tiufel*, in den späteren Predigten wird *tiufele* geschrieben, während der Herausgeber doch wissen konnte, dass in der zweiten Hälfte des 13. Jahrhunderts in Oberdeutschland das Schluss-*e* der Regel nach bei langer Stammsilbe längst verstummt war. Das gleiche gilt von *engel,* wie 2, 9 steht, während später *engele* geschrieben wird. Freilich auch dies wieder ohne alle Consequenz, eine Art Regel scheint der Herausgeber anzustreben, indem er vor folgendem Vocal das *e* weglässt, aber auch dieser von ihm geschaffenen Regel folgt er nicht. So steht *tiuvel* (hier zur Abwechselung mit *v* geschrieben) 58, 6; *engel* 51, 25. 98, 19, vor Vocalen dagegen *engele* 106, 21. 22. Und wenige Zeilen nach einander bunt wechselnd *engel,* aber *tiuvele* 126, 24. 36. 127, 1. 6, und dann im Dativ wieder *tiuvel* 127, 31. Umgekehrt *engele,* aber *tiuvel* 112, 28. 31. Und ganz regellos in wenig Zeilen viermal wechselnd der Dativ *tiuvel* 130, 12, *tiuvele* 14, *tiuvel* 16, *tiuvele* 19.

1, 26 steht *ein sünde* acc. sing., dagegen 19, 24 *eine gruntveste.* Die Hs. hat die Inconsequenz nicht verschuldet. Dieselbe Willkür in den späteren Predigten: 27, 10 *eine messe,* dagegen 24, 22. 25, 3 *ein leccien; ein sünde* 51, 3; *ein stat* 55, 29; *ein frouwen* 38, 14; *eine plâter* 48, 3. So wechseln *kein* und *keine* 39, 9. 47, 3. 48, 18. 51, 29; *dîn* und *dîne* 31, 18. 20. 42, 38; *sîn* 38, 1. 50, 35, während meist *sîne* geschrieben wird; *mîn* 38, 39. Vgl. noch 57, 4. 11. 58, 36, 37. 65, 14. 66, 26. 69, 4. 34. 71, 37. 74, 4. 75, 15. 83, 28. 29. 84, 34. 36. 85, 21. 86, 24. 33. 97, 3. 19. 20. 106, 38. 118, 19 (auf derselben Zeile zweimal). 131, 3. 15. 20. 145, 14. 15 etc.

2, 13 *und wenne daz ein ende habe, daz denne sîn tôt und marter aller êrste an vâhe.* Denselben groben grammatischen Fehler, *wenne* statt *swenne* begeht der Herausgeber noch 2, 13. 7, 29. 8, 26. 10, 19. 27. 12, 1. 15, 17. 17, 21. 18, 3. 19, 8. 20, 19. 33. 22, 6. 23, 11. 18. 46, 6. 58, 39. 149, 13. 35. 151, 2. 8 etc. *wanne* statt *swanne* 36, 7. 88, 17. 146, 20. 149, 4. *wer* statt *swer* 25, 17. 26, 1. 75, 2. *waz* statt *swaz* 127, 39. *wie* statt *swie* 106, 28. Umgekehrt *swaz* statt *waz* 75, 8.

4, 34 *darunter* in doppelter Hinsicht falsch. Denn aus Lachmanns Ausgaben, die der Herausgeber ja wiederholt citirt, hätte er wohl wissen können, dass in Uebereinstimmung mit dem Gebrauch der Handschriften des 13. Jahrhunderts in diesem Falle *dar* getrennt zu schreiben ist. Auch in den späteren Predigten (aus H) derselbe Fehler, nur vereinzelt (wie 74, 18) das richtige. Aber auch *unter* in dieser Schreibung aus der jungen Hs. a beizubehalten (vgl. 3, 22. 4, 30. 7, 8 etc.) war falsch, da *under* die im 13. Jahrhundert durchaus herrschende Form ist. In den Predigten aus H ist *unter* der Hs. meist in *under* verwandelt, zuweilen auch beibehalten (32, 26. 46, 12. 19. 49, 18. 76, 33. 100, 38).

5, 6 *nihtsnit*, ebenso 6, 16; warum ist hier *nit* aus der ganz jungen Hs. beibehalten, während es doch sonst (vgl. zu 8, 13) in *niht* verwandelt ward? Auch bezüglich der Trennung schwankt S. ganz willkürlich zwischen *nihtes niht* und *nihtesniht*, vgl. 30, 5. 62, 11 mit 36, 18. 85, 28. 91, 20. 102, 17. 114, 10 etc.

5, 39 *sie* ist eine ganz unnöthige Ergänzung; nach mhd. syntaktischem Gebrauche wird es aus dem vorhergehenden *dar nâch* ergänzt.

6, 11 *solten* in *wolten* zu ändern ist ebenfalls unnöthig.

6, 13 *dar nâch*, die Hs. *da nach*. Der Herausgeber hat wohl einmal davon gehört, dass *dar* ausser vor Vocalen auch vor *nâch* stehe, und nun glaubt er, dies müsse immer der Fall sein.

6, 16 die Hs. hat *clein*, der Herausgeber setzt hier und 20, 71 *cleine*, in andern Fällen behält er *clein* bei. Setzte er hier der adv. Form wegen *cleine*, dann musste er auch *grôze* schreiben. 30, 7 wird geschrieben *clein noch grôz*, dagegen 34, 14. 36, 19 *kleine noch grôz*, hier ausserdem zur Abwechslung *kleine* mit *k*, die Hs. hat durchaus *c*. 60, 32 steht wieder *klein*, und 94, 18. 20 innerhalb weniger Zeilen einmal *kleine*, einmal *klein*.

6, 28 *gehungerte* prät. statt des hs. *gehungert*, aber in der ganz gleichen Stelle 7, 3 wird *gehungert* beibehalten.

6, 30 von wem hat der Herausgeber wohl gelernt, dass *trâke* zu schreiben sei? Das Wort wird, wo es gereimt wird, sei es als *trache* oder *tracke*, nur mit kurz *a* gebraucht.

6, 35 ist *sie* statt *die* zu schreiben.

7, 1 *ir marter* ist ebenfalls eine überflüssige Ergänzung.

7, 7 l. *diu êrste*.

8, 7 ist, wie es überliefert ist, sicherlich nicht richtig, sondern eine Lücke nach *brâht* anzunehmen.

8, 18 falsche Interpunktion, der Punkt ist nach *behüete*, nicht nach *ist* zu setzen.

8, 29 da die Hs. *ewr* hat, so ist *iuwer*, nicht die ungewöhnliche Form *iurre* zu setzen. Ebenso 13, 22.

8, 32 *der* zu ergänzen ist unnöthig; vgl. 18, 25.

9, 2 *vor gote, von gote,* wo die Hs. beidemal *got* hat, dagegen 7, 23 etc. *zwischen got* beibehalten. In *nâch reht* 21, 15. 31 wird kein *e* beigefügt, ebenso in *dînem tôt* 1, 26 nicht. Und so geht durch die Behandlung des Dativs auch in den späteren Predigten die grösste Willkür. 24, 9. 10 *hie ze lande, in dem lande,* die Hs hat beidemal *lant.* Dagegen wird der handschr. Dat. *pfunt* beibehalten 31, 12. *nâch reht* 29, 3, dagegen *nâch rehte* 39, 29 41, 29. 35, 8 *von marmelstein, von holz,* dagegen 35, 15 *von ölboume. lebene* 110, 24, dagegen *leben* 124, 5. *ampt* 27, 22, aber *ampte* 28, 24, *amte* 36, 6, wo die Hs. in allen Fällen *ampt* hat. *grunt* 111, 36, sonst *grunde.* Vgl. *lîp* 26, 14. *mist* 96, 30. *oven* 41, 10. 12; aber *gewande* (Hs. *gewant*) 45, 9. *lône* 36, 16. *dienest* 104, 21 sonst *dienste* (z. B. 107, 12), einmal auch *dieneste* 183, 17. Bei *got* die grösste Willkür: *gote* 31, 10. 33, 14. 15. 17. 18. 21. 38, 37. 42, 10. 11. 15. 16. 17 etc., dagegen *got* 31, 21. 24. 39, 23. 42, 3. 72, 37 etc.

9, 3 wahrscheinlich *ûf und zuo getuon* zu schreiben. In der folgenden Zeile lies *sich in immer êwiclichen an ân underlâz.*

9, 39 lies *unmügelichen herte* statt *müglichen herte*; vgl. 36, 23.

10, 30 lies *zwuo.*

11, 4 ist *sêle* eine überflüssige Ergänzung. 11, 15 lies *büezent,* und doch wohl *lange,* nicht *lanc.*

11, 24 fehlt ein von *lîden* abhängiges Object, auf welches *die* sich bezieht.

11, 34 wahrscheinlich *daz ist daz dîn lôn,* der Schreiber sprang von dem ersten *daz* auf das zweite.

12, 25 das Komma nach *sust* ist ein grober Fehler, man sieht daraus, dass der Herausgeber aufgefasst hat *wie daz denne* = nhd. 'wie das denn' (!), während *sust wie, daz denne* zu lesen ist.

12, 37 ein fem. *ablœze* anzunehmen scheint bedenklich (Hs. *ablaz*); es ist *dînem ablâz* zu schreiben, offenbar wurde der Schreiber zu *dîner* durch die vorhergehende Zeile veranlasst.

13, 16 *angrîfen,* hier nach nhd. Weise in éin Wort zusammengeschrieben, in andern Fällen getrennt (*an grîfen* 17, 26), wie es dem mhd. Gebrauche entspricht. *manigerleie* 10, 13 als éin Wort, während *maniger hant* 2, 7 getrennt. Diese Inconsequenz geht durch das ganze Buch und tritt bei Verben als krasse Unwissenheit hervor. Denn wiewohl der Herausgeber Lachmanns Abhandlung über ahd. Betonung citirt (S. 566) und grade mit Bezug auf den fraglichen Punkt, so zeigt seine Ausgabe doch, dass er aus ihr nichts gelernt hat. Er schreibt unrichtig getrennt *über ezzen* und *über trinken* 171, 27 (hat er niemals Walthers Spruch vom *übertrinken* gelesen?), *über hüebe* 52, 58 (*überheben* richtig 53, 5), *under winde* 46, 8, *wider varn* 65, 24. 73, 7. 113, 10. 123, 13 (richtig *widervar* 153, 33), und unrichtig zusammen *widergeben* 40, 13. 16. 43, 13. 49, 1. 4. 8. 52, 32. 70, 6. 112, 31. 123, 5 (während richtig *wider geben* 40, 24. 102, 11. 112, 33. 123, 1. 2 und *gebest wider* 123, 14 ihn belehren konnte), *anbeten* 61, 20 (während richtig *an beten* 61, 21. 109, 27), *anhaften* 148, 14. *anrüeren* 51, 18 etc. So wird nach nhd. Weise auch *denselben, demselben* 12, 27. 22, 10 zusammengeschrieben, an andern Stellen richtig getrennt.

14, 24 dass der conj. präs. von *soln* im 13. Jahrh. in Oberdeutschland *sül* oder meinetwegen schon *sülle* lautete, sollte ein Herausgeber doch wissen. So steht auch *süle* 17, 31, wo die Hs. *sulle* hat, aber an den meisten Stellen wird diese Form ohne Umlaut beibehalten (vgl. 10, 25. 15, 1. 5. 17. 17, 9. 38 etc.) In den aus H entnommenen Predigten steht ebenfalls meist sulle, wiewohl die Hs. den Umlaut hier sogar bezeichnet. Vgl. 54, 24. 66, 9 etc. Ebenso unrichtig ist die Nichtbezeichnung des Umlauts in *gehôren* 21, 9. 11. 23, 8, denn Berthold hat unzweifelhaft *gehœren* gesprochen.

16, 4 *bediet* statt *bezît* ist eine überflüssige Conjektur und schon wegen der Trennung von part. und Hülfsverbum nicht wahrscheinlich.

16, 6 *wanne daz* statt *wanne* zu schreiben ist nicht

richtig, sondern *wanne* steht für *danne* und dieses wie öfter für *danne daz*.

16, 12 *nâch sîner marter* schreibt der Hrsg. für *nach sin marter* der Hs. Aber *nach* steht wie oft in jungen Hss. für *noch*, und *noch sîn marter* ist zu schreiben.

17, 4 ist ganz ohne Noth von der hs. Lesart abgewichen.

17, 30 l. *erteile*, wie richtig 17, 37 steht.

18, 21 bei *helfen* steht allerdings der Acc. in der ältern Sprache, aber hier steht *von danne* dabei, und in diesem Falle ist der Dativ üblich; daher *dem* zu lesen.

19, 6 lies *des mac kein rât gesîn.*

19, 9 man *rihtet* nicht *über einem*, sondern *einen*, daher ist *über iuch* zu schreiben.

19, 11 *daz* in *swaz* zu verändern ist ganz unnöthig; auch *danne* statt des zweiten *daz* ist wenig wahrscheinlich.

19, 29 *des morgens, des man ûf stêt, und des nahtes, sô man nider gêt.* Das relat. *des* nach *morgens* ist sicher Schreibfehler für *sô*.

19, 32 l. *denne* statt *den*.

20, 11 nicht *füerent vor diu ougen* sagt man wie im Nhd., sondern *für*.

21, 5 *in drî teil:* es muss entweder heissen *in drî teile*, oder, dem Gebrauche des Mhd. entsprechender, *in driu teil*.

21, 32 *sô vil man iu guotez tuot*, natürlich *guotes*. Dass wir es hier nicht mit einem der zahlreichen Druckfehler zu thun haben, zeigt die öftere Wiederholung des gleichen Fehlers. Vgl. 223, 24. 233, 1. 237, 6. 240, 45 260, 14.

22, 9 *dâ iwer nimmer mêre rât wirt.* Hierzu macht der Herausgeber (S. 561) die, wie es scheinen soll, sehr überlegte Anmerkung, er habe in diesem Falle meist *mêre* geschrieben, 'da eine Verbindung *mêr rât* bei Hartmann und Wolfram unerhört' sei. Diese Bemerkung zeigt recht deutlich, dass der Herausg. von dem Unterschiede des poetischen und prosaischen Vortrags keine Ahnung hat, und daher auch nicht weiss, warum jene Verbindung im Verse anstössig, in der Prosa aber ganz zulässig ist. Und wie befolgt er selbst denn seine Regel? 67, 38 steht *niemer mêr rât wirt*, 68, 14 *mêre*, 69, 25 *mêr*, 77, 19 *mêr*, ebenso 83, 33. 91, 23. 94, 3.

110, 7. 112, 35. 127, 15. 148, 37. Von etwa S. 180 an scheint ihm Wolfram und Hartmann wieder eingefallen zu sein, denn nun häufen sich die *mère*, 180, 28. 35. 181, 9. 182, 17. 183, 11. 186, 14. 187, 1. 188, 5 etc. Aber noch eine zweite Inconsequenz ist hier zu bemerken: in den beiden Predigten aus a wird *nimmer* beibehalten, in denen aus H, wiewohl auch H so schreibt, *niemer* gesetzt. Und doch ist *nimmer* eine in Hss. des 13. Jahrh. schon ganz geläufige Form. Dasselbe gilt von *niendert*, wie S. statt *nindert* in H durchgängig schreibt. Hier könnte man eher Bedenken tragen, ob das angehängte *t* schon von Berthold gesprochen wurde.

22, 17 *alle welt* ist ohne jeden Grund in *alle die welt* verwandelt; vgl. 22, 4.

XXXIX beginnt die Heidelberger Hs. (H), die für einen grossen Theil der Texte des 2. Bandes die Grundlage bildet. Es ist daher nicht überflüssig, die ungenaue und gewissenlose Benutzung dieser Quelle durch Anführung aller Stellen (wenigstens für ein Stück) zu belegen.

24, 4 ist *hab danc* aus H beibehalten, dagegen 25, 26. 32, 21 in *habe danc* verwandelt, ohne eine Bemerkung. Gleichmässige Behandlung war hier erforderlich.

24, 14 *Uns hât unser herre gar vil buoch gegeben:* warum nicht *buoche*? vgl. 17, wo H auch *ding* hat und S. doch *dinge* schreibt. D hat darauf die in H fehlenden Worte: *die wir nutzen und gute dinch lern und er hat uns sunderleich zwey groze puch geben.* Es ist ersichtlich, dass H hier ebenso wie an den oben besprochenen Stellen von *buoche gegeben* auf das folgende *buoch gegeben* übersprang. S. folgt gleichwohl nicht D, sondern KM, die statt der Worte in D nur haben *und sunderlichen zwei grôziu buoch.* Aber diese Lesart erklärt den Fehler in H nicht, sondern nur die in D; KM haben hier wie so oft den Ausdruck verkürzt und zusammengezogen.

24, 18 *sô lange,* eine häufige Ausdrucksweise (auch *als lange*), für welche H meist *so lang,* zuweilen *so lanck* setzt, behandelt der Herausgeber ganz willkürlich, weder der Schreibung der Hs. noch einer grammatischen Regel folgend, die natürlich das Adv. verlangt; er setzt meist *lanc*, mitunter *lang*, oder *lange*. Vgl. 39, 26. 62, 15. 109, 3. 7. 123, 6. 125, 21. 126, 2. 134, 13. 146, 23. 155, 26. 156, 28. 157, 14. 163, 4. 165, 21. 169, 36. 185, 14 etc. vgl. noch 49, 1. 50, 6. 52, 5. 10. 104, 26. 105, 3. 9. 13. Auch in den beiden Predigten aus a fehlerhaft *als lanc* 9, 2. 11, 15.

24, 23 eine Lücke anzunehmen ist nicht nöthig.

24, 24 hat H *kunnent*, nicht *künnet*, und dieser Fehler begegnet wohl hundertmal.

25, 2 *ich lêrte iuch*, 24, 21 *nû lêrt ich*, H hat beidemal *lert*. 25, 12 *machet* statt *machete*, 145, 1 *prediget* statt *predigete*, dagegen 27, 3 *weinete*, wo H ebenfalls *wainet* hat. Vgl. 38, 16. 41, 24 etc. *geriht* wird 25, 31 geschrieben mit der Hs., während in den Predigten aus a es in *gerihte* verändert ward (zu 20, 36); dagegen wieder *gerihte* 29, 14. *mach* als imp. ist geschrieben, wo man *mache* erwartet, 34, 38. 272, 22; ebenso *strick* 67, 14, nicht *stricke*? Das adv. *reht* wird bald so mit der Hs., bald *rehte* geschrieben, vgl. 25, 39. 30, 25. 31, 31. 35, 6. 19. 36, 15. 18. 42, 35. 46. 30. *übel* steht 45, 3 als adv., dagegen *übele* 50, 34. *hôch* soll adv. sein 62, 37. 82, 39. 83, 5. 162, 27. 179, 3, wo *hôhe* zu schreiben. 26, 4 wird *sehet* statt *secht* der Hs. geschrieben, dagegen für das gleiche *secht* steht *seht* 26, 24. 32 etc. *gelobet* 27, 16, H *gelobt*, dagegen *gebt* 38, 38. 39 wird beibehalten; 39, 6 wird *obz* beibehalten, an andern Stellen in *obez* verändert. 77, 21 steht *seht*, wo H *sechet* hat, also *sehet* zu schreiben war. 148, 6 *vergebet*. 7 *ersleht*, 9 *sleht*, 11 *seht*. 157 20. 21. 35 wechseln willkürlich *habt* und *habet* etc.

25, 4 *selber* H; wenn das 24, 27 angegeben wurde, musste es auch hier geschehen oder eine allgemeine Bemerkung über die Schreibung des Wortes folgen. Gewiss ist 24, 27 der Sprache des 13. Jahrh. gemäss, *selben* zu schreiben, nur musste es consequent geschehen. So ist 107, 33 *über sich selber* stehn gelassen, wo auch *selben* zu schreiben war; ebenso *ûz iu selber* (l. *selben*) 142, 13; *über in selber* 162, 19 (l. *selben*); *er selber* (l. *selbe*) 167, 29; *im selber* (l. *selben*) 169, 3; *ze got selber* (l. *selben*) 171, 4. Umgekehrt ist an mehreren Stellen das richtige *selber* der Hs. entfernt worden. *schônet ouch iuwer selber* 57, 6, wo S. *selbe* schreibt; *an ir selber* (S. *selbe*) *genesche* 189, 2; während 71, 31 *hüetent iuwer selber* das richtige bewahrt ist.

25, 7 ist *und* ganz ohne Noth gestrichen; 25, 8 hat H *erde*, D *erd*, also *erde*, nicht *erden* war zu schreiben.

25, 13 *viech:* diese Form der jüngeren Hs. ist hier beibehalten, späterhin in das der Zeit Bertholds entsprechendere *vihe* verwandelt worden, vgl. 48, 22. 92, 35 etc.

25, 18 *eins tôten houbet* l. *ein t. h.*, denn H hat nicht *am*, sondern *ain*. Vgl. 70, 39. 99, 11. 147, 26.

25, 23 der Punkt vor *sô* muss in ein Kolon verwandelt werden, vgl. 25, 38, und so ist die Interpunktion häufig falsch, vgl. 27, 27. 38, 22. 52, 23. 54, 6. 56, 21. 58, 18. 69, 20. 74, 5. 95, 2 (hier macht H ganz richtig bei *Seit* eine Interpunktion, nicht bei *sô*). 115, 31. 119, 12. 190, 23 etc.

25, 34 eine ganz verfehlte Conjectur; lies mit D *daz geschach im allez hiute. was* in H ist, was S. nicht bemerkt, durchstrichen.

26, 11 *ewrem* H, von S. nicht angegeben, der Sing. ist ganz richtig.

26, 17 auch H hat *das* (= D), aber *s* wurde dann getilgt.

26, 21 *allew* H, nicht angegeben bei den Lesarten, kann richtig sein.

26, 33 lies *die dâ* statt *die dô;* ebenso 30, 24.

26, 35 *mâle] mal aussen* H, nicht angegeben.

26, 38 *zem*, nicht *zuo dem* hat H, und ganz richtig.

27, 12 *selben* H, ganz richtig; daselbst liest H *willen* statt *villen*, was anzugeben war.

27, 13 hat H *gên ze kirchen, zu antlassen*, macht also einen Unterschied vor dem vocalisch anlautenden Worte. Es wird *zuo antlâzen* zu schreiben sein. Nun bemerkt der Herausgeber S. 281 'ich kann mir nicht denken, dass Berthold *ze allen guoten dingen* oder *ze unsern sælden* mit dem hässlichen Hiatus sollte gesprochen haben. Die mhd. Zunge verlangte hier offenbar *zallen zunsern*, aber auch *zuo allen zuo unsern* ist erträglicher'. Hat er denn aber dem entsprechend in der Ausgabe geschrieben? Er verstösst oft ganz muthwillig gegen seine Regel und scheint überhaupt von dem syntaktischen Unterschiede von *ze* und *zuo* eine sehr unklare Vorstellung zu haben. Er setzt wie hier sehr oft *ze* vor Vocalen, wo er *z* schreiben müsste. vgl. 27, 14. 34, 34. 37, 2. 44, 15 etc. oft auch unnöthig *ze*, wo *zuo* jenen Hiatus vermeiden würde: 45, 14. 39. 64, 26. 72, 8. 132, 17. 159, 14. 173, 14. 185, 4. 199, 29 und wo *zuo* sprachlich richtiger ist, wie 64, 23 *ze allen den næten*, wo *zuo* im Sinne von 'ausser' zu schreiben; ebenso *ze* (l. *zuo*) *aller der marter* 190, 1. Umgekehrt setzt er *zuo*, wo *ze* richtig war: so 94, 25, wo *ze den freuden* bedeutet 'in den Freuden'; ebenso ist falsch 142, 32. 176, 13 *zuo der marter* 'in der Marter' (l. *ze*). 117, 38 schreibt er *machte ze*, dagegen 118, 22 *machte zuo*, die Hs. hat beidemal *zu*. 133, 22 *gêt im ze einem ôren în, zuo dem andern ûz*, wo H ebenfalls beidemal *zu* hat. Dazwischen fällt ihm einmal seine Regel ein und er schreibt *zezzen* 199, 19 (H *zu essen*).

27, 14 lies *venje vallen,* worauf die Lesarten weisen.

27, 15 *gelider* H, S. schreibt *glider*.

27, 19 *in* H ist nicht einfach zu streichen (vgl. *nu* D), sondern in *ie* zu verändern.

27, 33 *sulle wir* H: warum in *sullen* geändert?

27, 37 *üebent,* wie alle Hss. haben ist ganz richtig. In der folgenden Zeile ist *haben* (conj.) in H ganz richtig, nach *alle die* steht der Conj.

28, 3 wird mit H *zimmern* geschrieben, dagegen 63, 12. 13 in *zimbern* verändert. *krümmen* und *krumbe* stehen friedlich beisammen 29, 1, wo H beidemal *mm* hat; *krumbez* 28, 13. *altstumben* steht 49, 22, aber *stummen* 208, 26. woneben wieder *krumben* 208, 27. Und endlich erscheint, um noch etwas Abwechslung hineinzubringen, *stümele* mit einfachem *m* 229, 21.

28, 15 *iedes* statt *jenes* liest H; ob auch D? oder ist D Druckfehler für H?

28, 16 *iu] es*, nicht *ez,* H, aber *s* scheint gebessert. In derselben Zeile wird die ganz richtige Dativform *werlt* der Hs. in *werlte* verändert; ebenso 36, 15 *snuor* in *snüere;* 50, 18 *misel-*

suht in *miselsühte;* 58, 1 *jugent* (so mit *t* in H) in *jugende;* 58, 25 *hoffart* der Hs. in *hôchverte,* statt *hôchvart* zu lassen; 62, 34. 64, 9. 179, 33 *tugent* in *tugende;* dagegen 68, 1 wird *hôchvart* gelassen. 132, 30. 132, 12 *wât* in *wæte.* Umgekehrt wird *snür* der Hs. 154, 21, das also auf *snüere* deutet, in *snuor* verändert.

28, 18 *ir herren ir ritter*, wie H hat (vgl. D *ir herren und ritter*) ist gewiss richtig.

28, 27 der Schreiber schrieb zuerst *an deinē kauff* (= 28), durchstrich dann *deinē kauff* und fuhr nun richtig fort *deinem hantwerck.*

28, 28 *einem* H (*eines* D), wofür S. *ein* setzt, ist sicherlich richtig; das folgende *er* bezieht sich darauf.

28, 29 *grymmigen* H, nicht angegeben.

28, 30 *der,* in D fehlend, ist in H zwischengeschrieben.

28, 31 *eines* H, nicht angegeben, kann richtig sein = *einez.*

28, 39 wird *friunde* geschrieben im Plur., wo die Hs. *freunt* hat, also auf den ganz richtigen Plur. *friunt* führt. Das gleiche 101, 33. 117, 37. 159, 3, während *friunt* beibehalten wird 129, 32. 150, 34. Und 182, 9, wo die Hs. *friund* hat, also auf *friunde* führt, wird *friunt* geschrieben.

29, 1 *daz* (vor *krumbe*) fehlt H, wodurch erst die Lesart *krummen* verständlich wird.

29, 2 hat H *reich.* 29, 4 hat allerdings H *armen leuten;* aber es ist gebessert in *armer leute* (= DKM), und *armer liute wort sprechen* ist natürlich zu schreiben.

29, 16 wird *unnützelîchen* gesetzt, während in derselben Zeile *nützlichen* stand: H hat beidemal kein *e* vor *l.*

29, 17 *dann* in H ist in das richtige *aun (âne)* gebessert. 29, 18 *mynnsten* in H, die schwache Form (= K), und ganz richtig.

29, 27 *nicht* (= D) hat auch H. In der folgenden Zeile hat H *alle,* nicht *aller,* also ist wohl *al der erde* zu lesen.

29, 38 *spilman* H, ganz richtig. In derselben Zeile wird der ganz richtige und im 13. Jahrhundert übliche Dativ *nieman* beibehalten, meist aber in *niemanne* verändert (so 83, 28. 116, 11) und ebenso *iemanne* (101, 12) während 116, 34 *ieman* beibehalten ist. *niemannes* statt *niemans* 199, 34. Sogar da, wo H die Form *niemen* doch sicher aus seiner

Vorlage herübernahm (gewöhnlich setzt H *niemant*), wie 182, 7. 211, 27. ist jenes *niemanne* eingeführt.

29, 39. 37, 1 steht *anderstunt* als éin Wort geschrieben, was auch dem Gebrauche unserer Ausgaben entspricht; dagegen 184, 35 steht *hundert stunt*, wiewohl H zusammenschreibt, und ebenso *hundert stunt*, *fünf stunt*, *zehen stunt* 166, 12. 13, gleichfalls gegen die Hs.

30, 18 *iezund*, 33, 25. 77, 24 *iezunt*, wird hier aus H beibehalten, während in den Predigten aus *a* es in *iezuo* verändert wurde.

30, 37 *geb und willen*, niht *gab umb willen*, hat H.

31, 5 *des] das* H, wodurch erst die Lesart *an nîden*, die unzweifelhaft die richtige ist (S. *nîden*), verständlich wird.

31, 15 *iuwr*, am Schluss der Zeile, H, es ist daher doch *iuwern*, nicht *iuren* zu schreiben.

31, 17 *dir* fehlt in H beim Zeilenschluss, was nicht bemerkt ist: *er | deinem.*

31, 22 H hat eher *dem* als *dein.*

31, 25 *iemer* fehlt H, nicht K.

31, 31 *diu* fehlt H, beim Zeilenschluss: *alle | werlt.*

32, 12 *betwingen mag* hat H, nicht *mac betwingen*: wie lesen die andern Hss.?

32, 14 *mâle* steht gar nicht in H, und ist, auch wenn die andern es haben sollten, zu streichen.

32, 23 *wis frô* statt *bis frô* der Hs., in der gleichen Stelle 24, 6 wird *bis* beibehalten. ebenso 130, 6.

32, 27 *al umbe und umb in*, warum einmal *umbe*, während H beidemal *umb* hat? *umbe* setzt der Herausgeber gewöhnlich. aber *umb* steht 111, 22. 142, 25.

32, 31 *alle,* nicht *allen,* H.

33, 13 das adv. *mite*, wofür H immer *mit* setzt, wird bald in der einen, bald in der andern Form geschrieben. *mit* beibehalten 41. 22. 42. 37. 46, 33. 65, 11. 66, 6. 69, 6. 106, 6. 109, 30, dagegen *mite* 33, 13. 22. 35, 24. 54, 21. 57, 24. 59, 21. 69, 4 etc.

33, 14. 15 *wir hân* hat H beidemal, der Herausgeber, den variatio delectat, schreibt einmal *hân*, das andermal *haben*. *wan* bis 33, 15 *haben* fehlt übrigens keineswegs in H.

34, 14 die Anm. sagt 'ich weiss nicht, welches *gelouben* durch *geben* zu ersetzen ist'; offenbar das zweite, wie D zeigt.

34, 18 *triuget*, nicht *triege*, H, und es ist nicht der geringste Grund, den Conj. zu setzen. In der folgenden Zeile ist *ze*, wie alle Hss. haben, ohne Noth in *zer* verändert.

34, 27 *im*, nicht *in*, H, und *im* ist richtig; man könnte *in* für Druckfehler halten; doch vgl. zu 18, 21.

34, 36 *ze sagenne* gegen alle Handschriften für das auch im Reime des 13. Jahrh. belegte *ze sagen*. Dagegen mit den Hss. *ze geben* 78, 29. *ze reden* 99, 10. 149, 27. *ze sagen* 188, 18. — 34, 36 *zeicte* und im part *erzeict*. H hat durchaus *zaigt, erzaigt,* was vielmehr auf *zeigte,* oder *zeigete, erzeiget* hinweist, und namentlich *erzeict* im part. war sicherlich nicht die im 13. Jahrhundert übliche Aussprache. Zur Abwechslung steht nun auch *erzeiget* 45, 11. 96, 2. 168, 6. 213, 26. an erster und letzterer Stelle hat auch H *erzaiget*, ein Beweis, dass so und nicht *erzeict* die Vorlage hatte. Auch im prät. setzt der Herausgeber einmal *erzeigete* 229, 37.

35, 5 *gotes hauß* getrennt H, daher *gotes hûs* zu schreiben.

35, 17 *die* fehlt H, was nicht angegeben ist, ebenso in der folgenden Zeile *und*.

35, 20 *alhinhinder*, wie KHm haben (vgl. auch DM) scheint der Herausgeber für eine Art Dittographie gehalten zu haben; er kennt also offenbar die ganz geläufige Zusammensetzung *hinhinder* nicht.

35, 26 *und* am Anfang der Zeile fehlt in H.

35, 30 *dâ*, das in HD fehlt, ist ganz überflüssig und zu streichen.

35, 35 *nime* statt *nim* der Hs., dagegen wird 92, 24 *nim* beibehalten. War denn etwa *nime* in der Zeit Bertholds in Oberdeutschland die übliche Form? Der Plur. von *zaher* lautet mit der Hs. *zeher* 116, 22; dagegen wider die Hs. *zehere* 132, 13 (vgl. *negel* 180, 38). *schare* wechselt willkürlich mit *schar* 96, 6. 13. 98, 20. 28. 29. *schale* wird geschrieben statt *schal* 97, 37. 38, dagegen *mere* von H 112, 16 in *mer* verwandelt; 159, 6 *sule* statt *sul* in H (richtiger *sül*) gesetzt. 36, 34 steht *eintwederez,* dagegen 37, 13 *eintwedern,* nicht *eintwederen*, die Hs. hat beidemal das *e* nach *r* nicht. Vgl. dazu *dewederz* 39, 11. *gesegen* (nicht *gesegene?*) 40, 7. *unserem* wird geschrieben 34, 33. 37, 23. 61, 13; dagegen 26, 18 ff. 34, 35 steht *unserm*. *unseres* 27, 1. 47, 33. *lûterem* 35, 6. *anderez* 101, 11. 115, 4. 117, 25. *marteren* 78, 1. *wandele* 85, 37. In allen diesen Fällen ist die Hs. consequent, sie hat diejenigen Formen, welche der Zeit und Heimat Bertholds entsprechen. Die Willkür kommt also ganz auf Rechnung des Herausgebers.

36, 10 *ir müezet ê durch ein tuoch, daz hanget vor der innern heilikeit, komen.* Wer irgend mhd. Satzbau versteht, wird dies nachhinkende *komen*, das an pedantische nhd. Satzordnung mahnt, für unmöglich erklären. Nun folgen, wie S. angibt, auf *heilikeit* die Worte *daz tuoch bezeichent den tôt, dâ müge wir alle durch* in DKMm. Und in D allein folgt noch *gên, ê wir zuo der innern heilikeit* und dann *komen*. Es wäre also klar, dass H der Text von D vorlag, und der Schreiber von H von *heilikeit* auf *heilikeit* sprang. Aber nein! der alte Schreiber ist hier unschuldig, erst der moderne Herausgeber hat die Worte, die in H gar nicht fehlen, weggelassen!

36, 12 l. *dâ ze wederem türlîn,* wie schon der Rec. im Lit. Centralblatt bemerkt hat.

36, 29 soll *einen* in H fehlen. Keineswegs; es steht nur mit anderer Wortstellung, nach *engêt.*

36, 31 lies *nû seht;* vgl. die Lesarten und 37, 9; besonders 60, 21, wo *seht* auch in H fehlt.

37, 5 *suß* hat H, was also nicht in *süezez*, sondern in *süeze* zu bessern ist.

37, 14 *doch* H, nicht *iedoch,* und also *doch* zu lesen.

37, 22 *liute* fehlt H, was nicht angegeben, und zwar beim Zeilenschluss: *jungen* | *die.*

37, 37 *noch sie* H, nicht *noch:* die Worte stehen allein in H, *sie* ist also aufzunehmen.

38, 20 *hinz im rehte got vergap*, eine unmögliche Wortstellung.

39, 2 *solt,* nicht *wilt,* H, das diese Worte allein enthält. *zer unê* hat keine Hs., sondern H, übereinstimmend mit den andern *zu, ze unê* ist also zu lesen.

39, 15 *enmohte: en* hat keine Hs. und ist, da *niht* folgt, nicht nöthig.

39, 19 doch *driu* (S. *drî*) *und drîzec jâr.*

39, 23 *wâ von* DH ist nicht zu streichen; die Worte *daz du daz niemer türrest* (so besser statt *tarst*) *geleben* sind in Parenthese zu setzen.

39, 39 folgt in H auf *muost: gentzlichen gelten vnd wider geben* (40, 3), welchen Worten auch ein *muost* vorhergeht, die der Schreiber dann ausstrich, worauf er mit 40, 1 fortfuhr.

40, 15 nicht *gelinet* hat H, sondern *geluiet*, es ist also *glüejet* zu schreiben.

40, 33 steht *sêle die* am Rande in H nachgetragen, war also ursprünglich ausgelassen, indem der Schreiber von *die* auf *die* sprang.

41, 3 *unrecht* hat H, in den Lesarten nicht angegeben; unnöthige Abweichung, lies *unreht guot.* Ebenso ist nicht angegeben dass *got* (41, 3) in H fehlt.

41, 6 *iemer] nymmer* H, das allein diese Worte enthält; nicht angegebene Lesart.

41, 19 *heiligen,* aus *heiliger* gebessert H.

41, 20 nach *wege* folgt (ausgestrichen) *in die heiligen puß* (41, 20), welchen Worten auch *wege* vorangeht. Der gleiche Fehler 41, 22, indem nach *riu* folgt (ausgestrichen) *vnd enpfahent puß nach gnaden* (= 25).

42, 15 die Worte *und — gewaltic* (welches *und* ist gemeint?) sollen in H fehlen. Keineswegs; sondern es heisst, und zwar übereinstimmend mit D, *und also nutz und also gewaltig ist die puß vor got:* so ist mithin zu lesen.

42, 17 *dem,* das in DKMm fehlt, ist in H an den Rand geschrieben. also sicher Zusatz und zu streichen.

42, 19 nach *dinc* folgt (durchstrichen) *Das ain* (= 21) H; auch hier geht *dinc* voran.

42, 21 *der,* das in DKMm fehlt, fehlt auch in H, und mit Recht; vgl. 42, 17.

42, 31 die Lesart von DH ist beizubehalten.

42, 37 *daz* ist ganz richtig; es bedeutet 'darüber daß'.

43, 12 nach *buoze* folgt (durchstrichen) *der wildu auch nicht laisten* (= 43, 13), auch hier geht *buoze* voraus.

44, 8 nach *neven* folgt (durchstrichen) *nach geistlicher bedeutunge* (44, 9), wo ebenfalls *neven* vorhergeht.

44, 12 ist *er all* als Lesart von H angegeben und *er* gestrichen; H hat *er* in *et* gebessert, also *et* oder *eht alle* ist zu lesen.

44, 18 *warsagerinne* H, nicht angegeben. In der folgenden Zeile hat H *weissagen*, und das ist die richtige Lesart, denn bekanntlich wird mhd. *sich an nemen* mit acc. construirt.

45, 3 lies *dô bekom,* wie H auch hat.

45, 22 *verprennet* hat H, also ist *verbrennet*, nicht *verbrant* zu schreiben.

45, 25 *beltzabob* hat H, S. schreibt *Belzebub,* ohne Angabe einer Lesart, während er 45, 1 *Belzbob,* 45, 39 *Belzabob* aus H beibehält.

45, 27. 30 hat H *wirtschaft*, S. ändert stillschweigend und ohne Noth in *wirtschefte.*

45, 34 *dest'* H d. h. *dester,* nicht angegeben.

45, 35 hat H *lenger,* aber *e* aus *a* gebessert, und *langer* ist ohne Frage zu schreiben.

46, 1 H hat *wolt ir,* und wenn auch die junge Hs. nicht genau *welt* und *wolt* scheidet, so führte doch der Nachsatz *wolte ich* auf das prät. Also *woltet* ist zu schreiben. Das gleiche 55, 1. Dagegen bei vorausgehendem *wellent* folgt im Nachsatz *ich wil* 59, 11. Vgl. 74, 22. 63, 2 hat H *wolt* und *geb,* was nicht *welt* und *gibe* ist, sondern *woltet* und *gæbe.* Auch 64, 33 ist *wolt* (= H) oder *woltet* zu schreiben, denn *künde* ist als prät. conj. von *kan* aufzufassen. 176, 26 ebenfalls *wolt* (= H) oder *woltet,* im Nachsatz *sô wolte ich.*

46, 2 ebenso 58, 28. 59, 12. 70, 24. 74, 22. 77, 28. 33. 80, 22. 195, 12. 13 hat H *lernen* statt *lêren,* was nicht bemerkt ist; eine Aenderung war um so weniger angebracht, als 25, 3 *lernen* beibehalten ist.

46, 27 *er* fehlt H, was nicht bemerkt ist.

46, 33 natürlich ist *kurzet* zu schreiben; vgl. 47, 32.

47, 12 *deinen* (= D) hat H, und vielleicht richtig.

47, 17. 19 *mugen* H, ohne Noth der Umlaut gesetzt.

47, 19 *ichtz* hat H, was wenigstens bei den Lesarten anzugeben war; aber *ihtes* ist ganz richtig.

48, 5 *ein übeliu plâter;* warum *übeliu?* H *übel*, und so ist häufig unnöthig nach *ein* die stark flectirte Form statt der unflectirten gesetzt.

48, 12 hier hat H *bezeichnet,* nicht *-not.*

48, 32 lies *tœte;* vgl. 52, 27.

48, 36. 39 hat H *unser,* was beizubehalten war.

49, 3 *mit all,* wie D liest, ist die richtige Lesart d. h. *mit alle.*

49, 6 die Ergänzung *niht gehelfen* ist kaum nothwendig; vgl. 61, 26 und die Anm. zu 64, 33.

49, 39 *Avicenna* (= D) hat H, und so ist daher zu schreiben.

50, 3 da DH übereinstimmend *sund* haben, so ist wahrscheinlich *ein diu grœste sünde* die ursprüngliche Lesart.

50, 7 *er,* wie H hat, steht sicher verschrieben für *es,* wie mehrfach in der Hs.; nicht *des* ist zu schreiben.

50, 14 hat H *verlernen* in *verkernen* gebessert; es ist also mit D *verkêren* zu schreiben.

50, 18 *büezte,* falscher Conj. statt *buozte;* H hat *pust,* das richtige *buozte* steht 51, 15. *miselsucht* H, ganz richtig, warum *miselsühte?*

50, 28 H hat *etwenn.* 50, 29 *groß* H, die unflectirte Form kann unbedenklich beibehalten werden.

51, 7 *ander* (= D) hat auch H, und ganz richtig. In der folgenden Zeile hat H *beginge,* was nicht angegeben, der Conj. ist ganz richtig.

51, 14 lies *sich, dâ* (H *do*) *ist mir daz aller liebest* (= H).

51, 21 lies *solte* mit D; vgl. 18, wo H denselben Fehler hat.

51, 37 nach *harnstein* steht (durchstrichen) *von dir bringen* (52, 2), weil beidemal *harnstein* vorhergeht.

52, 17 die Lesarten weisen auf *diu gelîch,* instrum. *wollen* hat H, also Conj., und ganz richtig.

52, 23 nicht *die,* sondern *der,* liest H, und daraus ergibt sich die Besserung *Wir* (H setzt hier grosses *W,* S.

fälschlich nach *niht* einen Punkt) *geben in guoten trôst oder niht, sô kunnen wirs der selben erzenîe nimmer genœten.*

52, 29 folgt auf *geben* in DKM ein Satz von zwei Druckzeilen, der wie jener mit *gelten und wider geben* schloss, und den H offenbar wegen dieses gleichen Schlusses übersprang.

52, 37 hier hat H *etwann.*

53, 3 *die* fehlt H, das allein diese Worte hat.

53, 6 warum eine Lücke annehmen? Vgl. 64, 37.

53, 8 *wil* fehlt H, nicht angegeben.

54, 12 lies *bîhtet* mit H, das diese Worte allein hat.

54, 24 folgt auf *wir uns vor in hüeten* in D (in KM fehlt der ganze Passus) ein Satz von zwei Zeilen, der ebenfalls mit *wir uns vor in hüeten* schloss. Also auch hier hat H offenbar übersprungen.

54, 26 unrichtige Besserung; lies mit D *wan ez mac der helle rehte nieman gewonen;* H liess einfach beim Zeilenwechsel (*der*|) *helle* aus; *reich* ist für *rehte* verschrieben. Berthold braucht das Wort *hellerîche* nicht.

55, 9 *ez* (= D) hat H, und ganz richtig.

55, 13 H hat *rat*, was wohl in *râte* (Conj.), nicht in *rœt* zu ändern ist.

55, 25 nach *in der selben* folgt (durchstrichen) *lag ainer;* hier sprang der Schreiber zuerst fehlerhaft zurück, auf 55, 22, wo auch *in der selben* vorausgeht.

55, 32 *sie*, das in DKm fehlt, fehlt auch in H und ist zu streichen.

55, 39 das Adv. heisst *kuonlichen,* nicht *küenlichen;* H schreibt *kunnlichen.*

56, 6 *hettens* (= D) hat H, und so ist zu schreiben.

57, 2 hat H *ratet,* nicht *rœtet;* ebenso 57, 12. 18. 37.

57, 12 *âne toufe,* warum nicht *touf,* wie H hat? Vgl. 57, 13. Ebenso l. 57, 20 *âne touf.*

57, 18 *sullen* H, nicht *sullent;* lies *sülen.*

57, 39 lies *gewonen;* vgl. 58, 7.

58, 21 *welhem* H, ganz richtig.

58, 30 *hend* hat H, also *hende,* nicht *hant* ist zu lesen.

59, 3 *hailig* H (vgl. *helig* D), also *ein heilic man*, nicht *ein heilige man*, was dem Sprachgebrauch zuwider.

59, 17 lies *unreht vorhte, unreht liebe*, die unflectirten Formen sind ganz correct. Ebenso 21. 22. 23. 28. 61, 6.

59, 29 wird in den Lesarten angegeben, dass *ir—vorhte* in H fehlt. Dies ist keineswegs der Fall; den Herausgeber hat das vorhergehende *vorhte* irre geführt.

59, 34 ist der Lesart von D folgend zu schreiben *sie haeten in hin in der selben lâge* (D *hut*); vgl. 60, 16.

60, 9 *ers* ist mit H (vgl. D) zu lesen.

60, 13 *dar mite* H ist beizubehalten.

60, 16 ist *frœlîche* ganz verfehlt, vielmehr mit D *frumeclîche* zu lesen, wofür *fruntlich* in H ein einfacher Schreibfehler ist. Vgl. 72, 32.

60, 30 lies *gelwem;* warum *sleiger?* H hat *slayr.*

60, 36 *nieman* ist unmöglich die richtige Lesart. Das ursprüngliche war *nehein*, 'keiner' mit Bezug auf *edeler* und *schœner*.

61, 5 *ouch* vor *iuwer* nicht nur in D, sondern auch H, also den beiden einzigen Hss.

61, 15 *sô gedenket er im* gehört mit zu den Worten des Teufels..

61, 21 *en laut*, soll H lesen; es steht aber *er laut* (D *er log*), es ist ersichtlich, dass H in seiner Vorlage *er louc* hatte; *laut* ist einfach Schreibfehler und Strobls Conjectur *in lœt* ist zu verwerfen.

61, 24 *ern mag* H; warum *er enmac?*

61, 26 beachtenswerth ist, dass in H *niht* den Zeilenschluss bildet, und danach ist der Ausfall eines Wortes (*engên* D) nicht unwahrscheinlich.

62, 39 *nemen*, nicht *nement*, H, und da D *namen* hat, so ist unzweifelhaft *nœmen* die richtige Lesart.

63, 9 *reht'* hat H, d. h. *rehter*, und dies ist die richtige Lesart.

63, 15 folgt auf *sande* in D (in KM fehlt die ganze Stelle) ein Satz, der ebenfalls mit *sande* schliesst und deswegen von H übersprungen wurde.

63, 19 folgt auf *gelouben* in D (KM sind wieder gekürzt) ein Satz, der ebenfalls mit *gelouben* schliesst. Dazu vergleiche man die Anmerkung des Herausgebers, der um H zu retten, gegen DH den Text ändert, H eine 'verlässliche Hs.' nennt, und auf 63, 15 verweist, ohne zu bemerken, dass auch dort dem Schreiber von H der gleiche Auslassungsfehler begegnet ist.

63, 22 *kóm* H, also *kœme* zu lesen.

63, 24 f. ist D zu folgen und die Aenderungen des Herausgebers sind zu verwerfen.

64, 13 die Lesarten weisen auf die Form *müese.*

64, 30 l. *wie* statt *swie.* 31 soll *wie* wohl die Bedeutung von nhd. *wie* 'so wie, so bald' haben. Recht schöne Kenntniss des Sprachgebrauchs des 13. Jahrh.

65, 14 *iuch doch* hat H, und so ist daher zu lesen.

65, 22 *tier*] H hat *diech,* was in *viech* geändert scheint; also *vihe* zu lesen.

65, 24 *mir einen menschen* S., aber H liest *mir amen menschen,* was offenbar Schreibfehler für *armen* ist.

66, 5 *unser* H, 6 *sunden* H, beides nicht angegeben.

66, 8 *dar umb nicht* liest auch H, und so ist mithin zu schreiben.

66, 15 l. *behuote*, prät. conj., H hat *behute,* während 66, 17 in *behüten* der Umlaut ganz richtig bezeichnet ist.

67, 6 *gesagen mag* (= D) liest auch H, Strobls Angabe ist ganz unrichtig.

67, 11 warum nicht *erzeiget* = HD? Vgl. 67, 33.

67, 30 *mirs* H für *mir sie,* was beizubehalten; vgl. 72, 11. 80, 28. 85, 9. 84, 14 l. *ius.*

68, 1 lies *ermorden.*

68, 10 *disen mordern* H, nicht angegeben.

68, 17 *aller vor meiste* (= DM) steht auch in H, demnach so zu schreiben.

68, 18 *machentz ett* H, und so ist daher zu schreiben.

68, 19 *nichtz nicht* H, keineswegs *niht, niht; ein nihtes niht, niur ein tuochlach* muss gelesen werden.

68, 23 *der ander morder,* DM *der ander morder ist ouch ein übel morder;* H sprang von *morder* auf *morder.*

68, 29 l. *wer ich dir ez,* denn man *wert einem* nicht *eines.*

69, 3 hat H *wol,* was im Zusammenhalt mit D also auf *welle* weist, nicht auf *wil.*

69, 18 hat H *wes* für *waz,* nicht angegeben.

69, 31 vor *pfander* steht in H *aine;* es ist also zu schreiben *unrehtiu vogetîe, einiu pfander.*

69, 37 *daz mêrre* steht in keiner Hs. und eine Lesart wird gar nicht angegeben! H hat *under allem leben teil,* was nicht anzufechten (vgl. D).

70, 8 *do,* nicht *sô* hat H, es ist also *dâ* (= D) zu schreiben.

70, 16 *sîne* fehlt H, nicht angegeben.

70, 20 *Syfrider* (= MD) hat auch H, keine *Siferder,* wie S. schreibt.

70, 21 hat H *arrian — manache.*

70, 26 doch *halbiu* zu lesen! ebenso 70, 33 *heiligiu,* 72, 25. 122, 9 *wâriu* etc.

70, 29 *köm* H, also *koeme,* nicht *kaeme;* ebenso 77, 39.

70, 32 nicht *gespüe,* sondern *gespüt* hat H, was also mit *gespot* D übereinstimmt und richtig ist.

71, 1 auch hat H *so,* nicht *da,* demnach ist *sô* zu schreiben. — *den,* das in DM fehlt, ist in H durchstrichen, also auch bei S. zu tilgen.

71, 5 *den* fehlt auch H, ist daher zu streichen.

71, 8 *sich* fehlt auch H, steht also in keiner Hs.!

71, 29 *ist in* H (= D) und ganz richtig.

71, 38 *suntlichen* H, nicht angegeben.

72, 3 *haben* H, Conj., ganz richtig.

72, 9 *des] das* H, nicht angegeben.

72, 24 *alle die* (= D) liest H, und so ist zu schreiben.

72, 28 *sô mit,* lies *mit sô* = D.

72, 32 *stand* H, nicht *stend,* S. schreibt *stant:* soll das ein conj. sein? l. *stande.*

72, 35 *buoze* fehlt H, nicht angegeben.

72, 36 *daz ir niemer mêr gesündet* hat keine Hs., sondern H *das irs nymmer mer gethut,* womit D wesentlich übereinstimmt.

74, 2. 3 hat H *püch', puch',* nicht angegeben.

74, 9 *ist genant* (= D) liest auch H, und so zu schreiben.

74, 19 *lobē* H, nicht *lobe.*

75, 2 lies *alles dar.*

75, 10 *ir ie* (= DM) hat auch H, und so ist zu schreiben.

75, 15 *gehôrtent* hat H, der falsche Conj. *gehoertent* kommt auf Rechnung des Herausgebers.

76, 3 wo der Herausgeber eine Lücke annimmt, macht er die Anmerkung 'Die in der Hs nicht bezeichnete Lücke ist in D folgendermassen ausgefüllt .... in M ....' Dabei sieht er nicht, dass die 'Lückenausfüllung' mit *an dem jungesten* anfängt und die Worte nach der Lücke ebenfalls mit *an dem jungesten*, dass also H hier offenbar von einem gleichen Ausdruck auf den andern übersprang.

76, 10 ist keine Lücke anzunehmen.

76, 16 *hôhēs̹* hat H, nicht angegeben; während *praiten* 17, allerdings ungenau *(breiten)* angegeben ist. Auch 19 hat H *hohen.*

76, 21 *gehabet* H, und so war zu schreiben.

76, 32 nach *diu* (durchstrichen) *schonst ist* (33, auch nach *diu*).

77, 21 *sechet* H, also *sehet* zu schreiben.

77, 23 *siu* hat H, eine beachtenswerthe Form, die sicher aus der Vorlage stammt.

77, 27 *iemant* liest H, nicht angegeben.

77, 35 folgt auf *in den winkeln und in den vinstern löchern* in D (M ist hier lückenhaft) ein Satz, der schliesst mit *in den wincheln und in den vinstern wincheln* (so D fehlerhaft für *löchern*). Also auch hier Auslassung in H.

78, 2 *kömpt* H, also *koemet* zu lesen.

78, 13 vor *ein* steht in H noch *das ist die prait das.*

78, 26 H liest *willat.*

79, 1 *sô tuotz sîn doch sô vil ir müget; tuot* haben DM, und sicher richtig. Wie wäre hier *ez* zu erklären?

79, 4 *tœtlich sünde* (= D) hat auch H, und so ist zu lesen.

79, 14. 15 keine Lesart von H angegeben, wiewohl der Text stark abweicht; statt *swie der man welle bringen* hat H *sui (*oder *sin) der wil bringen.*

79, 24 auch hier hat H *praiten;* vgl. zu 76, 16.

79, 33 *sol* fehlt in H.

79, 37 *driu* für ausgestrichenes *zway* H.

80, 8. 11 *kunnet* H beidemal: warum der Umlaut?

80, 34 *und steln* (= D) auch in H, daher in den Text einzusetzen.

81, 3. 8 *Pauls* hat H, welche Form hier wie anderwärts beizubehalten war.

81, 17 folgt auf *übel wâren* in D *die furen in die pittern helle* (= M) *und miezzen nu ymmer* (*und die m.* M); der Schreiber von H sprang von einem *die* auf das vor *müezen;* es sind also die Worte *die—helle* einzuschieben, und *und die müezen* fortzufahren.

82, 6 lies *dô* für *dâ.*

82, 7 *kain mensch* H, also das Neutrum, und ganz richtig.

82, 9 *an* H (= M), nicht *in,* also *an* ist zu lesen.

82, 39 lies *hôhe,* denn es ist Adverbium. Ebenso 83, 5.

83, 1 lies *genæsen* mit D.

83, 6 *komen* H, nicht *koment;* es ist also *kômen* zu schreiben. — 83, 7 *sie* fehlt auch H; oder Druckfehler?

83, 25 hat Strobls Text eine ganze Zeile in H übersprungen: lies *sô getrûwet er nieman als wol dar zuo als im selben: sie mohte ouch nieman als wol gemeistert haben.*

84, 18 *den t.* hat H (vgl. D); vielleicht ist *den tiuveln* zu lesen.

84, 20 *ze* fehlt in H.

85, 13 *und*] *wann* DM, aber auch H hat so, *wan* ist daher zu schreiben.

85, 15 *würzelîn* mit ganz richtigem Umlaut hat H; vgl. 86, 20.

85, 24 *toufe,* wie H liest, ist ganz richtig, die Absicht bezeichnend.

85, 25 *ainualt* H, nicht *einvaltigez,* und *einvalt* zu lesen, vgl. 87, 23.

85, 27 *aschen,* wie alle Hss. haben, ist nicht in *asche* zu ändern; es ist plur., vgl. mhd. Wb. 1, 65ᵃ.

85, 39 l. *sol sprechen* mit D. *ieman* in H weist vielleicht auf *innan.*

86, 7 *einer* (= DM) hat auch H, nicht *der*, aber *an* fehlt; lies *daz ir im danne einer sêle helfet* (vgl. 86, 13).

87, 2 *nichtz* hat auch H (= D).

87, 7 *bischofe* ist unrichtige Schreibung: entweder *bischove* oder, was seltener, *bischoffe.* 92, 13 steht *bischove.*

87, 24 sind wieder eine Anzahl Worte in H übersprungen, die in DM ganz ähnlich stehen: *mit ainem tropfen wassers do ist sein ymmer genug mit ainiger tropf* etc. Es ist also der Satz zu schreiben *Und wîn, der getempert sî mit einem tropfen wazzers, dâ ist sîn immer genuoc mite. einiger tropfe wazzers der erliutert den wîn als wol als ein michel teil.*

87, 33 *des] dem* hat H.

87, 39 *Das* H, *Der* hat keine Hs, *daz* ist zu lesen.

88, 20 *Ambrosi,* nicht *Ambrosius,* hat H.

88, 21 die Ergänzung *hât* ist ganz überflüssig.

88, 25 *aye* hat H, es ist also *eije* hier und 21 zu schreiben.

88, 32 *man] H* liest *noch man.*

88, 38 *sie* (= D), nicht *die* hat H, also *sie* zu lesen.

89, 7 die Lesart von H (wo *das* ausserhalb der Zeile steht) weist auf *daz er niur deste swærer ist und deste swærer wirt.*

89, 14 folgen auf *sol* in DM die Worte *und als oft si der mensch enpfahet;* sie fehlen in H, indem der Schreiber von *als ofte* auf *als ofte* sprang.

90, 14 H hat *müß*, es ist also zu schreiben *er müeze* (= *er enmüeze*).

90, 18 vor *bî* steht in H noch *sein.*

91, 4 *dâ von,* was S. in den Text aufnimmt, ist durchstrichen, offenbar war der Schreiber auf 91, 5 gesprungen, wo auf *brinnen dâ von* folgt. Ob D wirklich *dâ von* 91, 4 hat, ist mir fraglich.

91, 14 hat H *wil* statt *enwil, ims* statt *im sie.*

91, 37 *stock* hat H; lies *in stoc legen*, denn der sing. und Weglassung des Artikels dabei ist das übliche.

92, 5 nach *mit rehte* ein langer Satz in D, der mit *mit*

rehte schliesst, was H um so leichter übersehen konnte, als auch ein ganz ähnliches Wort (*besliezent — sliezent*) folgte. Und dass wirklich H hier ausgelassen hat, ist aus dem fehlerhaften *besliezent* in H ersichtlich, das erst durch den Text in D erklärlich wird.

92, 7 *sie*] *die* H, also *diu* ist zu schreiben.

92, 18. 93, 5 *müezent*] *müssen* H: warum das *t?*

92, 25 lies *müesen;* 29 hat H *gat*, nicht *get.*

94, 4 *mit sînen heiligen* H, *mit sînen heiligen engeln und mit sînen heiligen* D (ähnlich M); auch hier ist das Uebersehen klar.

94, 14 steht nach *geben,* ausgestrichen, *mit allen seinen hailigen* 94, 15; hier ist der Fehler nicht durch gleiches Wort veranlasst.

94, 15 nach *am jungesten tage von himele* in D *mit dem almehtigen gote, wan der kumt an dem jungesten* (*tage*) *von himele* (ähnlich, aber gekürzt M). In H ist die Beziehung von *sînen* unklar, die Auslassung aber klar; vgl. 95, 5.

94, 23 sicher nicht *bilgrem*, sondern *bilgrein* in H zu lesen, also *bilgerîne* zu schreiben.

95, 4 *haben* H (conj.) ganz richtig; vgl. 95, 2.

95, 15 folgt auf *geben wil*, durchstrichen, *und das-sel* (95, 14 f.), was auch auf *geben wil* folgt; hier sprang der Schreiber zurück.

95, 21 die Hs. interpungirt hier richtiger als die Ausgabe, indem sie *seit,* nicht *so* mit grossem Anfangsbuchstaben schreibt.

95, 26 lies *diu diu;* 96, 8 lies *diu.*

96, 15 *Cananes* soll H lesen, vielmehr *Canane*[9] mit dem bekannten Abkürzungszeichen für *us*, das dem Herausgeber fremd scheint.

96, 26 *sie* fehlt in H; ebenso 35 (vielleicht *dazs?*)

97, 15. 16 lies *kœmen — gœbet.*

97, 18 *Herre* hat H hier wie 97, 3, wo S. es beibehält.

97, 26 *Jebusêum Evêum* fehlen in H.

98, 9 vor *wan* in DM ein mit *wan* beginnender Satz; dieser gleiche Satzanfang verschuldete die Auslassung in H.

98, 19 *neune* H, *niune*, nicht *niun*, ist zu schreiben.

98, 21 *einvalt* ist nicht zu streichen; ebenso wenig 99, 22 *und alle,* was übrigens bei den Lesarten fehlt.

98, 39 *minnist* hat H (= D), und diese Form ist beizubehalten.

99, 15 *sich* fehlt H; in der folgenden Zeile ist *rehte dâ* zu lesen.

99, 38 nach *mit* ist in H (vgl. D) wahrscheinlich eine Lücke, die durch Ueberspringen von *grôzen* auf *grôzer* veranlasst wurde.

100, 2 die Worte nach *schar*, welche S. als in D stehend bei den Lesarten aufführt, fehlen keineswegs in H! Auch die Angabe der Lesarten, dass *zwaier* — *sint* in H fehle, ist falsch; der Herausgeber sprang seinerseits von *sint* auf das nächste *sint.*

100, 4 *haimrich* H, und diese Form ist daher zu setzen. Hielt sie der Herausgeber für einen Schreibfehler?

100, 13 *zweier leie* soll in H fehlen! H hat *zwayer hant,* und *zweier hande* ist daher zu schreiben.

100, 14 nach *êrsten* folgen die von S. ausgelassenen Worte *das sint gaistlich lewt*, die also in den Text aufzunehmen sind (vgl. D!).

100, 26 *wissen* H, *wizzent* Strobl, der daher der Meinung zu sein scheint, dass das *t* ursprünglich hierher gehört.

100, 28 *die hant* H, ganz richtig.

101, 3 *iglich'* d. h. *iclîcher* hat H.

101, 4 eine Lücke nach *zuo* anzunehmen ist unnöthig.

101, 8 *Der,* nicht *Daz* liest H.

101, 16 l. *tiuvelwinnende* als éin Wort; vgl. 180, 1.

101, 34 für *broget* hat H *pdigt.*

102, 37 *Gabon,* nicht *Gabaon,* liest H; ebenso 103, 2. 19

103, 12 *ir ensult* H, lies *ir ensült.*

103, 23 *iu* fehlt in H.

105, 13 *ungewonlich,* nicht *ungewerlich,* hat H.

105, 38 *etlich* H, nicht *etelîcher,* so hat keine Hs. und diese Lesart ist unsinnig.

106, 29 *genimet* H, nicht *gewinnet*, und jenes ist ganz richtig.

106, 31 *von* fehlt in H.

107, 23 die Ergänzung ist nicht nöthig.

108, 2 *in* fehlt in H.

108, 7 *selben* H, kann ganz richtig sein; auch 108, 11 setzt M *siben*.

108, 32 *an dem* H, nicht *an den*, also *an dem grunde* zu schreiben; vgl. D und 109, 12.

108, 35 *pleiber* H für *blîbe*, vielleicht *blîbe ir* zu lesen (vgl. 109, 6, wo H auch *er* für *ir* hat); vgl. 127, 28.

109, 11 *des* ist eine ganz verfehlte Aenderung; H hat *ein*, was gewiss nur Schreibfehler für *dîn* (= D) ist; vgl. 109, 31.

109, 34 *werdent] wirt* liest H.

110, 20 *von Aquilôn* ist mit D zu schreiben; in HM ein einfacher leicht erklärlicher Auslassungsfehler.

110, 25 *sie* fehlt in H, für *daz* steht *des*.

110, 31 nach *gîtigen* in H Raum für eine Zeile, *Sant Jôhannes* [32] fehlt.

111, 1 *kom* H, also *koeme*, nicht *kaeme* zu lesen.

111, 22 H hat für das zweite *umb* — *über*, und so ist daher zu lesen.

111, 39 lies *Dâ sante*, das bekannte *dâ* nach einer Frage in erklärendem Sinne.

112, 22 *Tatânen* hat keine Hs., H liest *Tatan*.

114, 5 ist nach DM in H wahrscheinlich auch eine durch Ueberspringen von *ein* auf *ein* veranlasste Lücke anzunehmen.

114, 13 nach *guot* eine Lücke, in D folgt ein Satz, der wahrscheinlich statt mit *wîse*, mit *guot* in der Vorlage von H schloss, was den Ausfall erklärt.

114, 16 *maniger bischof* H, und so zu schreiben.

114, 25 *iuwre* H, lies also *iuweriu*, nicht *iuriu*.

115, 9 *schönes* H (= DM), also *schœnez* zu lesen.

115, 10 *müß* H, also *er müeze* (= *er enmüeze*) zu lesen. In derselben Zeile hat H nicht *aim*, vielmehr *aun* (= *ân*).

115, 18 *niur* steht nach *aber* und nach *meiste*.

115, 35 *arzâte*, H hat *arczet*, warum hier die Form mit *â* statt *arzete*?

115, 36 *dem* (= DM) hat auch H. *sêle* fehlt H.

115, 38 *sô* hat H, und dies braucht nicht in *sâ* verwandelt zu werden. In derselben Zeile hat H *groß*, was nicht in *grôzer* zu ändern ist.

116, 2 *hât* fehlt in H.

116, 12 vor *êre* steht in H noch *got*.

116, 33 H hat die ganz richtige Form *suln*, St. schreibt *sullen!* In der folgenden Zeile H *yement*, also *iemen* zu lesen.

117, 8 hat H *kunst*, vgl. Z. 5, warum hier in *künste* verwandelt? Ebenso Z. 32.

117, 12 *süln* H mit Umlaut ganz richtig.

117, 13 *pucher* H, lies mit D *buochen*.

117, 17 *eintweder* ist ganz richtig; vgl. 120, 35.

117, 20 nach *gewande* in DM ein Passus, der gleichfalls mit *gewande* schliesst und deswegen in H ausfiel.

118, 23 *der* (= M) hat auch H, und so ist daher zu lesen.

118, 33 warum *an dem* statt des in H überlieferten *am*, das anderwärts beibehalten wird?

118, 34 *und* für *swâ* hat auch H (= D) und ist ganz richtig.

118, 39 *main* H, warum den plur. *meine?* vgl. 36.

119, 1 lies *iuwer wurde ein michel teil behalten dâ ze dorfe, wan* (wenn nicht wäre) *diu selbe ûzsetzikeit, beidiu frouwen und man.*

119, 26 *in* bei *leien wîs* ist nicht nöthig; derartige Ausdrücke stehen adv. im Accus.; *in* fehlt Hss.

119, 28 *diu* ist wahrscheinlicher als *din* zu lesen (vgl. D).

119, 33 *rechten,* was als Lesart von H angegeben wird, scheint in *rotten* gebessert. *rôten* ganz richtig, wie auf derselben Zeile *bluotigen.*

120, 25 lies *dannoch* mit H.

120, 33 *ist unserm* (= D) auch H, und ganz richtig.

120, 39 H hat die richtige Form *pfafheit,* warum *pfaffeheit?* Ebenso 147, 8.

121, 5 nicht *ist diu* hat H, sondern *die ist*, also der Artikel vor *ketzerîe* fehlt wie in DM.

121, 23 *sie* fehlt H.

121, 29 soll H *lepso* lesen: es steht aber *leprosus*, mit zwei jedem Philologen bekannten Abkürzungen, deren zweite auch hier Hrn. Strobl unbekannt scheint (vgl. zu 96, 15).

121, 35 *an in stât:* H hat *an ir stand:* es ist zu lesen *an ir lîbe stunde* (vgl. D).

122, 8 nach *lebendez wazzer oder tôtez* in DM ein ebenfalls mit diesen Worten schliessender Satz.

122, 27 soll H *haimlichen* lesen, wofür S. durch Conjectur *verborgen* setzt; aber H hat *schamlichen* = D und so ist zu lesen.

122, 31 lies *sîm* statt *sîn (seinem DM).*

123, 14 H hat *ymmer,* was ganz richtig; S. setzt falsch *niemer.*

124, 19 *volles* H, lies *vollez*, die flectirte Form ganz richtig, weil alterthümlich.

125, 8 lies *kœmen* mit H; ebenso 126, 39. *kœme* 128, 24. 137, 6.

126, 15 streicht der Herausgeber einen Gedanken, den alle Hss. haben, weil er ihn Berthold nicht zutraut. Man wird über solchen subjectiven Geschmack einfach zur Tagesordnung übergehen dürfen.

126, 35 lies *hœte.*

127, 28 *doch* hat H zweimal, nach *ich* und nach *ir.*

127, 36 *grîfen* H, ganz richtig.

128, 9 *und — dingen* soll in H fehlen: vielmehr steht ein *etc.* dafür. Auch 128, 23 steht nach *rouben* ein *etc.*

128, 30 *ander* H, ganz richtig.

129, 18 nicht *in,* sondern *an* hat H, und es ist zu lesen *und solt ê allez daz guot und alle die êre âne sîn;* vgl. D.

129, 37 offenbar mit DM zu lesen; H hat es sich bequemer gemacht.

130, 1 *an muoten* = D, und so zu lesen.

131, 5 *satzung* hat H, in der folgenden Zeile fehlt *geber,* 7 *kauffent.*

131, 9 auch hier haben wir in dem Fehler von *gât sîn sünde* einen Beleg des häufigen Ueberspringens in H, der Schreiber irrte von *stunde* auf *sünde* ab.

131, 22 lies *ein alsô griulîch,* denn so hat H.

131, 33 *gîtiger* = D hat H, und ganz richtig.

131, 34 die aus D in der Anm. angeführten Worte fehlen keineswegs in H, sondern sind erst vom Herausgeber im Texte weggelassen.

132, 2 die Ueberlieferung ist ganz richtig; nur muss man nach *kome* keinen Punkt setzen.

132, 18 lies *und hiez ir man der künic Jerobeam.*

132, 22 *kand* H, was auf *kande* weist.

132, 26 die Worte *ez sol noch diu zît komen* sind mit DM hier zu streichen, und offenbar durch Abirren auf 133, 2, wo auch derselbe Satz *ich — gesunt* vorausgeht, in H hierher gekommen.

132, 32 ff. überall prät. zu setzen: *du müesest — dir blibe.*

135, 26 lies *drîzigist* mit H.

136, 5 *gunne* H, und ganz richtig.

137. Diese Predigt ist die erste, die ausser in H nur noch in der Wiener Hs. 2829 steht. Von ihr sagt Strobl (S. XIII) 'sie stimmt im wesentlichen zu K und ich teile ihre Lesarten, aus denen für den Text nichts zu lernen ist, um Raum zu sparen, nicht mit'. Das mag richtig sein für diejenigen Predigten, die auch in K (der Klosterneuburger Hs. 886) enthalten sind. Aber auch für die drei, die W nur mit H gemein hat? Ich habe durch die Gefälligkeit von Dr. Arnold Schröer und Dr. Georg Herzfeld eine Collation der drei in Betracht kommenden Predigten erhalten, und will deren Resultat im nachfolgenden mittheilen. Nicht bezeichnete Lesarten sind aus W, während die aus H bezeichnet sind.

137, 1 *erepta est* fehlt. 2 *lagenndenn. sperkch.* 3 *geczimt. diser*] *der.* 5 *verkert noch n. m. verkerrenn.* 6 *kom* H, also *kœme* zu lesen. *verrer* fehlt. 7 *warennt. vârent* ist eine ganz unnöthige Aenderung. Dann würde B. einen Gen. sicher dazu gesetzt haben. 8 *dar umbe* fehlt. das zweite *ir* fehlt. 9 *erwerbēt.* 10 *iht* fehlt. *dô]* lies *dâ.* 11 *benement.* 12 *aber* fehlt. *all ir wicze.* 16 *den uberfluzzigen grossen*, wahrscheinlich richtig. 17 *dy ist. jagen-*

den und] lage und den. 18 *den strikken der t.* 21 *die* fehlt. 22 *der s.] dem necz. iuch] auch*, wohl besser. 24 *den] ir.* 25 *nicht anders besch.* 26 *noch umb speis.* 27 *wan] nur.* lies *gevâhen.*

138, 1 *ann den weg so leugent ew.* 2 *und* fehlt. *und ewrn wortn und eur antwerchenn.* 3 *an* fehlt. *Und* fehlt. *dunkcht auch wie sy; wie* wahrscheinlich das richtige, weil dieser Gebrauch von *wie (= daz)* der jüngeren Sprache fremd ist. 4 *verlvmden.* 7 *nicht furcht.* 8 *doch* fehlt. 10 lies *sihe. einigen*, wahrscheinlich richtig, *einen* ist der jüngere Ausdruck. 11 *dir auch*, wohl richtig. *mag geschehenn.* 13 *behuttest.* lies *gehuotest. Seht* fehlt. 15 *do er sach das die wellt so uol.* 19 *triuget] springet.* 20 das erste *und* fehlt. 21 *di tumben*, und so ist zu lesen. 22 *der wirt*, richtig. 25 *herrn Nero.* 26—27 *den in dem* nur einmal. 28 *ich ir iu.* 29 *die die] die. allen* fehlt. 32 *trullernn.* 33 *liuten* fehlt. 34 *alten] allen den.* 37 das zweite *und* fehlt. 38 *dar über. sî- müge] den sy n. g. mugenn.* 39 *er* fehlt.

139, 1 *vahenn; und* fehlt. 2 *wollten*; 3 *das hellprunnen; dâ — vor* fehlt. Es ist zu lesen *wolten* und *brunnen.* 5 das zweite *der* fehlt. *und* fehlt. *kom* H, lies *koeme.* 6 *und den selben stric haist iob,* und so ist zu lesen. Auch H hat *Job.* 7 *ez zeuhet ir aller maist der segen;* H hat *er zucket ir aller meiste in der segen;* Strobls Aenderung ist zu verwerfen. *er* geht auf den Teufel. *da* | *umb daz.* 8 *werdennt — haissent.* 9 *den jungenn l.*, wohl richtig. *den stric — liute* fehlt, also auch hier das Ueberspringen durch gleiche Worte veranlasst *(liuten — liute).* 10 *daz ist k. s. eur marter so.* 12 *wat* H, warum *wæte? ir* fehlt H. 13 *gut lewt.* 14 *an gutew*, richtig; denn *wîsen* kann nicht mit doppeltem Acc. verbunden werden, ausser in Ausdrücken wie *einen den wec wîsen.* 14. 15 *so in den j. so ir sew aller gernist guter ding begernt wer.* 16 *Und* fehlt. *selbe* fehlt. 18 *Pauls* H. 22 *kunig David.* Die Vermuthung, dass *ungeschiht* zu lesen, erhält keine Bestätigung, wohl aber meine S. 180 der Rec. ausgesprochene Annahme einer Lücke, und sogar der Wortlaut theilweise. W hat *in grossew sund nur vonn dem gesicht.* Zu lesen wird sein *in grôze sünde niwan von der gesihte;* vgl. 26. 23 *niur* fehlt. *Der wart er allso holt.* 25 *davon gefrewt.* 26 *samt* fehlt. *der* fehlt. 27 *sannd der sannd. dem] den* H. 30 *der] daz er.* 31 *unserm* H. 32 *niur umbe] durch.* 34 *verre* fehlt. 35 *guoten] schonen.* 37 nach *ertœtet* folgender Satz in W, den H wegen des gleichen Anfanges übersprungen hat: *Dô sprach zuo dem jungelinge der engel 'du solt ein êlîch (elleich* W*) wîp nemen'.* Die falsche Stellung in H weist noch auf die Lücke hin. *zem engele* fehlt.

140, 1 *der* fehlt. 6 *Pauls* H. 7 *fliehen] meiden.* nach *forn* folgt in H noch *uno.* 9, was bei den Lesarten nicht angegeben ist. 8 *sint die* fehlt, und wohl mit Recht. *m. unk. umb geent.* 9 *sô* fehlt. 10 *Absolon* H, was nicht zu ändern war. 11 *daz] damit daz,* also = H. 13 *einest] zu ainem,* fehlt wohl *mâle.* 14 *mal do swaifft.* 15 *ast] aich. do lef der m. h. und wurden.* 18 *aber alle. ûz] uns.* 19 *sey.* 20 *dy haisset der gelust,* gewiss richtig. 22 *mut.* 23 *vâhet der wîzigære] weiczigt,* also *wîziget,* nicht *vâhet* war das fehlende Wort. *dy sel.* 24 *ist die schantige red der gern davon redt oder hort redenn,* besser als H. 25. 26 *dy schalkchleichist geschicht. schelklichen* fehlt. 27 *ist dy schantleich begir kussen.* 28 *begir der glider. daz gescham w.* das seltene Adj. ist gewiss die echte Lesart. 29 *di unk. ouch* fehlt. 30 *und ir nascherinn. sulichen] so tann.* 31 *nû zem* bis *sêle* 33 fehlt; der Schreiber sprang von *nû* auf *nû.* 33 *manigerlai.* 35 *di in disem strikch noch nicht sind.* 37 *hat allso.*

141, 1 *ze guote] ew gut,* besser. *manger* H. 2 *und* fehlt. 3 *werdikleich. hât* fehlt, mit Recht. 6 *reinen* fehlt. *vngeneme. er des.* 7 *ew das.* 9 *hinz] uncz. di verliesenn. daz sy in d. s. ycht komen; iht* sicher richtig. 11 *hat.* 13 *künftec rihter* fehlt. *über den.* 14 *bî] mit.* 15. 16 *daz newnt sper mit siptail.* 18 *wan der mit s. m.* 19 *wider da von.* 21 *ain sund. st.* 23 *des erstenn.* 24 *Iu] ir.* 26 *da sy. zouberîe] zu weilen,* gewiss richtig; denn was soll hier die Zauberei? 27 *sîn] in der,* richtig. 28 *werfft.* 29 *allso vil ewr.* 30 *ir seit vil.* 32 *ir* fehlt. 33 *danne die man* fehlt. 34—35 *mit riuwe* bis *vigîlie* (l. *vigilie)* fehlt. 36. 37 *ir man der mugen d. t. allz.* 37 *sy tuen a. l. wol michel guttat.* 38 *sy mugenn oder wellenn. daz ir.* 39 *kôm* H, *komenn* W; lies *koeme. und dazu hannt sew ewch.*

142, 2 *sunde so gross.* 2. 3 *ir prennet n. ir m. n.* 3 das zweite *vil* fehlt. 5 *gar* fehlt. *himellreich. komenn;* lies *koeme* = H. 5. 6 *werft ęr in den.* 6 *einiu* fehlt. 7 *hochvertsenew;* lies *hôchvertet eniu.* 9 *von irn fr. sô hôchv.* fehlt. *dy mit ir edel dy von w. tr.* 10 *alle s.*] *sew alls. durch lob.* 11 *eht löb.* fehlt. *es* fehlt W; es ist entweder zu streichen oder umzustellen *daz man sie es lobe. We.* 12 *und*] *we. Vî* fehlt. 13 *gar* fehlt. 14 *daz* fehlt. 15 *mite* fehlt H. 15. 16 *wan ez ew d. a. g. alles gebn̄ hat und kert im nur.* 16 *im ez im zu d. kam* (sic!). 18. 19 *an den f. nur m. h.* 19 *in den.* 20 *allew er.* 21 *lassen.* 22 *petze,* natürlich ist *pæce* zu schreiben. W hat *pad.* 23 *von d. a. nicht n.* 24 *gît*] *nimbt und gert,* dann *daz keret fraun zu ainer m.* 26 *Und* fehlt. *halt* fehlt. 28 *ir ewr kindekind ze.* 29 *ist* das in H fehlt (nicht angegeben), wird besser nach *alt* ergänzt, und so hat W; vgl. 143, 3. 31 *den fr. den st.* 32. 33 *mussent prinnen.* 34 *laut* hat H, also *lât* zu schreiben. 35 *ir fr.* fehlt. *wellt oder nicht.* 37 *nun w. ist nun.* 38 *ouch*] *ew der haisset. sê*] *so.* 39 *wa von.*

143, 1 *daz ist ain s. ew n. so g.,* auch H hat *ain,* was freilich nicht angegeben ist. 2 *vindet sîn gel.* fehlt, der Schreiber sprang von *gel.* auf *gel.* 3 *hânt* fehlt. *alten* fehlt. 5 *und* fehlt. *a. irnn mut.* 6 *aller gelichest* HW, und so ist zu schreiben. 7 *all.* 8 *harbez.* 9. *wisenn.* 10 *ûf — ûf* fehlt. 11 *ist maniger allten.* 12 *di ist. gespött,* richtig mit zwei *t. halt* fehlt. 13 *Und so nu der tod ie naher ist so nu daz g.* 14 *arb.*] *mer gewurchenn.* 15 *wachset. sul wir.* 16 *aller erst not wol essenn wol trinkchenn.* 17 *gewinnes. ez*] *ee* H, und wie es scheint auch W. 18 *trughait. seczung.* 19 warum soll *in* zu tilgen sein? 20 *haisset geittikait. ir machet ir habet (!) m. k. so vil g. haben.* 21 *und darumb zem andernn mal.* 22 *selben* fehlt. 23 *vil* fehlt. *der*] *wer.* 24 *ist gewesenn.*

25 *spriche* — 29 *sint*] *sprich ich zu denn andernn sundern.* 29 *wan*] *dann.* 30 *wann dem geittigen ist alls dem;* auch H hat *geitigen* vor *also,* an falscher Stelle. 31 *vest daz er b.* 32 *ertrunkchenn ist dannoch l.* 33 *so der.* 34 *bevellet,* wohl richtig. 35 *gerueffenn,* auch H hat den Umlaut. *tuennt.* 35 *und*] *wan. wan sew sint.* nach *danne* folgt in HW übereinstimmend ein von Strobl (wegen des zweimaligen *adamas*) übersprungener Satztheil *adamas (ain a. W) und ist doch niht sô hertes in aller der welt sô der adamas (so h. nicht in a. w. so der stain W).* 37 *die* fehlt. *amadas.* 38 *pfî- bistû*] *phi geittiger. wann dez a. ma wirt waich von p. p.* 39 *man* fehlt. *alle* fehlt.

144, 1 *die* fehlt. *auf dych slüg mit predig.* 2 *dich kan niemät erw.* 3 vor *freude* in H (von Strobl ausgelassen, nicht angegeben) *frayse die zu helle ist, wir predigen von der.* Diese Worte sind unzweifelhaft echt; merkwürdiger Weise hat hier W denselben Fehler begangen wie der moderne Herausgeber; hier heisst der Satz *wir predigen von der freid im himelsrich, wir predigen saur, wir predigenn suezz, wir predigenn dicz, wir predign ens, er wil nicht wider kerrn, ez hillft ot nicht.* Die Worte *wir predigen sûr, wir predigen süeze* sind gewiss auch echt, und so ergänzen sich hier beide Hss. 5 *habet,* besser als *hebet.* 6 *sacht ir ye so herrt leit mer.* 7. 8 *waikcht.* 8 *und daz (H und das das)*] *daz. g. plut und sein marter nicht.* 9 *es* und *alle* fehlt. 11 *got all. alle* fehlt. 12 *an di. habenn.* 13 *drüster*] *custer. het ain. asnine* H, nicht *asine,* wie die Lesarten (mit einem so!) angeben, *eisnein* W; lies *ìsnîne.* 14 *scharpen zagel.* 15 *leben zennd,* also wohl *zende. ditz* (= H) *tostter.* 16 *den g. hausschrätl.* 17 *hausschratl.* 18 *und ist. doch*] *do. dem geittigen.* 19 *hat der wirt n. v.* 20 *sat.* 21 *ersatten. und* fehlt. *dicz toster.* 22 *den g. leben zennd.* 22 *frassig;* lies *frœzic.* 23 *Phi. du frisset wol ain lant.* 24 *so g. se.* 28 *unrecht. niht* fehlt in WH, und mit Recht. 29 *schorppn zagl.* 30 *mit durch st.* 35 *was man saget.*

Der Schluss der Predigt, der in H fehlt, ist allein in W erhalten und lautet (vgl. Bd. I, S. 420 ff.):

Nu hân ich iu für geleit von den drîn stricken des tiuvels. Und swer vor den entrinnet, sô legent si den vierden oben über: dâ engêt leider selten keiner. Owê, ir unsælige tiuvel, daz ir den rât ie fundet! wan ir tuot uns sô grôzen schaden. Der stric ist zwivalt: daz êrste ist ûfschiube der bezzerunge, daz ander fristunge der buoze. nu seht, von den zwein dingen wirt der welt aller meist verlorn under kristenliute, wan ez ist nehein, er gedenke noch bezzer ze werden, swie übel er ist, und schiubet ez ot ûf morgen oder übermorgen. Nu tuot ez durch unsern herren und durch iuwer selbes sêle willen und schiebet ez niht ûf und hebt an mit etewaz guoter dinge, wan wir müezen schiere alle sterben und für daz gerihte komen unsers herren und tâhticlîch antwürte geben umb alle sünde. Daz wir doch frôlîch hin komen, daz verlîhe mir und iu der vater und der sun und der heiliggeist. âmen.

Man darf doch wohl fragen, ob die gänzliche Nichtberücksichtigung dieser Handschrift gerechtfertigt war.

145, 17 *den zwei herren* H mit DM, und richtig.

146, 11 nach *freuden* in D ein ebenfalls mit *freuden* schliessender Satz. Der Herausgeber bemerkt hierzu 'Ausfall dieser Worte in H durch Ueberspringen des Auges vom ersten *freuden* zum zweiten ist nicht nothwendigerweise anzunehmen'. Nothwendig nicht, aber für jeden, der meine Darlegung bis hierher verfolgt hat, in höchstem Grade wahrscheinlich.

146, 15 *dienet* fehlt in H.

146, 37. 38 nach *und aller sünden wirste* in D, ein Satz, der mit *und aller sunden wierst* schliesst. — 146, 38 geben die Lesarten an, dass *sündent* in H fehle, und dass auf *sündent* in DM ein ganzer Satz folge. Aber weder jene Angabe, dass *sündent* in H fehle, noch die, dass dieser Satz fehle, ist richtig: H stimmt ganz mit DM überein und liest *sundent Nu secht ob ir der ye kainē gesecht und*

---

1 gelart. 2 *nach* wer *getilgt* ir. den (*nach* vor) *fehlt.* 3 unsalig. 5 aufschüb. 6 andernn. 7 allemaist. 8 nehein er] niemer. 9 scheubtez. oder *fehlt.* 13 tachtikleich; dæhticlîch?

welches sint nu die sund aller offenlichst vnd an vnterloß. Der Hrg. sprang von *Nu seht* auf den nächsten ebenso beginnenden Satz.

147, 15 lies *man* mit DM.

147, 17 nach *daz ein mensche der sünden eine tuot* in D ein gleichfalls mit diesen Worten schliessender Satz (M ist hier lückenhaft).

147, 32 *ersaten* H mit einem *t*, ganz richtig.

148, 9 *iuwerm* H, ganz richtig.

148, 25 lies *einer*, H hat *ains*. 26 l. *dar zuo.*

148, 30 *last* hatte H, der Schreiber hat es aber in *kost* gebessert; auch nicht *get*, sondern *got*, also = DM. Seine übele Conjectur hat der Herausgeber selbst fallen lassen.

149, 11 lies *diu.*

149, 6 *wie* fehlt H, erklärlich nach *we.*

149, 19 nach *kint* folgt in DM *und kindes kint;* sicherlich sprang auch hier der Schreiber von *kint* auf *kint.*

149, 29 vor *gebet* steht *ir* (= D) in H, also aufzunehmen.

149, 36 *so sint sin sicher* hat H, nicht *sie*, also ist zu schreiben *sô sînt ir sîn sicher* (vgl. DM).

150, 8 natürlich *lâzen an iuch; iu* ein arger Sprachschnitzer.

150, 24 lies *iemer mêr* mit H.

150, 31 warum ist *ê* vor *âne* gestrichen? Vgl. 38. 39.

151, 10 l. *dâ hebet;* vgl. zu 111, 39, und 151, 20.

151, 14 *iuch*] *auch* H; 19 *wie*] *so wie* H; 33 *und* fehlt H.

152, 22 soll *verslint* conj. sein; l. *verslinde.*

152, 30 *des* (= D), nicht *es*, daher *des* zu lesen.

152, 34 *wohl eht wol* ist ganz richtig; vgl. D und 153, 10.

152, 36 statt *jâ* hat H *ich*, also zweimal.

153, 6 *lieb* H; warum hier *liebe* und nicht *liept*, wie 152, 33. 153, 11 steht?

Predigt LII steht wieder nur in H und W; W ist nicht verglichen. Ich trage die Lesarten mit Ergänzungen und Berichtigungen zu H nach.

154, 1 *Paul. epistel* H, *epistl* W. 3 *der wirtscheft*

da ir hin geladen seit. Statt *dâ* ist also entweder *dar* zu lesen, oder *dâ wir hin geladen sîn;* doch vgl. 154, 8 *dar uns sant Paul geladen hât*, was nicht für *dâ hin* spricht. 4 *samt* fehlt. 6 *kein* fehlt, wohl richtig; vgl. *ôre—herze.* 7 *alls gross er und wunne ist da und freid.* 8. 9 *hat geladn.* 9 *ain new.* 10 *uncz an — uncz an.* 11 *mecht — lonenn mit.* 12 *hab. unserm h.* fehlt. *vil gedanckchen.* 13 *in dem.* 14 *noch keczer kumbt im̄mer (nimmer?).* 15 *sy sind* auch W, ich bemerkte schon Rec. S. 177, dass die Aenderung *die* ganz unnöthig ist. 17 *von s. g.* fehlt. *sew selbn. komenn.* 18 *Paul.* 19 *wirdikleich zu der wirtschaft komenn da so grossew freid ist (Bruoder — freude ist* fehlt) W. 20 *dâ*] *ez.* 21 *snür* H, also *snüere* zu lesen; *snur* W. *hincz dem.* 22 *ist man. auf den s. weg.* 23 *dar komenn ze.* 24 *lankchsame*, also wohl *lancseime.* 25 *grossen.* 26 *auf den s. weg. geit man doch wol drauf uncz man.* 27 *wol darauf dy groß perg auf dy hochen di gennt.* Da *bergen* 155, 1 auch in H fehlt, so ist wohl zu schreiben: *ir seht wol daz ûf die grôzen bürge, ûf die hôhen, dâ gênt.*

155, 1 das zweite *ûf* fehlt. 2 *gar smal.* 3 *braiter und weiter.* 4 *und an dem. er* fehlt. *uncz auf.* 5 *wēgenn weg. in*] *ir. wäge.* 6 *smal der do die richt fur sich get den*; in H offenbar fehlerhafte Wiederholung, erst Auslassung des *für sich,* dann der Satz nochmals. 7 *etwann di phat. ettwenn.* 8 *den steig get und der ist vil ee auf. snelle* H. 9 *den* fehlt. 10 *gemachleicher.* 11 *lankchsamer*, besser. *alls. dy zwenn.* 12 *pfat*] *steig*, beidemal. 13 *lancsam*] *saine*, gewiss das richtige. 14 *uncz daz man zu h..* 15 *den steig verlat.* 16 *ze himelreich.* 17 *aus denn wagen da hin und da uor waz er wol d.*; *dâ vor* ist richtig. 18 *maniger.* 19 *gar — fuor*] *fur sich in den himel fur auf den steig.* 20 *ist iecz.* 21 *den snellen wegenn dar komenn.* 22 *ir ist aber. muessn sich all di zu himelreich.* 23 *ze h.* fehlt. 25 *den wagn weg.* 25 *alle s.* fehlt. 26 *lang* haben HW, also *lange. un̄ uns nun der strikch (= steig) beslossenn ist.* 27 *die r.* fehlt. *gen*, richtig; ebenso *kom wir.* 28. 29 *ist doch der steig und welhes.* 29 *nun seht den steigt daz sind h.* 30 *got.* 31 *durch das — nicht verlaugn.* 32 *all all so. marttermn liessenn.* 33. 34 *von aines zeiten der hies Nero*W; da auch H *Nero* hat, so ist die Lesart von W sicher die richtige. *Nerôs* ist ganz unmittelhochdeutsch. 34 *der hub an sannd peter und an sannd paul an* W, und so ist zu lesen; Strobl gibt die Abweichungen seines Textes von H gar nicht an (*an* nur einmal, dagegen *an sant Pauls,* und *marter* fehlt). 35 *dô* fehlt. *hailig greilich gemarttert.* 36 *wan* fehlt. 37 *wunderleich mocht gemarttern.* 38 *diu* hat H ganz richtig. 39 *nebiger. schant] villt.*

156, 1 *gar* fehlt. 2 *grinlich] gros. und wart.* 3 *Neronis* W, richtig. *Nero* H, Strobl wieder *Nerôs. uncz an des kunig constantini veint zeit.* 4 *wol* fehlt. 5 *den steig den weg der m.* 6 *wære] var,* wohl richtig. *auf den selbigenn.* 7 *dô* fehlt. *Berhtolt*] *w'.* 9 *verdriessenn. eht* fehlt. 11 *ze dem.* 12 *er und gut. darczu allso lidenn sew gar greileich martter.* 13 *die wîle sie*] *di vil*, offenbar die richtige Lesart; vgl. 156, 10. 14 *gar* fehlt. *abtrünnig und dy ritter dy wurden des erstenn abtrünnig;* der Schreiber von H sprang wieder von dem ersten *abtr.* auf das zweite über. *ob — tet* 15 fehlt W, der Schreiber irrte von *tet* auf *tet* ab. 16 *selben* fehlt. *verrünt* mit Umlaut H, auch W *verruennt.* 17 *annttekrist nun kumbt der wirt euch auch martternt.* 18 *beleibnn* W, *pleiben* H, beide also den ganz richtigen Conjunctiv. 19 *beleibent. ir — Berhtolt* fehlt. *sunder ich wil. ee ich ymmer.* 21 *phy. gar krankchleich.* 22 *yeczund ein frauel durch got nicht lan. fröuwelîn* ist gewiss nicht richtig, sondern *frevellîn* wird zu schreiben sein. Dann folgt in W *so wil der nicht ain veintschaft lan so wil der nicht tragkhait an gotcz dienst lan ja siczt etc.* Offenbar hat auch hier H wegen des mehrfachen *lân* etwas übersprungen. 24 *ettleicher da der das g.* 25 *an*] *in* W, und so auch H, was nicht angegeben. 26 *phi.* 27 *gut wider got habenn.* H sprang von *gût* auf *got.* 28 *schiere* fehlt. *zum himelreich komenn mag auf den steig — zum* hat auch H! 30 *ist komen* W, und so auch H! *den*] *der.* 31 *doch* fehlt. *seit maniger grosser heiligenn ze himel auff komenn.*

32 *Gall spricht und.* 33 *niela.* 35 *ouch* fehlt. *gen himel. den wagen weg uncz das der steig.* 36 *anntterkrist.* 37 *martter werd virdhalb jar Nun.* 39 *vî*] *ja.*

157, 1 *hundert oder dritt halb h.* 2 *wenig genug. danne*] *da.* 4 *des steiges.* 5 *zu himel sol komen wann er sey; er* ist richtig. 6 *âne*] *und.* *mag ein porwelman zu h. k.*, dann wiederholt *wann* (5) — *kind* (6) dann *auf den wagn weg Welhes ist nun der wagenn weg.* Letztere Worte sind in H ausgefallen. 7 *daz haist er ir parmherczikait.* 10 *den s. weg a. d. gut her s. U.* 11 *Nun mit weu. Mit erb.* fehlt. 12 *poz pozz z.* 13 *rehte*] *gar.* *seit* (*daz — zeichen* fehlt. 14 *zum h.* 15 *parmh.* 16 *zum himel mit parmh.* *sich* fehlt. 17 *parmh.* 18 *den wagen z. d. e. f. komenn.* 19 *rad.* *parmh.* 20 *auf w. w. zum h.* 24 *dar über* fehlt. *zem êrsten* fehlt. 25 *des ist*, besser als *daz.* 26 *eur selber sel wa von hat* (311[d]) *da hat.* lies *dâ hât.* 29 *sich doch*] *dich*, die richtige Lesart. 32 *der warttn.* 33 *du gewinnet*, *dâ* auch hier aufzunehmen. 34 *daz ir ie b.* 35 *wære*] *sey.* 37 *parmung.* 38 *zem êrsten* fehlt. *eigen*] *arm.* 39 *wann wellt ir euch selbñ zem erstn nicht erparmen.*

158, 1 *phi.* 2 *dich*] *dir.* 3 *dem gelbenn gewanndt.* 4 *mag euch sein vil.* 5 *swen*] *wom.* 6 *sîn* fehlt. 8 *irs. aines.* 9 *wagen wegenn.* 10 *ew erparmen sullt uber drey h. drey.* 11 *martrer*, und so (*martr̃*), nicht *marter*, hat hier im folgenden auch H; vgl. 158, 30. 159, 18. Dass nach *marter* eine Lücke in H ist, konnte doch schon das *die dritten* lehren. Es ist mit W zu lesen (nach *marterer*): *die êrsten marterer, dâ ir iuch über erbarmen sult, die sint der tiuvel marterer, die andern gotes, die dritten des tiuvels. marter — marter* der folgenden Zeile fehlt. 12 *in diser werlte* fehlt. 14 *auch zem erstenn erparmen uber eur aigen sel.* 15 *samt* fehlt. *parmh.* 15 *zuo — freude* fehlt. *zu den ewigen wirtscheﬀtenn. Und* fehlt. 16 *sul wir parmh. in vier w.* fehlt. 18 *unser* richtig. 18 *marttr'*, lies *marterer.* nach *kumerhaft leit* eine Lücke in W, ohne Bezeichnung; der Text springt auf 162, 25 *me der wartten daz* —. Offenbar fehlten in der Vorlage ein oder zwei Blätter. 32

warum *vegefiure?* H hat richtig *fegfiur.* 35 *daz an nemen* ist mit H zu lesen, die ältere Construction mit doppeltem Accusativ.

159, 2 lies *etwen* mit H; *freunt* H, also *friunt* ganz richtiger Gen. 5 *sul* H, lies *sül.* 13 die Angabe, dass H *rüw* habe, ist unrichtig, es steht *ruẅ,* also = *ruowe.* 18 hier hat H *marter.* 21 *erpermde* H, also *erbermede,* warum *erbarmede?* 27 *land,* nicht *laud,* hat H. 30 das *an* vor *sêle* fehlt H.

160, 5 *sô*] H hat *ez;* nicht angegeben und nicht zu ändern. 15 *sie* fehlt; lies *dazs.* 23 lies *iu.* 32 lies *kômen.* 38 *der daz* zweimal, wie in H steht.

161, 1 *seinē,* was also ebensogut *sînem* sein kann, vgl. 1. 6 lies *kômen.* 7 lies *sê.* 19 *ainē* H, was in *einem* aufzulösen ist, denn *rehten* als sw. subst. kommt vor, z. B. bei Konrad von Würzburg (im Reime). 25 *niu fünd* H, also *niuwe fünde* zu lesen; vgl. 28. 35. 32 statt *wehset* schreibt man für das überlieferte *wirt* besser *mêret,* vgl. 160, 33.

162, 15 lies *sült.* 26 *er*] *ir. daz er got allso.* 27 *got*] *er. allso.* 29 *der dez h.* 30 *ist ewr heut recht veil hie.* 31 *recht all uber den m. ez* fehlt. 32 *iu* fehlt. 33 *sî*] *ist.* 34 *daz*] *das ist das,* und so wird zu lesen sein. 35 *übele,* von Strobl ergänzt; W hat *kain lait. tet. all ewr sund vergeb.* 37 *als*] *so. gros,* auch W, aber wegen *sie* (das in W fehlt) ist in H *grôziu* zu lesen. 38 *hiute* fehlt.

163, 1 *well kauffenn.* 2 *hie ûf — man* fehlt W; der Schreiber sprang von *hie* auf *hie.* 3 *samt* fehlt. 4 *nû müezen* fehlt. 5 *auf disenn wagen markcht komenn zē himl. hie* fehlt. 6 *versmecht und.* 7 *ia sprach er, ich mag.* 8 *phy ungewissner,* wie ich schon früher vermuthete. *gît.*] *armer. des*] *wez.* 9 *vergab. selbe* fehlt. *wes* ist richtig, *jâ vergap — teil* ist Rede des Predigers. 10 *ungewissner.* 11 *ez* fehlt. 12 *phi.* 13 *erparm. ot was schuf.* 14 *an dem g.* 15 *dem andernn s. dy dez unrechten gut n. w. habenn.* 17 *nicht haben;* der Conj. (*enhaben*) auch in H, und ganz richtig. 18 *all. sich da vor ir secht w.* 20 *grosses ding. grosses.* 21 *h. der behutt. alle samt* fehlt.

22 *wir lesen* fehlt. *tott.* 23 *und daz — tôte* fehlt W; der Schreiber sprang von *tôte* auf *tôte.* 24 *do ertott het.* 25 *s. vil ain gross wunder d. i.* 26 *ez* fehlt. *sich*] *sy.* 27 *tottest.* 28 *zem e. mal.* Mit *erstet* schliesst der Text in W. 36 nach *sich* hat H *nicht*, also ist *der wil sich niht* zu lesen.

165, 15 *mensch,* nicht *menschen,* H, und *mensche* ganz richtig; vgl. DM.

166, 8 nach *kindes*, wie S. angibt, in D ein Passus, der ebenfalls mit *kindes* schliesst. Dazu macht der Herausgeber die Anm. 'Wenn man auch einen Ausfall dieser Stelle in H dadurch rechtfertigen (den Ausfall rechtfertigen?) könnte, dass der Schreiber vom ersten *chindes* zum zweiten sprang, so kann die Lesart in H doch bestehen und wird durch die nicht allzuhäufige Verwendung von *müezen* in der Bedeutung *contingit* zur Aenderung Anlass gegeben haben'. Aber in H ist nichts ausgefallen, sondern erst in der Ausgabe; H stimmt wörtlich mit D!

166, 20 lies *genuocte;* vgl. 30 ff.

167, 35 *uns*] *mich* liest H.

167, 38 *seht* fehlt in H.

169, 9 nach *dâ* in D (M) ein langer Satz. Die H vorliegende Fassung schloss offenbar mit *und martert sie dâ,* welche Worte auch der Lücke vorhergehen.

169, 26 *sein* (= D), ganz richtig; l. *ander sîne junger* (warum *jünger?* hat doch noch H keinen Umlaut in dem Worte).

170, 34 l. *als grôz* mit H.

171, 5 lies mit H *der selbe zehende.*

171, 13 auf *dritten* folgt in H *pey aller gehorsam* (= 15).

171, 24 nach *ouch* folgt in H *nicht.*

171, 28 *friunt*] *frümd* H, was also auf *friunde* hinweist.

171, 38 *hinnen nemen* soll H haben, aber H hat (= DM) das ganz richtige *haimen.*

172, 2 *danne die* vor *êrsten* fehlt in H am Zeilenwechsel.

172, 4 l. mit H *die uns dâ* (H *do*) *sô grôzen schaden tuont.*

172, 13 statt *iu* hat H *auch* (vgl. D) und ganz richtig.

172. 18 *waenet*] H hat, was nicht angegeben, *wend,* und *n* in *r* gebessert, also *werd;* es ist also *werde* zu schreiben (vgl. *wirt* DM).

172, 20 in der Hs. steht *einfft, n* in *l* gebessert, also ist *eilfte,* nicht *enlfte* zu lesen.

173, 10 hat H *durch got,* nicht angegeben.

174, 2 H *all (lies al) der w.;* 3 H *an dem;* 21 *und* für *under* H.

175, 5 nach *freuden* in DM ein Passus, der ebenfalls mit *freuden* schliesst und daher ersichtlich von H übersprungen.

175, 10 *sie*] *so* H, 23 *im j.* hat H, ebenso wie 21, wo S. es beibehält.

176, 1 *der* fehlt in H.

176, 7 *fliehent* in H ist einfach Schreibfehler für *vielen.*

176, 36 nicht *deum* hat H, sondern *dn̄m*, was, wie jeder Philologe wissen sollte, *dominum* bedeutet.

177, 14 hat H *engel vbeln.*

177, 24 l. *an welhem teile* (= D), H sprang von *t* in *teile* auf *t* in *tugent.*

178, 1 wird eine Lesart von H angeführt, die auf Auslassung einer Zeile beruht! Es ist mit H zu lesen (nach *wære*): *Daz wære gote sô liep niht als sô im ein tugenthaft mensche einen halben tac diente.*

178, 5 *wære* (nach *der*) fehlt in H.

178, 24 *er* fehlt H (= DM), ist also zu streichen.

178, 33 *machen* fehlt in H.

179, 8 *weh:* ist das Druckfehler? H hat *wee,* also *wê* zu lesen.

179, 9 *daz daz* DM ist offenbar die richtige Lesart; H hat *das* am Zeilenschluss und in Folge dessen ein *daz* ausgelassen.

179, 17 nach *verstiezen* hat H (ausgestrichen) *der ewigen freude* (= 16, wo diese Worte nach *verstôzen* stehen).

179, 31 l. *sô der iendert;* auch *dir* könnte bleiben.

179, 32 *lebent* H, in *lobent* geändert; *lüejent* ist eine ganz unnütze Conjectur.

179, 36 *vy* hat H, also *vî* zu lesen. Ebenso 188, 11. 194. 9. 209, 7. 217, 7; vgl. 219, 35.

180, 2 *uberwind* H, was nach grammatischen Regeln nicht in *überwinde,* sondern in *überwint* zu ändern war.

181, 6 *iuwerre frouwen,* ganz unsinnig, l. *iuwer frouwen* d. h. von euch Frauen; vgl. 14. Aber besser folgt man der Lesart von DM.

181, 7 *kument*] H *kome;* lies *sô koeme iuwer frouwen gar vil zuo dem himelrîche* (vgl. DM).

182, 1 l. *iu,* denn man *gesiget* bekanntlich *einem an.*

182, 2 lies *niemen* mit H.

182, 12 nicht *în*, sondern *an* hat ganz richtig H (= M). In derselben Zeile natürlich *erkuolest,* nicht *erküelest,* H hat auch keinen Umlaut bezeichnet: *erkulst.*

182. 19 *gand* H, also *gânt* zu lesen; 23 lies *koeme* (H *kome*); 24 hat H *ach* für *als;* 25 fehlt *wider;* 37 liest H *sie* für *ir.*

183, 34 *von* fehlt in H; 37. 38 liest H *gewahset* ohne Umlaut, was beizubehalten ist.

185, 11 ganz falsch der Text von H angegeben. Lies mit H (vgl. D) *sô ist er in dem nidern mit dem gewalt. Wir sehen in halt als wol in dem nidern himelrîche, in der kristenheit, als in dem obern.* Der Herausgeber hat wieder etwas übersprungen.

185, 23 statt *dû* hat H *do du.*

186, 12 lies mit H das grammatisch richtige *dô.*

186, 29 *Yspanien* hat auch H; warum diese Form aufgeben?

188, 8 *iu* fehlt in H; in der folgenden Zeile hat H *lieb',* also *lieber;* vgl. 10.

188, 28 nach *ieglicher* steht in H *Comparari.*

189, 8 *der die die sünde tuont* H, ganz richtig, vgl. 9.

189, 13 *ir sult*] *die sult* H.

189, 18 natürlich *diu kint* zu lesen; 20 hat H *mañ,* also *manne* zu schreiben.

189, 22 nicht *muoz* hat H, sondern *must* (= MD); es ist also zu lesen *daz du muost* oder besser *müezest.*

189, 34 nach *ê* folgt noch *dô,* was aufzunehmen.

190, 37 lies *ir habent* mit H (= DM).

191, 4 *ze* vor *strâze* fehlt in H, und bildet den Schluss der Zeile.

191, 34 lies *iht* mit H; 36 hat H *des êrsten*.

192, 8 *lieber*] H hat *lieb*.

192, 15 vor *sô* steht auch in H *wan* (= DM), also aufzunehmen.

192, 31 nach *ûf* in DM ein Satz, dessen betreffender Theil ebenfalls mit *ûf* schliesst. In der folgenden Zeile *diu* H, ganz richtig.

192, 38 *uwerm* H, ist ganz richtig.

193, 1 *slâfen*] H hat *sie affen*, die Vorlage hatte vielleicht *siafen*, *i* und *l* verwechselt, oder der Abschreiber verwechselte beide.

193, 12 H hat *Iste orãnez*, letzteres also in *orationem* aufzulösen.

193, 15 *mislich* ganz verkehrt; lies *unnützlich*; vgl. 194, 25.

193, 16 lies *ouch got* mit H.

193, 33 *zechent* H, also wohl mit DM *ziehent* zu schreiben.

194, 18 die Lesart von H falsch angegeben. H hat nur *ist iuch*, es ist also zu schreiben *ist iu witewen*.

194, 31 *sult* fehlt in H; 37 *halten* H, ganz richtig den Conjunctiv.

195, 28 *haim* H, ganz richtig, warum das sprachwidrige *heime?* Ebenso 209, 10.

195, 37 nach *beste* in DM ein Satz, welcher mit *bestem* schliesst.

196, 3 nach *dingen* in D ein Satz, der mit *dingen* schliesst. Dass hier in M derselbe Satz fehlt, kann nichts gegen D beweisen; denn wir sahen früher, dass mehrfach in zwei Handschriften dieselben Auslassungen begegnen (37, 1. 83, 26).

198—200 nur in H erhalten. 198, 6 *ist* fehlt H. 198, 20 lies mit H *daz ist alsô*. 198, 22 lies mit H *noch durch lait noch durch keiner slahte dinc*. 199, 16 H *erst*, warum *êrstez?* 199, 30 H *so ain*. 199, 31 *getan* H, ganz unnöthig *getâniu.* 199, 47 *semlichez*] *smechliches* H. 200, 25 l. *iemen* mit H.

203, 22 *der* nach *und* fehlt (= M) und ist daher zu streichen.

203, 27 *funff* H, S. schreibt *fünfe*, während doch das richtige *fünve* gewesen wäre.

204, 12 hat H *nichtz nicht*, *nihtes niht* ist also zu lesen.

204, 30 *sô gewinnet er*] *und gewinnet*, wie HM haben, ist zu lesen.

204, 38 lies *übergât* mit H.

205, 3 *der überfl.* hat H, und dies richtig, vgl. 10; das folgende *der* (5) kann Attraction für *diu* sein. Warum 10 *überflüsse* mit *ss*?

205, 25 *haben* H, der Conjunctiv ist gestattet.

207, 33 lies *sæhe* für *sæhest*. vgl. M; 38 hat H *suß*.

208, 5 natürlich *tâtenz* zu lesen.

208, 30 *war* haben HM, danach ist *wære* zu schreiben und die Interpunktion zu ändern.

208, 37 *dâ*] H hat *das*.

209, 2 lies mit H (vgl. M) *und tet dô sô*.

209, 10 *haim* H, und *heim*, nicht *heime*. ist zu schreiben.

209, 15 *spranc doch* fehlt H, nicht angegeben.

209, 28 *diē* H. also offenbar Versuch, *die* in *dîn* zu bessern. und *dîn* oder *dîne* ist zu lesen.

210. 1 *het* H, was beizubehalten.

210, 6 wieder eine Zeile ausgefallen! lies *nâch sîner grôzen erbermde*, *sô kumt ir dannoch zuo der êwigen wirtschaft*. Wie gedankenlos hat hier der Herausgeber gearbeitet!

LVIII wieder nur in H und W erhalten.

211, 2 das zweite *die* fehlt. 3 das zweite *und* fehlt. *in ein vil guet.* 4 *wort an allen.* 5 *behalltenn habbennt iender und di es hinfur behalltenn wolltenn.* 7. 8. *verluchet man allen tag den die in t. s. sind Sehet.* 9 *in todleichenn s. ligen so lang so man.* 10 nach *erschreckchenn* folgt in W *allso sind dy guetenn und die gerechtenn gesegennt in der allten und in der newn ee und allso werdent sew auch gesegent an dem jungisten tag so sind* etc. Nach H ist zu schreiben *und in der alten ê dâ stêt alsô, und die guoten sint alsô wol gesegenet mit drîzic segenen, alsô sint die rehten und die guoten gesegenet in der alten ê und in der niuwen ê.* Der Herausgeber sprang also von *alten ê* auf *alten ê* über und liess mehrere Zeilen aus. Im Ganzen macht hier der Text von W den ursprünglicheren Eindruck, in H ist der Ausdruck etwas ungeordnet. 12 *ê* fehlt. *w. sie ouch*] *wer doch.* 14 *rechtn hannt und stellet di ubelnn.* 15 *lenkken. dâ*] *dann. an den tot.* 18 *verluhet.* 19 *gebot*] *ding gebot.* 20 *ist*] *wirt;* ebenso 21. 22 *d. s.*] *eins.* 22 f. *uns ouch got gepoten.* 23 *das wir uns hutten vor.* 24 *dritt sind.* 25 *kristengelaub.* 26 f. *das vird ist das ir geduldig seit vn̄ veintschafft lasset und niemant has tragett.*

212, 1 *sît* fehlt. 2 *dem* fehlt. *ir müezet — himelrîche* fehlt; der Schreiber irrte von *himelrîche* 2 auf *himelrîche* 3 ab; aus gleichem Grunde fehlt 4 *wir — ertrîche.* 4. 5 *ains daz povel v.* 6 *die da in wer ir notd.; in wer* entstellt aus *niwere*, wofür in der Ausgabe die jüngere Form *niur.* 8 *sîn*] *sind. daz*] *die.* 9 *sind aber ainer lai l. dy habennt vil mer.* 10 *des p.*] *ir.* 11 *haissent. frewenn.* 14 *wann sy mugn. d. d. p.*] *das mag daz p. nicht tuenn.* 15 *das dritt.* 17 *wan* fehlt. *margr.* hat H, eine ganz richtige Form. 18 *und guotes* fehlt. *und* ‹nach *êren*› *dy.* 22 *sô g.*] *soleich. ist aber auch.* 23 *sô ist — êre* 25 fehlt. 25 *drîer*] *ainer.* 28 *ie e. gr.*] *ainew grossew. and'*, wie H hat, ist eine nicht anzutastende Form. 29 *an — himelrîche* 30] *ains wol her lay lewt wolt ir aller gernnst werd.* 31 *hie alles g. fr. und h. auf.* 32 *pouelvolkch.* 33 *uncz an.* 34 *und ir m.* 35 *ouch* fehlt. 36 *halten*] *an euch habenn.* 37 nach *sehsiu* noch folgendes, was H übersprang, von *sehsiu* auf *sehsiu* abirrend. *der ist alsô zehene . ist ez daz ir diu habet, sô sît ir der lantherren. welt ir aber der grœsten fürsten werden* [*den*], *die die hœhsten êre habent und gote aller nâhest* (*nagst* W) *sint, sô sult ir diu vier dinc haben, diu got geboten hât, und diu sehsiu, diu er gerâten hât* etc. 38 *zwelff und di h. d. z. und daz s.* 39 *fürsten* fehlt. *und* fehlt. *disew zw.*

213, 1 *gap*] *gert,* wohl für *geit* d. h. *gît.* 3 *ettleich ander.* 4 *noch* fehlt. 5 *behalltennt. bî*] *mit.* 6 *dannoch*] *denn.* 7 das zweite *und* fehlt. 8 *die — 9 p.*] mit W ist dieser Satz zu lesen *des mugen die niht getuon die des povelvolkes sint.* In H ist wieder von *mugen* auf *mugen* übergesprungen. 9 *Warumb.* 11 *zu dem himel.* 13 *do sind (!) mit. sult* soll H haben, es steht aber deutlich *sint.* 15. 16 *und ouch*] *oder alls.* 16 *hie* fehlt. 17 *gar vil uber dy planose h. in dew himel.* 18 *benugt.* 19 *wir hie. behieltenn das.* 20 *diu*] *dysew.* 21 *im vil. uber nouentlos (!)* 22 *volpringenn.* 24. 25 *dy phantlosung.* 25 *hat aber* (*in* fehlt). 26 *durch irenn willenn getan.* 27 *noch all dy lewt.* 27. 28 *todsundenn.* 28 *sich also dientenn. genuegt ob.* 29 *sô sie aber*] *so aber ettleich*, und so ist zu schreiben; *sie* ist Ergänzung von Strobl, was in den Lesarten nicht bemerkt ist. 31 *allez*] *allso.* 32 *prinnet* hat H. *umb in dem fewr uncz ez nu ab geprinnet.* 33 *varenntt so habennt.* 35 *habe*] *behallt.* 35. 36 *wil sein der behalt sechsew mer der dann aller hochst sein wil der behielt z. d. z. das s. z.* 37 *nû* fehlt; ist also zu streichen, da es auch in H fehlt. *sind.* 38 *aller* fehlt. *mugenn.* 39 *Ey. iuwer* fehlt.

214, 1 *manigenn — der.* 2 *halt diu* fehlt. *haben* in *halten* gebessert H, und ganz richtig. Die Lesarten sagen nichts darüber. *behalltenn mug* W. *noch*] *nur.* 4 *domit topel. dy mit g.* 5 *povelvolke* H. 7 *noch vil die m. s. um gan.* 8 *den hochen.* 9 *ich* fehlt. 10 *ich ewch.* 11 *do der merer.* 12 *wirt. ich euch. ê* bis *die dâ* 13 fehlt. 16 *êwigen* fehlt. 17 *alsô* fehlt. 18 *im daz all tag.* 19 *rechtē.* 21 *des* fehlt H. *es leicht ewr etleicher ged.* 22 *rehte* fehlt. 23 *doch* fehlt W; H hat *noch* (nicht angegeben), so also ist zu schreiben. *dar umb.* 24 *kein* fehlt. 25 *ich nicht daz ich.* 28 *spricht dann.* 30 *in der.* 31 *dir dîn*] *im dew;* daraus ist ersichtlich, dass *im* Zeile 30 in H richtig und nicht in *iu* zu verwandeln ist. 32 *gewaltes — minner* fehlt; der Schreiber sprang von *gewaltes* auf *geziehen.* 33 *die da.* 35 *bekêren* fehlt. *dein weicz und dein.* 36 *dâ ze*] *in der immer got lieber; lieber* wird wohl richtig sein, denn das adv. ist das mhd. übliche. 37 *dy sund.* 38 *bistu* bis *und* 39 fehlt; Ueberspringen von *bistû* auf *bist.*

215, 1 *sol* fehlt. *Ecce* -- *dâ* 2 fehlt; dann *er ist in so veint; in* wird wohl aufzunehmen sein. 3 *in dem h. so gross. immer gepieten durr vur dy; immer* ist richtig, *got* zu streichen. 5 *sie fehlt.* 6 *werden* hat H. *immer* W. 7 *i. g. g.*] *in durr gepieten. der das hell.* 8 *ze*] *hincz. het.* 9 *sant D.*] *herren D. Jacobes* — *Esau* 10 fehlt. Der Schreiber sprang von *sun* auf *E-sau.* 10 *dew alle, des* fehlt. *sie*] *ob sie.* 11 *dâ* fehlt. *si hutten sich.* 12 *got ymmer. sy in nymmer.* 31 *umb iemannt. ze*] *daz.* 15 *heiligen besunder n. m. gen.* | *seht* fehlt. 16 *so bege wir zehant* (17), vom ersten *begên* auf das zweite springend. 19 *ir*] *sein.* 20 *sie*] *sich* H. 20. 21 *die h.*] *all.* 21 *die* fehlt. 22 *gepieten turen uber der hain sel.* 23 *Und* — *sey* (24) fehlt. 25 *sünder* fehlt. 26 *allen:* hier springt W auf 218, 3 *Und swie,* schiebt aber vorher ein: *wie got all sunde verfluch do verfluchet er XII sunderleich vor allen wie got all sunde verfluch und wie got all unkewsch verfluch so verflucht er vierlay unkewsch.* 33 *nennet* zu lesen?

216, 2 *pine,* nicht *pime,* mit Strich darüber, also *patrine* hat H, ich sehe keinen Grund, warum man die deutsche Endung nicht beibehalten soll. Ebenso in *Arriane; rr* hat H ganz richtig. 13 lies *verfluochet;* H hat *verflucht.* 15 *omni populo* H. 28 *selb zwelften* H, ganz richtig; vgl. 217, 11, wo Strobl der Hs. gefolgt ist. 29 *liminos:* was für ein lateinisches Wort ist das? Die Hs. hat *c̄nn̄os*, das in *terminos* aufzulösen ist. *omni populo* H auch hier.

217, 2 *messen* kann ebenso gut *niessen* gelesen werden. 4 *hort* hat H, was *hœret*, nicht *hôrte* bedeutet. 7 *vy* H, an andern Stellen ist *v* beibehalten. 13 *dicit omni populo* H. 15 wahrscheinlich ist nach *herre,* das den Zeilenschluss bildet, noch einmal *âmen* zu setzen. Vgl. 219, 28. 24 *omni populo* H. 36 *zu* statt *zer* H, also *ze helle.*

218, 2 *vier*] *funff* H. 4 *vor* — *sol* 5 fehlt W. 6 *vier* fehlt. 7 *niht* fehlt. 9 *gedingen haben. hie* fehlt. 10 *gar w. h.*] *wenig.* 11 *sô bed.*] *das dorfft.* 12 *niht niht* fehlt. 12 nach *doch* in H und W folgende Worte, die Strobl übersprungen hat *dar von* (W für *dar von: von in*) *sagen, wann ist ir hie nicht* (*nicht hie* W) *en gotz* (*in gotes*

W) *namen, so thun ich doch* etc. *dâ* fehlt. 13 *noch hœret* — 14 *gât da* fehlt. 15 *dirre*] *huttich durch (?)*; lies *unserm herren hüete ich dirre liute; herren* steht in H am Zeilenschluss. 16 *under alln.* 17 *dy vir s. vor in alln.* 17 *Alsô — amen* 21 fehlt; dann *der erst sunder ist der verfl.* 18 *uxoris* H. *operimetum* H. 19 *eius*] *est* H. *omni populo* H; ebenso 20. 21. 22 *der sîn*] *oder sein;* für *der* hat H *den.* 23 *mâc*] *magt.* 24 *wunder palld.* 25 Der Satz *Daz — unkiusche* 27 fehlt. 27 *mit dem.* 29 *all dy.* 30 *genomen. woldest geratenn.* 30 f. *verflucht sein. Ja werst du.* 33 *gereden.* 35 *kunnen truebenn.* 36 *wo sy an d. h. sind. dann du und dein herre.* 37 *mêr* fehlt. 38 *wunderpald.* 39 *den* fehlt.

219, 1 *vî* fehlt. 2 *sünde*] *unkewsch.* 4 *vor dem vor dem oder sein* W; *dem* fehlt H. 5 *Wan — hât* 6 fehlt; der Schreiber sprang von *hât* auf *hât.* 6 *enwissen nicht das.* 7 das zweite *daz* fehlt. 8 *des*] *das.* 9 *ir euch noch niemer vor schom dorst gepeichtenn;* wodurch meine Vermuthung *iuch noch nie* (Rec. S. 181) bestätigt wird. *schalkhaftigs.* 11 *dar inn sind.* 12 *diser*] *der. dâ* fehlt. 14 *qui — amen*] *q̄. percusserit proximum etc. omni populo* H. 16 *Do sprach.* 17 *Und* fehlt. 18 *Ziehet das swert des neides aus eurem hertzen und des hasses.* 21 *m. und r. und pr. von.* 24 *das ist der.* 25 *animam — amen* fehlt. *innocent — omni populo* H. 27 *mordennt. do sprach.* 28 *daz* fehlt. 30 *ermordet* H. *jede*] *dy.* 31 *helblinge* H. *da stunt.* 35 *wachelblein. tr.*] *morderynn.* 36 *sy verruttent* W, und *verrâtent* hat auch H; ausserdem *menigē,* das in *menigem* aufzulösen war. *der*] *dis.* 38 *Phi morder.* 39 *himelreich und erdreich.*

220, 1 *dez pabst.* 2. 3 *und die — graben* fehlt. 3 *wirt* fehlt. 5 *uber gennt.* 6 *alls volkckh.* 8. 9 das lat. fehlt. 9 *omni populo* H. *der verfl.* W. 10 *der gerrn an mir nicht stete seyn. Allso spricht unser herr spricht a. v.* 11 *daz — wâr* 12 fehlt. 12 *Seht* fehlt. 13 *daz sind all dy.* 15 f. *sey wordenn.* 17 *daz er n. d. g. ainer wirt.* 18 *uncz. ob er.* 19 *sollt.* 20 *daz man im n. kain d. tut dann der.* Was in H wie *gern* aussieht, ist nichts als ein angefangenes *getu*, das durchstrichen ist. *gerne* ist also zu tilgen. 22 *gesegennt*. 25 *die guoten und* fehlt. 26 *so beleibet ot an got st*. 27 *iuch*] *auch*. *rechtenn*. 29 *in der ewign*. 31 *danne — sêle* fehlt 32 *lebens flaisch*' H. 35 *das verleich uns allen sambt der vater und der sun und der heilig geist amen*. natürlich ist *iu* zu lesen

222, 42 l. *wil eht sie sich wern*, vgl. M.

223, 16 lies *gâz*.

223, 24 lies *lebendiges*.

227, 28 lies *schônheit*, denn so lautet das Wort im 13. Jahrhundert.

231, 26 lies *tôte*, denn es muss präter. sein.

234, 16 lies *gebræste*. — 234, 37 lies *kômen*. — 236, 27 lies *gebræste*. — 244, 12. 15 besser *koeme* und *koemen*. — 249, 35 lies *heize*. — 253, 5 lies *dô sluoc*. — 256, 31 f. lies *als hôhe*, ebenso 256, 35 *unhôhe*. — 268, 3 lies *verswige*. — 271, 12 besser *lite*.

ZUM ENGELHARD.

Eugen Joseph in seiner sorgfältigen Ausgabe von Konrads von Würzburg Klage der Kunst (Strassburg 1885) hat im Anhang und in der Arbeit selbst eine Reihe von Verbesserungsvorschlägen zum Engelhard mitgetheilt, die auf fleissigem Studium des Dichters beruhen. Ich lasse hier folgen, was ich mir von Besserungen in meinem Exemplare vor Jahren notirt habe.

31 f. *si lêret doch daz beste die kunden und die geste:* der alte Druck hat *sie wurd.* Wie aus *leret wurd* werden konnte, begreift man nicht recht. Ein Wort mit anlautendem *w* wird daher wohl da gestanden haben. Man kann schreiben *si wîset,* mit doppeltem Acc., vgl. mhd. Wb. 3, 759, besonders Parz. 452, 6; oder *si weret,* was graphisch noch näher liegt; auch *wern* wird mit doppeltem Accus. construirt, vgl. Lexer 3, 788[b].

40 um den Hiatus *der triuwe an sich ziuhet* zu meiden, wird man *geziuhet* zu lesen haben. Ebenso die gleiche Aenderung 2219.

123 auch hier ist, wie an andern Stellen (1686. 1978. 2480. 2520. 2742. 3228. 4216. 4644. 5314) von Haupt geschehen, *alsam* für das überlieferte *als* zu schreiben, wodurch der Hiat getilgt wird.

160 *ob ieman nâch triuwen lebe;* die Ueberlieferung hat *nach getreuwen.* Ich glaube, es muss heissen *ob ieman noch getriuwer lebe,* was auch einen wohllautenderen Vers gibt.

401 das Komma nach *suochen* ist zu tilgen, denn *etewar* ist mit *suochen* zu verbinden, das bekanntlich, seiner ursprüng-

lichen Bedeutung entsprechend, auch auf die Frage 'wohin?' antwortet; ausserdem ist vielleicht *ze* zu streichen und *dienest* zu schreiben.

403 *jungelinc,* nicht *jüngelinc;* ebenso 428 *dunket,* nicht *dünket.*

407 l. *zesamene;* ebenso 492. 2466. 4773; *obene* 2506.

421 f. die von Lachmann herrührende Besserung trifft sicher nicht das richtige. Ueberliefert ist *Do wards von jnen ungenomen Zuhand mehr der öpffel einer Drawt geselle also reine.* Haupt *dâ wart sâ von im genomen ze handen jener epfel ein. 'trûtgeselle sunder mein'.* Mit viel näherem Anschluss an die Ueberlieferung lese ich *enhant der epfel einer. 'trûtgeselle reiner';* vgl. 681 f. 1175 f.

432 *sich* braucht nicht nothwendig ergänzt zu werden.

448 auch hier ist nach Analogie der zu V. 123 bemerkten Stellen wahrscheinlicher *alsam er* für das überlieferte *als er* als das von Haupt gesetzte *als ouch er.*

609 *reinlich,* ein sonst K. fremdes Wort, ist gewiss an Stelle eines andern Ausdrucks getreten: ich vermuthe *wætlich.*

716 nicht die in der Anm. gemachten Vorschläge, um den Hiat zu beseitigen, scheinen mir richtig, sondern *gap der rede in antwurt,* denn *ántwúrt* ist die natürliche Betonung.

859 *lebete,* überliefert ist *gebitten,* also wohl *gelebte* zu schreiben.

873 eine Nothwendigkeit, *ir wünneclicher* (Dr. *wúnig-licher*) *lîp* in *ir minneclicher lîp* zu verändern sehe ich nicht, wenn auch nicht zu leugnen, dass man im 15. und 16. Jahrhundert das gemein gewordene *minne* und seine Ableitungen mied. Vgl. Anm. zu 977.

875 *vber gants Teutsch Land* ist überliefert; H schreibt *über daz ganze lant.* Es ist vielmehr zu schreiben *über tenschiu lant.*

960 der Sprachfehler *ir klârez angesiht* ist S. 206 in *klâre* gebessert, wodurch aber der Hiatus nicht entfernt ist: lies *klâren.*

1016 *swaz si began mit ræten ie;* a. Dr. *Weil sie mit begunte ie.* Es ist ausserhalb des Reimes immer misslich die Präteritalform *began* einzusetzen, wo sie nicht überliefert ist;

denn sie ist in der mhd. Periode fast ausnahmslos auf den Reim beschränkt. Es wird daher zu lesen sein *swaz si begunde râten ie.* Vgl. Anm. zu 1989.

1102 *danne* ist von Haupt ergänzt, aber ich glaube nicht an richtiger Stelle: lies *wê daz ich dann ie gewan;* vgl. Nib. 552, 4 II.

1134 *ir zweier würde gemeine,* überliefert ist *würde ir zw. g.* Eine aus zwei Silben bestehende Senkung sollte man bei Konrad ohne äusserste Noth nicht einführen: hier ist zu lesen *würde in zwein gemeine.*

1136 lies *verholne,* denn es muss adv. sein.

1167 die Ergänzung *si* ist unnöthig; es wird nach allgemeinem mhd. Sprachgebrauche aus dem vorhergehenden *ir* entnommen.

1280 besser *rehte sagen.*

1300 überliefert ist *einer ist dem anderen glich*, H. *ein dem andern ist gelîch;* ich lese *ein ist dem andern sô gelîch,* weil ein Satz mit *daz* folgt.

1392 ist überliefert *drumb daß er immer wer komen;* Haupt *daz er nimmer müeste komen.* Der Fehler steckt aber schon in V. 1390, wo zu schreiben ist *er wolte gerner* (statt *gerne*) *grôzen schaden an sîme lande hân genomen dan daz er immer wære komen* u. s. w.

1562 lies *guottæte* statt *guottât,* überliefert ist *gutthate.*

1633 *ze hôher minne,* worauf das überlieferte *zu hoher liebe* führt, ist nicht in *ze hôhem lobe* zu ändern.

1649 einfacher ist wohl *daz ungelücke* (a. Dr. *vngesuch*) *widervert;* H. *daz von geschihte widervert.* Die Vorlage hatte *vngeluche, s* und *l* werden bekanntlich oft verwechselt.

1671 das überlieferte *Leute* scheint auf den sing. *werdem liute* zu weisen.

1674 besser *daz er in dâ zu hove sach; dâ* fehlt.

1771 statt *alsô* zu streichen, ziehe ich vor zu lesen *si dâhte ir alsô stille;* der nicht verstandene, weil später unübliche Dativ wurde im a. Dr. weggelassen.

1780 entfernt sich unnöthig weit von der Ueberlieferung: diese lautet *Durch meine Mutter lige tod*, H. *durch mîner lieben muoter tôt,* was schwerlich so entstellt worden wäre.

Man lese *durch daz mîn muoter lîget tôt; durch daz* wurde nicht verstanden.

1785 wahrscheinlicher *geweinet,* wofür *beweinet* jüngerer Ausdruck.

1824 ich vermuthe *dar umbe sol ouch dîniu nôt,* und 1827, wo überliefert ist *wan er nicht anderes gewesen, wan ez niht anders mac gewesen,* H. *mohte wesen;* denn *gewesen* stand sicherlich in der Vorlage.

1858 besser *hie mite;* ebenso 2138; die Ueberlieferung hat beidemal *Die,* vgl. die Entstellung *mir* statt *hier* V. 4124.

1892 statt *alsô* ist vielmehr ein subst. im Vocativ (mit *guot* zu verbinden) einzusetzen.

1900 lies *dar umbe sô begunde er hin, so* fehlt im a. Dr., H. *dar umb er begunde hin.*

1925 entweder ist *dem reizel* oder in der folgenden Zeile *getrogen* zu schreiben.

1959 besser *minnen,* wegen des Hiatus.

1982 vielleicht *iedoch wart im hier under,* das mediale *im,* das häufig beim possess. noch steht, fehlt in der Ueberlieferung.

1989 sicherlich ist, wiewohl *began* überliefert ist, auch hier *begunde* zu schreiben.

2024 Komma nach *getât.*

2040 *noch* kann bleiben, denn Subject ist auch hier *mîn herze.*

2060 f. lies *wan daz irs woltet niht enbern, ich entslüzze iu mîne nôt.*

2094 statt *erlæsen* ist *erlâzen* zu lesen.

2106 vermuthlich *swaz aber ir mir dar umbe tuont, mir* fehlt, leicht erklärlich nach *ir.*

2264 die Aenderung Haupts entspricht wenig dem Stile des 13. Jahrhunderts, schon wegen des *aber* in 2266; es ist zu lesen *wan ir bliukheit unde ir schame; wan* 'jedoch'.

2323 überliefert ist *Dörffte ich euch anmuhten,* H. schreibt *getörste ich es gemuoten,* ich ziehe vor *törst ich es an iuch muoten.*

2345 besser der conj. *sül* statt *sol.*

2386 das überlieferte *auff meim* weist auf *ûfme*, nicht *ûf dem.*

2411 überliefert ist *zu Liebe schône,* H. *ze lîbes schoene,* ich züge vor *ze lîbe schône.*

2429 *und manic rîlich gewant* ist ein für K. wenig wahrscheinlicher Vers; vermuthlich *ritterlich.*

2484 lies *der süeze und alles wandels frî,* um den Hiatus zu beseitigen.

2501 das überlieferte *gieng* ist doch wohl richtig; es ist das grade alemannisch (z. B. im Reinfried) oft belegte *ginge* (stf. und swm.). Auch Wackernagel behält *ginge.*

2556 lies entweder *ûf minnen* oder *und ouch* statt *unde.*

2591 *gar harte grimmeclichen* ist unwahrscheinlich, vielmehr *vil harte.* 2607 dagegen ist *gar schwinde* nicht mit H. in *gar geswinde*, sondern etwa in *harte swinde* zu bessern.

2609 *mit dem sper* der Ueberlieferung ist mit Wackernagel beizubehalten.

2643 *ie der,* das zwar im Reinfried schon sehr gewöhnlich, scheint doch bei K. nicht üblich zu sein; es ist wohl an Stelle von unflectirtem *ieclich* oder *ieslich* getreten.

2717 *begundten rennen* a. Dr., *begunde rennen* H., aber wie kann davon der acc. abhängig sein? Man lese *begunde an rennen.*

2730 ff. bezeichnet H. als eine 'verzweifelte Stelle', an der er Lücken gelassen hat. Ueberliefert ist *als ob tûsent hemere*

Da klungen in einer Schausen
Es galte manniche bausen

daz golt daz da verrêret (a. Dr. *verehrt*) *wart.* In *einer schausen* liegt ersichtlich das entstellte *ebenhiuze,* 'Wetteifer'; ich lese *dâ klunge en ebenhiuze;* da *tûsent* subj. und *hemere* gen. sein kann, so ist *klunge* statthaft, sonst dürfte man auch schreiben *ein tûsent hemere.* Die folgende Zeile ist zu lesen *ez gulte manige biuze;* denn *biuz,* plur. *biuze* ist ein bei K. belegbares Wort: Lexer 1, 291ᵃ.

2768 lies *alsam ein engel,* überliefert ist *als ob*, H. *als.*

2772 *nû daz er in alsô drasch*, ich denke *ûf in* wird zu lesen sein.

2781 *dâ* am Anfang der Rede, als Antwort auf eine Frage ist ganz richtig und nicht durch *jâ* zu ersetzen.

2833 *sich bejagen*, wie überliefert, ist ganz richtig, und ungut in *sich betragen* geändert.

2847 überliefert ist *nach hohen Ehren nach bejag*, H. schreibt *nâch hôher êre od um bejac;* ich denke vielmehr näher anschliessend *nâch hôhen êren durch bejac.*

3010 überliefert ist *man sach jr von Golt ein Schnur;* H. schreibt *man sach ir goldes eine ṣnuor*, besser *man sach von golde ir eine snuor;* also nur Wortumstellung.

3072 das überlieferte *einr* weist mehr auf *ener* als auf *jener.*

3092 besser *dâ von enmohte.*

3099 wie hier, 3427, 3967 etc. das überlieferte *gar* durch *vil* ersetzt worden ist, so ist wohl auch 2886, 2894, 2911 zu lesen *vil wol* statt *gar wol*, auch 3097 wird *vil wol* statt *vil gar* zu lesen sein.

3124 vor *iedoch* ist *und* einzuschalten.

3141 lies *der lieben stunde*, H. *zer l.*, es ist gen. von *freudenhaft* abhängig.

3144 *sicher* ist hier wie 3308 wenig wahrscheinlich und gewiss nicht das echte; aber ich weiss nichts Ueberzeugendes dafür vorzuschlagen.

3174 *ir alten gewonheit* ist trotz der Anm. ein für K. unmöglicher Vers. Nach Massgabe von V. 5817 lese ich *ir site und ir gewonheit; alten* ist also Lesefehler aus *site.*

3185 die Aenderung *sêr* ist wegen des Geschlechtes bedenklich; es ist *sorge* beizubehalten und zu schreiben *dô liez diu Minne ir trüeben sorge drunder vallen.*

3190 f. lese ich *in sprach daz ungelücke mat in hôher sælden velde.*

3202 *bî ein* 'bei einander' ist hier und 3208 überliefert: und es ist doch nicht wahrscheinlich, dass ein Drucker des 16. Jahrhunderts diese damals längst unübliche Ausdrucksweise statt *bî ein ander* gesetzt haben sollte. Daher ist hier zu schreiben *si wâren dâ bî ein gelegen;* 3208 *dô si bî ein gelâgen,* ferner an den in der Anm. zu 804 erwähnten Stellen, wo die Ueberlieferung *bî ein ander* hat und Haupt *bi ein ander* schreibt: 804 *sô wolten si bî ein gewesen*, 815 *bî ein gelîden wolten;* 1003 *daz si bî ein die zwêne man.* Vgl. auch 3219.

3239 *offen von geschicht* a. Dr., H. *ûf getân von ungeschiht;* im Anschluss an V. 3477. 3249 vermuthe ich eher *offen stânde von geschiht.*

3410 besser ist die Wortstellung, wenn man schreibt *swie aber* (oder *ab*) *ez mir drumbe ergê.*

3435 statt des überlieferten *bey glauben* ist nicht *entriuwen,* sondern *bînamen* zu schreiben; vgl. 4019, wo ebenfalls *bey glauben* überliefert ist, und H. *benamen* gesetzt hat.

3442 der Ueberlieferung näher stände wenn man schriebe *daz unser trûren hin gelît; gelît = wirt geleit.*

3452 *was* kann am Anfang der Zeile nicht gut fehlen.

3528 hier ist das überlieferte, ebenso wie 3144 und 3308 falsche *sicher* wohl entstellt aus *seht herre;* 6338 aus *sich herre;* 3577 steht *sicher* am Anfang der Zeile und ist dort von H. gestrichen worden; vielleicht ist es in *her* zu verändern. Auch 3755 ist *sicher* auffällig; hier vermuthe ich *schierer,* den seltenen Compar. von *schiere.* 4032, 4161, 4387. 5808 wird *schiere* zu lesen sein. Vgl. noch 3838.

3554 da *en* (Dr. *ent*) schwerlich vom Drucker zugefügt ist, so wird zu schreiben sein, mit Wortumstellung *daz er enmohte sprechen niht.*

3607 *drumb daß* ist nicht in *dar umbe* zu bessern, sondern in *durch daz.*

3650 *verlogen* statt des überliefert *verleumbde* ist wegen *verlogen* in V. 3653 nicht wahrscheinlich. Vielmehr wird zu lesen sein *vermeldet,* das durch Schreibfehler zu *verlemdet* entstellt sein konnte. Vgl. 3497, wo H. *verleumden* in *vermelden* gebessert hat; und auch 3667.

3783 *juncfrouwen* ist nicht anzutasten.

3796 lies *diu klâre und diu vil wîse.*

3827 *der dinge der niht êre sint* kann als Attraction richtig sein; H. *diu niht.*

3851 statt des überlieferten *gleich als* wird nicht *sam*, sondern *alsam* zu schreiben sein; vgl. 4058.

3865 der Vers *des küniges und iuwer zuht* ist durchaus unanstössig, und nicht mit Lachmann *des küneges êre* zu schreiben.

3989 lies mit Umstellung *sô hœte ich lange niht gebiten.*

4011 *und ich ein lügenœre bestê* ist weder stilistisch noch metrisch gut. Wahrscheinlich vielmehr wird zu lesen sein *an lügene bestê.*

4023 besser *iuch, gehelfen* mit acc., nicht dativ ist auch bei K. das übliche.

4044 auch hier ist wahrscheinlich, dass *entward* der Ueberlieferung aus *enwart* der Vorlage stammt. Daher wird der plur. *keiner dinge* zu setzen sein.

4118 die Ergänzung von *dô* ist hier ebenso unnöthig wie die von *êre* in V. 3865.

4130. 32 statt der präterita *trœte* und *würde* sind besser die präs. *trite* und *wirde* zu setzen; vgl. 4453.

4163 statt *dise* vermuthe ich *die;* vgl. 4184.

4178 die Ueberlieferung *micht,* wie die im 13. Jahrhundert übliche Ausdrucksweise, weist eher auf *mich iht* als *mich niht.*

4230 das überlieferte *enhaben* ist von H. in *haben* geändert; vielmehr ist *enthaben* zu lesen.

4262 *mit mir enbôt* ist nicht unrichtig und kann bleiben.

4307 lies *wange;* ebenso 5745, denn der Reim V. 5421 beweist, dass K. das Wort stark flectirt; der Versbau beweist es V. 6416.

4352 lies *selbe.*

4382 der üblichen Wortstellung von *aber* entspricht mehr *wilt aber dû mir stiure geben.*

4392 *keines* zu streichen ist nicht nöthig; man lese *ichn wart nie keines dinges frô.*

4456 da *engethar* sicher aus der Vorlage des Drucks stammt, so ist *dâ von* in *des* zu verändern; in der folgenden Zeile ist *noch wern* nicht in *noch gewern*, sondern in *noch enwern* zu bessern.

4481 die Betonung *sô zíuh ích an dîn gewánt,* die an

zwei Stellen unnatürlich ist, wird vermieden, wenn man *ane* schreibt; vgl. meine Anm. zum Troj. unter *ane*.

4626 *niuwe mære* ist ganz richtig, und nicht in *niumære* zu ändern.

4676 schon H. selbst vermuthet in der Anm., dass seine Herstellung nicht das richtige treffe. Dasselbe gewährt eine Stelle des Parton. V. 5578 *die rede wil ich stemphen niht mit lügenmæren;* vgl. dazu Reinfried 6497 ff. *sît daz der schandenrîche alsô lügelîche mære ûf mich stenpfet.* Hier im Engelhard ist überliefert *Die lagen in solchen stempffen niht an diesen mæren;* es wird zu lesen sein *die lüge ensol ich stempfen.*

4696 ff. *Dem Deck gleich was gethan Was sie wichten obene Und stund jr doch zu lobene.* H. *diu decke gelîche was getân: * unde stunt iedoch ze lobe;* er bemerkt indess in der Anm. dass *obene: lobene* richtig sein könne. Und sicher ist das der Fall; ich schreibe die Stelle so

diu decke diu gelîch getân
was gebriten obene
und stuont iedoch ze lobene.

4713 *sîn halsberc dâ ze wunder* ist unanstössig.

4729 das überlieferte *dem er gelîch gebârte sich* kann beibehalten werden.

4747 auch hier kann das überlieferte *dâ* bleiben.

4805 ist das Semikolon in ein Komma zu verwandeln, denn *sô* in V. 4806 ist relativisch, nicht demonstrativ.

4811 *hab* der Ueberlieferung ist ganz zu streichen, nicht mit H. in *halbe* zu verwandeln.

4846 *als,* besser *alsam,* nicht *sô,* wie die Anm. vorschlägt.

4879 *kêret:* lies *keret.*

4891 statt *bekom* der Ueberlieferung ist vielleicht *bejage* zu schreiben; H. *geneme.*

4989 das überlieferte *Dienste* scheint mir eher auf *dienest,* als auf *dienstes* hinzuweisen.

5032 das *Weil* der Ueberlieferung deutet wohl auf *sît,* nicht auf *wan.*

5049 besser *daz mære und ouch.*

5149 lies *daz er al ûzsetzic wart;* für *al* hat der a. Dr. *vberall,* was H. streicht.

5204 lies *entöhte;* a. Dr. *entdochte,* H. schreibt *töhte.*

5266 besser *gedulteclîche er kêrte drîn:* der Druck hat, wie öfter, die Wortstellung verändert.

5271 *geheizen* ist gewiss nicht richtig, wie schon die Senkung *mohte geheizen* wahrscheinlich macht; ich lese *geischen.*

5287 lies *mohte haben;* ein Versschluss *mohte gehaben* hat bei K. wenig für sich.

5318 *von* ist ganz richtig; H. schreibt *vor,* aber es müsste dann *für* stehen. Richtig steht *vor* 5335. 5354.

5363 die Hinzufügung von *den* und *daz* ist unnöthig; man lese *muot erhœhen unde leben.*

5371 das *langer* der Ueberlieferung ist keineswegs falsch, kann daher beibehalten werden.

5384 ich glaube dass zu lesen ist *mâge friunt man unde wîp,* wie 5581 richtig steht, wo H. irrig *man* gestrichen hat. Vgl. 5770 *wîp, friunde, mâge, dienestman.*

5407 *sunnen* ist wohl fälschlich aus der vorigen Zeile eingedrungen; es wird heissen müssen *der sternen glanz.*

5557 *owê daz siufzende wort* ist kein konradischer Vers; wahrscheinlich *siufzebære;* in der folgenden Zeile ist *ach* wenig stilgemäss, es ist *ouch* zu schreiben, die Vorlage hatte wohl *och.*

5586 *sîn* kann richtig sein.

5616 *dem* ist wohl richtig; vgl. 5628.

5660 lies *vor lîbe und vor dem guote,* die bekannte Erscheinung, dass der Artikel nur vor dem zweiten der durch *und* verbundenen Substantiva steht.

5712 das überlieferte *bedenck* weist eher auf *ruoche* als auf *müeze.*

5740 auch hier ist *began* überliefert; aber es wird zu schreiben sein *alsô der künec begunde holn;* im a. Dr. wieder prosaische Wortstellung.

5761 *dîn* kann beibehalten werden; auch 5777 sehe ich keinen Grund, von der Ueberlieferung abzuweichen.

5826 ich ergänze statt *harte* lieber *bî im,* weil nach *in* der Ausfall von *bî im* sich leichter erklärt.

5876 überliefert ist *Hette mein Gott icht gerucht,* H. *hæte es got geruochet;* ich lese *hæt iht got mîn geruochet.*

5917 *mit keinen dingen erwerben* ist natürlich unmöglich; da *mit keinem dinge* wenig wahrscheinlich ist, so ist wohl *werben* zu schreiben.

5940 dass *sælde* nicht recht passt, hebt schon H. in der Anm. hervor; aber *salben,* was Lachmann vermuthet, ist auch nicht befriedigend. *gluck,* was die Ueberlieferung bietet, ist wohl an Stelle eines andern, unüblich gewordenen Wortes getreten. Ich vermuthe *der linge.*

5949 *bey glauben* a. Dr., *entriuwen* H., lies *bînamen:* vgl. zu 3435.

5966 lies mit Umstellung *swie vaste ez und swie nâhe mir,* wodurch der Hiatus vermieden wird.

5978 *ez kam alsô, ich gelac* ist nicht Konrads Stil; lies *daz ich gelac.*

5986 *kunt* zu ergänzen ist unnöthig; lies *er tet mir unde machte schîn.*

5991 hat wirklich der a. Dr. *solhen* und nicht *solhem?*

6069 lies *vil kleine und ouch vil selden.*

6089 *enthielte,* wie der a. Dr. hat, ist ganz richtig und nicht in *enhielte* zu verwandeln.

6153 besser *selben.*

6169 *mit jrem Leibe* a. Dr., *mit ir lîben* H. Warum der Plural? Es bedeutet hier 'Leben'; also *mit ir lîbe* ist ganz richtig.

6258 besser der conj. *möhte.*

6299 überliefert ist *Daß niemand sein wart gewar;* H. *daz sîn niemen.* Wahrscheinlicher dass *en* vom a. Dr. ausgelassen ist und es hiess *daz nieman sîn enwart gewar.*

6343 *mit flîze allenthalben:* um den Hiatus zu tilgen lese man *en allenthalben.*

6446 lies *die sîne;* denn so heisst es im Reime V. 5611, wo der a. Dr. trotzdem wie hier *seinen* schreibt.

6481 *deste getriuwer:* wahrscheinlich *diu getriuwer.*

BRUCHSTÜCK EINES GEISTLICHEN LEHRGEDICHTES.

Ein querdurchschnittenes Pergamentblatt einer Handschrift des XIV. Jahrhunderts, in meinem Besitz, enthält das nachfolgende Bruchstück eines von einem mitteldeutschen Dichter verfassten Lehrgedichtes. Was Vorder- oder Rückseite war, lässt sich nach dem unterbrochenen Zusammenhange nicht bestimmen.

(a) De sich anz nawerne hat gesmogen.
Her ist vurich unde wazervar,
Daz ist mît der warheit war:
Dorch daz daz von deme vure
Nemach komen keîn creature,
So lichet sich wol mit rǒme
Daz vur Marien magetume,
Went daz wazer vruchtet alle dîng,
Swa iz hin vluzet durch den ring:
So lichet iz wol der muterheit
De an Marien was gheleit,
Want si was maget, daz ist war,
Vnde muter, do sî got ghebar.
Mit orlobe redich iz, Maria:
Du bist beide Rachel vnde Lya.

Disse buch ist Ezechielis porte,
Von der ich sus lesen horte:
Hec porta clausa erit

---

18 *roth.*

(b) Vz deme ist gnade vil vntsprozen,
Der was wunnichlichen beslozen
Mit eîme turen sloze, so du weist,
Daz was der vater, der sun, der geist.
Di edelen drie turen sprinken
Ne mach neman ouch of klinken,
Wan daz lam, von deme Johannes jach,
De siben ingesigel uf brach.

Des vateres wisheit inbrunet
Hette beheget vñ gemunet
Vor des tubeles Sathanas gewalt,
Went der sun zur wisheit ist gezalt.
Do hetter der garten beheit
Vor des leiden tubels trugenheit.
Des vil heiligen geistes gûte
Vor des slangen bosheit in behute,
De den ersten garten gemeilet
Hette und an sich strit geseilet.

(c) De erste brut von mannes ribbe
Wart gemachet vñ ist sîn sibbe,
De solde îm eîn helfe sîn
Vnde wart îm eîn swarer pîn.

Von der anderen brut vleischgeborn
Wart, so de scrift hat gesworn,
Eîn minsche ane mannes samen,
Daz ist war also amen.
Disse brut semftmudich dan wirt .
Von disser brut, disser magit
De scrift alsus sagit
Species mulieris vix potente
humîliat senem emollit.
Daz quit alsus sunder hone:

45 *fehlt eine Zeile.* 48. 49 *roth.*

Wibes zucht vnde ir scone
Dehmudet den woldigen man.
Sîn herze sî wol weichen kan.
Also tete Maria den suzen got

(d) Also was got alsunder . . .
Mit Marien ein ander nature,
Went in ghebar de ghehure.
Sus hat se Salomon irkennet,
Daz er sî swester hat genennet.
Ob ich nu daz saghen kunne,
Dor waz er si hiez ein brunne,
De da besigelet ouch were?
Ja, Ysaias screif offenbere:
Fons aquarum cuîus aque non deficient.
Ysaias alsus offenbare sprichet:
Si ist ein brunne, dem nummer brichet
Wazzeres, er baz vlizente wazer.
Bin ich der sinne icht lazer,
Ich saghe, de brunne hat an sich
Dru ding, daz merke unde sich.
Von dem brunnen ist gescriben zo vor:
De brunne waschet ab daz hor

---

54 *über* u *in* suzen *ein kleines* o, *von anderer Tinte.* 64 *roth.*

GEREIMTE VORREDE ZU EINEM KRÄUTERBUCHE.

Mehrere Handschriften eines deutschen Kräuterbuches schicken demselben einen gereimten Eingang voraus, dessen Stil und Verskunst für die Abfassungszeit nicht unwichtig ist. Ich versuche daher von demselben einen bereinigten Text zu liefern.

Folgende Handschriften habe ich dabei benutzt.

A, cod. pal. germ. 213 der Heidelberger Bibliothek, wo der Prolog auf Bl. 48[v] steht. Pap. 15. Jahrh.

B, cod. pal. germ. 226, Bl. 178. Pap. 15. Jahrh.

C, ms. germ. IV. 82 der Stadtbibliothek in Frankfurt a. M. Bl. 138[b]. Schluss des 14. Jahrhs. Pap. Eine Abschrift verdanke ich der Gefälligkeit des Herrn Bibliothekars Dr. Ebrard. Ueberschrift *Dicz ist macer und sprichet von der wurczen naturen.*

D, ms. germ. fol. 817, der königlichen Bibliothek in Berlin. Pap. 1456 von Wilhelm Gralap in Speyer geschrieben. Abdruck dieses Textes durch Wattenbach im Anzeiger für Kunde der deutschen Vorzeit 1875, Sp. 175 f. Hier gehen noch folgende Verse voran

Werbent noch lere, kunst ist gůt:
Kunst die ziert den lip und ouch den můt.
Kunst ist ein adel richer solt.
Kunst ist besser danne golt,
Kunst lop bringet alle tag
. . . .
Kunst waltet grosser wißheit.

Kunst bringet ere und richeit.
Kunst kan allenthalben nit verderben.
Kunst kan der herren hulde erwerben.
Kunst hat wurdikeit usser mossen vil.
Kunst bringet zu allem das man wil.
Kunst mag mit nieman glichen.
Kunst kan einen armen machen richen.
Sit nů kunst ist zu allen dingen gůt,
Darumbe wil ich ein lere clůg
Von lattin zu dütsch bringen,
Wie man der krütter hylff und crafft sol vinden.

Die letzten vier Zeilen beweisen, dass dieser Eingang mit dem dann folgenden Prologe der andern Texte nichts zu thun hat. Gleichwohl ist der Stil der vorhergehenden Verse viel besser und mit geringer Nachhilfe könnten dieselben hergestellt werden. Ich glaube daher, dass der Schreiber von D hier anderswoher geborgte Verse benutzte und durch die vier letzten Zeilen, die von seiner Mache sind, mit dem folgenden verband.

E, Universitätsbibliothek in Breslau, III. Fol. 22, Bl. 87^{d}. 15. Jahrh. Die Handschrift stammt aus der Bibliothek der Corpus-Christi-Kirche in Breslau.

An einer stat geschriben stât
ein wort, daz got gesprochen hât:
daz merken wîp unde man.
der dâ iht guotes kan,
ob er daz nieman lêret,
sîn ungelücke er mêret,
rehte als der man tuot,
der dâ begrebt sîn selbes guot,
daz im noch nieman enwirt:

1 In *CE*, Wan an *D*. scriben *C*. 3 merke *C*, merck *D*, merket *E*. frouwen *A*. und *alle Hss.* 4 ist ymant der icht (ich *C*) *CE*, wer do ettwas *D*. 5 so er *D*. nymant *AE*, niemant *BC*, niemans *D*. lere *A*. 6 unglück *D*, ungemach *A*. sich mere *A*. 7 der] ein *CE*. her tut *E*. 8 der do *CDE*. vergrebt *B*, begeret *A*. sin eigen *D*. 9 d. ime *B*, daz ez ym *CE*, wie das weder im *D*. nymant *AC*, nymande *E*. wirt *alle Hss.*

gotes fluoch er niht verbirt.
daz merke swer gelêret sî.
seht, dem ist gotes fluoch bî,
swer sîn kunst nieman lêret:
sô wirt sîn heil gemêret,
swer dâ lêret swaz er kan.
dâ wil ich gedenken an
durch got unde durch mîn heil,
ob ich dâ mit möhte ein teil
geleschen mîner missetât,
die mîn munt gesprochen hât
an worten mit unpflihte,
der ich muoz vor gerihte
mit angest ze antwürte stân,
dâ nieman mac vürsprechen hân,
ob ichs niht hân gebüezet;
dâ manger unsanft wirt gegrüezet.
ouch bat ein frouwe mich
daz durch iren willen ich,
der ich dienstes bin bereit,
bestüende dise arbeit,
daz ich die würze ir nente,

---

10 yn (sich ym *E*) nicht vorbyrt *CE*. *Vielleicht trotz der Uebereinstimmung von ABD die richtige Lesart.* 11 wer *ABDE*, der *C*. gelert *CD*. 12 seint (sint *E*) dem gotes fluch ist bey *CE*. 13 wer *ABE*, der *C*, wer aber *D*. nymanden *E*, iemans *D*. 14 daz unheyl wirt gemeret *C*, do wurt och von sin heil gemeret *D*. w't auch leicht (lichte ouch *E*) sin h. *AE*, wirt auch s. unheil *B*. *Wattenbach schreibt* von gott, *wo doch* gott *wohl eine Ergänzung ist, aber unrichtig, denn* von *ist mit* do *zu verbinden.* 15 *fehlt D*. wer *Hss. immer*. do *C*, de *E*. das er *CE*. 16 do *CDE*. ich ouch *A*. 17 und wil durch got *D*. uñ *E*, und *ABC*, und auch *D*. 18 als ich *E*. do mit *D*, *fehlt B*, noch *CE*. 19 gelöschen *D*, gelessen *C*, gelesen *A*. meyn *E*. 20 d' meyn *E*. 21 und mit (an *A*) pflichte *AE*. unpflicht *B*, unphlichten *CD*. 22 můs *C*. vor dem *CDE*, zu dem *B*. gericht *B*. 23 angste *E*, angst *B*, anest *A*, angsten *C*, engesten *D*. zw antworte *AE*, zu antwurt *D*, zu antwort *B*. vor dem gerichte czu hant wurt *C*. 24 do *CE*, do do *D*, der *A*. versprechen *A*. gehan *D*. 25 ich sie *ABCDE*. hy nicht *E*. 26 do *CDE*. 27 auch hat ein vrawe mich gebeten *C*. hat *E*. 28—30 *fehlen C*. das tu durch *E*. durch got i. *A*. 30 bestunde ich diße *A*. erbeit *DE*. 31 ir die wůrcz(e) *BCE*, ir die krütter *D*. nante *D*, nennet *B*.

swaz ich ir irkente
und ir kraft wolte schrîben:
daz ensolte niht belîben
unverschuldet wider mich.
durch got und durch sie sô wil ich
beschrîben der würze maht,
ir tugent und ir kraft geslaht,
swaz ich der hân bekant,
als ich die beschriben vant
von eines wîsen meisters hant.
ich nente in — waz sol er genant?
daz wil ich durch daz schrîben,
ob ich möhte vertrîben
mîner swæren sünde ein teil,
geschæhe ieman dâ von heil,
daz mir der bæte ouch guotes.
nu bit ich des selben muotes
der gein mir welle wesen,
der ditze lese od hœre lesen.
ich schrîbe ez âne rîm durch daz
daz manz verstê deste baz
und daz zwîvel sî zestœret,
der ez liset oder hœret.

---

32 *fehlt C.* ich ir kente *A*, ich der erkente (erkennet *B*) *BE*, ich der under in bekante *D*. 33 crafte wolde *C*. 34 *vorher* daz si dester baz der kente *C*. en *fehlt BD*. solt von ir nit verliben *D*. niht *fehlt E*. 35 unverschudelt *A*, unverschult *D*, daz wolde si vorschulden *C*. 36 sô *fehlt B*. 37 hie beschriben *D*, schriben *BCE*. wurczen *C*. 38 und krafft *B*. geslecht *A*, *fehlt CE*. 39 *fehlt C*. wan ich wol derkant *A*. der selben han *D*. ich han der yrkant *E*. 40 die *fehlt ABCE*. geschriben *BCE*. 41 wîsen *fehlt A*, weyses *E*. 42 nante *D*. in (ine *B*) wol *BD*. schol *C*, solt *A*. er genenant *C*. 43 dicz *CE*, die *D*. wile ich *D*. 44 ab *C*. mochte so *CE*, mocht also *B*. so möcht do mit *D*. 45 swern *C*, augen *B*, grossen *D*. sünden *BCE*, froyden *D*. 46 *fehlt C*. da von ieman *A*. ein heil *BDE*. 47 auch bete *B*, wunsche *C*. gotes *E*. 48 bist ich *B*. das des *BCDE*. selbens *C*. 49 gen *A*, gegen *CE*. mich *A*. wolle *B*. 50 Der ys *E*, Das es l. *B*. dicze *C*, dis *AB*. lese oder *ABD*, *fehlt CE*. hore *C*, horet *A*, hört *D*. 51 ane reyme *C*, zu rymen *B*, in rymen *D*. 52 man es *ABD*, ir *C*. vorneme *E*, vornemmet *C*. dester *BC*. 53 daz] daz dem *C*, das im *DE*. zurstoret *B*, gestoret *C*, verstöret *D*. 54 wer *A*. ez] dis *D*. oder lesen horet *BE*, ader horet lezen *C*.

Niemand wird nach dem ganzen Stile zweifeln, dass wir hier eine Dichtung noch des 13. Jahrhunderts vor uns haben, und zwar, wie ich glaube, eines mitteldeutschen Verfassers. Allerdings die Reime zeigen kein mundartliches Gepräge; sie sind rein wie in der besten Zeit der mhd. Periode. Der mitteldeutsche Reim *nente: irkente*, den V. 31 f. vier Handschriften haben, beweist nicht, und ist nur für die Ueberlieferung bezeichnend. Mehr Gewicht lege ich auf *unpfliht* V. 21, das oberdeutschem Gebiet fremd zu sein scheint, aber mitteldeutsch nicht selten vorkommt. Für die Zeit charakteristisch ist auch der Ausdruck *ze antwürte stân* mit Genetiv, V. 23.

Grade im 13. Jahrhundert, wo man alles in poetische Form zu kleiden liebte, finden wir mehrfach zu wissenschaftlichen und der Praxis dienenden Werken Vorreden in Reimen: es genügt an den Sachsenspiegel, und für noch frühere Zeit an den Lucidarius zu erinnern. Freilich hat noch im 14. Jahrhundert Konrad von Megenberg seinem Buch der Natur eine solche poetische Vorrede beigegeben, aber man braucht nur einige seiner Verse zu lesen, um sofort zu erkennen, dass zwischen ihm und dem hier behandelten Prolog wenigstens ein halbes Jahrhundert liegt.

RITTERPREIS.

Unter diesem Titel wird von W. Grimm, Heldensage S. 280 (2. Ausgabe S. 281) Nr. 115 das nachfolgend gedruckte Gedicht citirt und eine Stelle daraus (V. 106—107, 111—115) mitgetheilt. Eine grössere Stelle (V. 17—42) ist in J. Grimms akademischer Rede 'über das Echo' (kl. Schriften 7, 509 f.) gedruckt und hier ist auch Näheres über eine historische Anspielung in dem Gedichte beigebracht. Dieselbe erweckte meine Aufmerksamkeit, und ich liess mir die Handschrift aus Berlin kommen. Es ist ein Band von Abschriften von der Hand J. und W. Grimms, der jetzt als Ms. germ. 4⁰. 909 der königl. Bibliothek zu Berlin[1] angehört und folgendes enthält:

1) Bl. 5 ff. ein Lobgedicht auf die Jungfrau Maria, mit dem Anfang *Got grusse dich luter sterren glantz*, in Reimpaaren. Aus einer Pergamenthandschrift in L. A. von Arnims Besitz. Eine Bearbeitung des Ave præclara maris stella, die sich auch noch in andern Handschriften findet: cod. pal. 356, Bl. 96^b; Strassburger Hs. (ehemals T. O. Weigels) Bl. 122.

2) Bl. 9 ff. Aus einer Pergamenthandschrift in Folio aus St. Blasien, in Karlsruhe, der Anfang eines Marienlebens *Sit lebendiger nieman*. Ist Walthers von Rheinau Gedicht.

---

[1] Die Verwaltung derselben war so gütig, die Handschrift an die Universitätsbibliothek in Heidelberg zu schicken, wo ich sie benutzen konnte.

3) Bl. 19 ff. Aus einer Handschrift in Trier. Gedichte, die sich in Aufsess' Anzeiger 2, 49 verzeichnet finden:

a) *Ich waß eins tages myns gemúts so frye.* Andere Fassungen desselben Gedichtes in einer Stuttgarter Handschrift (Oeffentl. Bibliothek, poet. 4°. 69, Bl. 77—84. 15. Jahrh., vgl. Diutiska 2, 107); im Liederbuch der Hätzlerin S. 143, und in der damit nächst verwandten, ehemals L. Bechstein gehörigen Hs.; im cod palat. 313, Bl. 381 (Meister Altswert S. XIV) und niederdeutsch in der sogen. Livländischen Sammlung, jetzt in der Berliner Kgl. Bibliothek (gedruckt in Eschenburgs Denkm. S. 257 ff.)

b) *Die blae rede 'Wie woele mich nyemant fragen wil'*; ausserdem auch im cod. pal. 313, Bl. 384.

c) *Vom Mayen 'Mit fließ hane ich betracht gare'*; gedruckt nach einer Ulmer Hs. in Kellers Erzählungen aus altd. Handschriften S. 615 ff.

d) *Von der frauen im garten 'Uff einen tag ich beissen reidt'.*

e) *Der traume 'Sich fugt une einen morgen'*; ausserdem noch in folgenden Handschriften erhalten: München cgm. 270, Bl. 45 ff.; cgm. 379, Bl. 16 ff.; cgm. 713, Bl. 137 ff. und 213 ff.; cod. pal. 313, Bl 233 ff.; Weimarer Hs. O 145, Bl. 72 ff. und danach in den altd. Blättern 2, 136 ff.; in einer Regensburger Hs. des 16. Jahrh. Bl. 219 ff. (Mone's Anzeiger 7, 495); in dem Liederbuch der Hätzlerin S. 127 ff., und ebenso in L. Bechsteins Handschrift; in der Handschrift 5339ᵃ, Bl. 217 ff. des Germanischen Museums.

f) *Von zweien gesellen 'Sich foegt eins tags zit'*; ausserdem im cod. pal. 313, Bl. 375 ff. (Meister Altswert S. XIV); im Liederbuch der Hätzlerin S. 152 ff. und in Bechsteins Handschrift.

4) Bl. 56 ff. Das nachfolgend mitgetheilte Gedicht.

5) Bl. 64 ff. *Von dem alten ritter vnd der graß meyd: 'Wie woil daz ich nit junck bin'*, aus Brentano's Handschrift, mit Varianten aus einer Weimarer Handschrift. Es ist die Hs. O 145, wo das Gedicht Bl. 160ᵇ beginnt. Ausserdem steht es noch in der Stuttgarter Hs.

poet. 4°. 69 (vgl. Diutiska 2, 77 f.); in einer Hs. in Wernigerode (Förstemann S. 109); im cod. pal. 313, Bl. 454 (vgl. Altswert S. XVI); im cod. pal. 355, Bl. 138 (vgl. Altswert S. XXI); im Liederbuch der Hätzlerin S. 279.

6) Bl. 72 ff. *Der verliebte Pfaff 'Ich mercke an der welte pflicht'*. Aus Megalissus' verliebter Pfaff. Jena 1730, p. 8—18; cf. Koch, Compendium 1, 128, Nr. 32ᵃ. In einer ziemlichen Anzahl von Handschriften erhalten, in zum Theil recht abweichender Fassung.

7) Bl. 84 ff. *'Von dren konyngen 'In godes namen sind alle dingh'*. Aus Staphorsts hamburg. Kirchengeschichte 1, 263—267. Eine weitere Handschrift ist mir nicht bekannt.

8) Bl. 91 ff. *Van den doden ind levenden konyngen 'In einer suysser somerzyt'*. Die Quelle ist nicht angegeben; gedruckt im Bragur 1. 369 ff. Die einzige bekannte Handschrift ist in Stuttgart, öffentl. Bibliothek, 15. Jahrh. (vgl. Mone's Anzeiger 7, 287).

9) Bl. 97 ff. *Von waineschaft von küngstain 'Hêrt ich eynß dageß eyn mut gefing'*. Reimpaare, die mir anderweitig nicht begegnet sind.

10) Bl. 103ᵇ am Schluss des vorigen Stückes folgendes Räthsel:

> Edle junckfrau, radent waß ist daß?
> zwyernet fúnf vnd eynß me,
> der fynfzehenst bustab am abe,
> bedrigt den man vnd nit me.

Ich denke die Auflösung wird *vut* (*vvt*) sein, nur müsste man dann annehmen, dass *fynfzehenst* aus *niunzehenst* (das einem *nunfzehenst* ähnlich genug sieht) verlesen sei.

11) Bl. 105. Lob einer Jungfrau *'Ich will preisen offenbar'*. Deutsches Museum 1777, 2. Bd. p. 326, mitgetheilt von Anton, auf der Rückseite einer Urkunde von 1471 geschrieben. Anderweitig nicht bekannt.

12) Bl. 106. *'Cristus ist erstanden'*. 19 Strophen. Aus Megalissus' Verliebter Pfaff. Jena 1730, p. 23 24.

Die Abschrift ist von W. Grimms Hand; über die Herkunft des Ms. ist am Schluss folgendes bemerkt 'ex Mscto. dn̄i de Mastricht syndici Bremensis' (dann durchstrichen: von Eccard copirt), wovon dieses eine weitere Abschrift ist. Er gibt ihm den Titel Deutscher Ritterpreiß und schliesst aus dem Dialect, dass der Verfasser in der Cölnischen Diöces oder in der Gegend gelebt'. Diese Notiz ist wohl Eccard's Copie entnommen; von Eccard rühren auch die mit dem Namen Eccard bezeichneten, von W. Grimms Hand gleichfalls copirten Randbemerkungen her. Die übrigen nicht bezeichneten Randbemerkungen sind von der Hand Jacob Grimms. Dieser charakterisirt das Fragment folgendermassen (kl. Schr. 7, 509): 'Eine andere Stelle findet sich in einem ungedruckten Gedicht, das in nächster Zeit nach Rudolfs Tode noch vor dem Ausgang des Jahrhunderts abgefasst sein muss. Es besingt den Preis von zwölf Rittern, welchen aus der Hand einer Frau, wahrscheinlich der Personification einer hohen Tugend Ehrenschwerter ausgetheilt werden und enthält viel merkwürdiges, wie sich schon aus dem erhaltenen über 500 Versen betragenden Fragment ergibt, dessen Abschrift ich besitze und das ich längst bekannt gemacht hätte, wäre nicht Hoffnung gewesen die fehlenden Stücke aufzufinden'.

Am Schlusse scheint nichts zu fehlen: am Anfang 'fehlen 160 Verse', steht in Grimms Abschrift, was aus Eccards Copie entnommen sein muss, der die Hs. vor sich hatte und aus deren Beschaffenheit diesen Schluss gezogen haben kann. Worauf er beruhte, ist nicht ersichtlich. Er kann aus folgender Erwägung hervorgegangen sein. Die in dem erhaltenen Fragment gepriesenen fünf Ritter nehmen 119 Verse ein, danach würden auf die andern sieben 166 Verse kommen. Dabei ist aber die Einleitung nicht gerechnet, die nach der ganzen Anlage des Gedichtes gewiss nicht allzukurz war. Ich glaube daher, dass mehr als 160 Verse fehlen.

Dat wîfis êrin missestê:
des sît sêlich hûde unde ummermê.

2 ummeme.

Tum eichten sprach si dise wort
'ich grûze ûch, ritter unvervort
lîvis unde gûdis,
êrin unde mûdis
und ritterlîcher trûwen.
ûf ûren rait wol bûwen
darf ein iclîch hêre sîne dait.
zuslizzen ûre wâpinwait
hait vil dicke manich strît.
ir gesprâgit nie zu keiner zît
dat wîfis êre letzin moge.
ich wêne, ûch Alchtebile wol doge.
her Markolf Rûdele, nemt dit swert:
ir sît wol Alchtebiles wert'.

Des nûnden hant einen kus
gaf si und sprach zu ime alsus
'ich grûzzen der zwirin ist gedouft
und ein anderin namen hait gekouft
dan sîn lîf dâ êdes drûch.
in einen burnen he sich twûch:
de wâpin wârin sîn westerkleit.
sîn êventûre was bereit
van alze ritterlîcher kost.
gein manger rîchen harten jost
den Rîn he hin zu berge fûr,
dâ sîner westerhûfin snûr
van vil hêrin wart gerûrt.
ûz Lurlinberge wart gefûrt
sîn stolze êventûre
mit hôher minnen stûre
durch Elsâzen dat lant.
Uberlende was he ê genant,
der rechte namenwende.
her Werner Gûtende,

---

7 unde. 9 dalh ein ielich. 10 zuslizzen *G*: zu stizzen. 17 kuz. 18 unde. alsuz. 20 unde einen. 21 êdes] ide. 22 twus. 24 sine.

des namen wurdit ir dâ wert.
van mîner hant nemt hin dit swert,
dat ich hî drân dor vreisen.
ûrin herzin kan wal eisen,
swâ man vrouwen sprichit arch:
ûr munt sich ie des wal verbarch'.

Als si den zênden ritter sach,
vor ime stunt si unde sprach
'ich sên hê sunder lougen
under eins ritters ougin
vil der swerte zeichin,
deme ich dit swert wil reichin,
dat ich in mîner hende hân.
her kan it nutzin unde slân
und wênic mûzic lâzin lien.
her enwil ie wen der beste sien
zu strîten, zu turneien,
zu pungeizen und maleien
und swaz man nûmet ritters wert:
da enhât sîn lîf diekein verbert.
an de wâpin kêrt he sînen vlîz.
dit swert dat heizit Widegîz:
dit nempt, sûzer stulzer smit.
her Rîngreve, mîn her Sîfrit,
ir sprechit ouch van vrouwen wal,
als ein iclich ritter sal,
wande der sûzen vrouwen hulde
is aller sêldin ubergulde'.

Tu dem eilften kêrde si dâ den fûz:
deme wart alsus van ir ein grûz
'ich grûzzen den van Arregûn,
der ein Franzois, Spanjol, Bridûn,

---

39 dor] den. 40 hertzin. 41 wa. 43 *kein Absatz.* zeenden. 47 zeichen *G*: zeigin. 51 unde wenig muzit. 52 wen] nit. 54 unde. 55 unde was man mimet. 57 in de. kerit. 58 widegitz. 59 stultzer. 61 wol. 62 ielich. 65 deme. 67 Arregan. 68 der ein F. ein Spangiol ein Brichdun.

ein Provinzâl, ein Schampenois
is worden unde ein Virmendois.
durch êre und ritterlîche nar
der ritter wandelt her und dar.
her inis zu keinen dînste laz.
it insal nieman havin haz,
ove ich de wârheit sprechin mûz.
in vremde lant hât her den fûz
als ein rechter wandeler gesast.
ig grûzze ûch, arregûnscher gast:
dit swert dat solt ir drân durch mich.
her Walpole mîn her Friderich
sît ir genant der spîgel,
an slegin wênich drîgel,
ove ir ritters ordin rehte dût.
van mir und allen wîfin gût
solt ir sprechin, dat is mîn rait:
sô stênt ûch wal die wâpinwait
under disen werdin geistin'.
fur den zwelftin unde den lestin
stunt si mit zuchtin unde sprach
(he wart vil roit dâ he si sach):
[si sprach] 'ich wêne, ich gerne dulde
ove ich ie mannes hulde
nu herumme verliesin,
dat ich wil einen kiesin,
dem ich dit swert wil reichin.
ig gedar im niht smeichin,
dat he sig drûf iht lâze
und an ritterschaf sich mâze:
her is der jâre ein deil zu junc.
in deme strîde zu Wurhunc
gienc her doch sô dâr zechin,

---

69 Schamppenois. 70 Vermendois *G*: Firmedois. 71 unde. 72 wandelt *G*: wandel. unde. 76 het her. 77 gesast *G*: gefast. 78 gruz. 81 it ir. 83 ordin *G*: erdin. rechte. 84 unde. 85 mîn *fehlt*. 91 dulte. 92 hulte. 96 nit. 101 gienc *G*: gient.

dat ich gedar wal sprechin,
he sî stolz und alzu reine.
wênit ieman dat ich meine
einen alden ritter? nein ich, nein.
her Herman van Helfinstein,
schamet ûch niht, nemt hin dit swert
und schaffit dat irs werdich wert.
volvôrt als irs begunnen hait:
dit swert vil wal ûch denne stait.
it is geheizin Wilsunc:
it drûch ouch ein degin junc,
der was genennit Dîthleib.
nâ des dôde it verborgin bleib
manich jâr ûffe dise zît.
des swertis ir niht wirdich sît;
doch gurte ich it umme ûrin lîf.
edele reine sûze wîf
solt ir ummer êrin
(van rechte ich ûch dat lêrin):
sô moget ouch ir in êrin levin'.
die zwelf swert sint alsus virgevin
van der bestin, die die erde dreit.
kûsheit is ir neiste cleit,
wîflîche schame ir overwait:
si is de beste, die die werilt hait.
manegen insal des niht betrâgin,
her insole mich sêre vrâgin,
war umme dise vrouwe wert
niht grôzen hêrren dise swert
have gegevin. des bescheide ich in,
als mich nu lêrin kan mîn sin,
wille her dat hôrin sunder zorn.
grôze hêrrin sint dar zû geborn
dat si hânt êre unde gût

102 dar ich. 103 unde. 105 nein ich mein. 107 nit. 108 unde. 110 vil vail uch den. 111 geheisin wilssunc. 113 genennit, e *aus* a *gebessert oder umgekehrt.* 116 nit. 127 nit. 130 nit.

und von arde ritterlîchen mût,
so de arme lûde mit der hant
erwervin mûzen êren pant
ûf manger êventûre
unt dat sûze unt dat sûre
lîden unde dulden,
dat si de werde hulden
und reinen wîfin kumen bî.
wênit ieman dat it anders sî,
der frâges sie, si enis niht laz:
si kan is in bescheidin baz.

Als die phîne unt ouch klâre
die swert zum nûwen jâre
zwelf rittern in ir hende stiez,
des andern morgens si niht liez,
si inquême aver her gegân.
si sprach 'ein kleinôde ich noch hân,
dat wolde ich gerne drâde
bestadin nâ dîme râde.
Penthasilia ein koningîn
eime ritter sante ein vingerlîn
for Troien unde ein schappel rîch:
dat selve schappel dat hân ich.
it is gewort van spêher list:
ûf der erdin niht sô rîchis ist.
sîn golt dat is van Arabî:
wizzes dat it gelûtirt sî
drî stunt in der essen glût.
sîn gesteine dat is ummâzen gût
under deme gesteine
groiz unde kleine.
in staile stait ein dyamant:

---

136 unde. 141 dulthen. 142 hulten, *vielleicht* der werden hulden, *ebenfalls mit* kumen bî *zu verbinden.* 143 unde. 145 fragez si sie. nit. 147 Alse. 149 ritter. 150 morgen si nit. 151 sie. 155 P. heizt ein. 160 nit. 162 wisses.

in eins grîfin niste man in vant.
nu verstêt vil rechte wat ich sagin:
dit schappel hât ein ritter dragin,
der sîne zuht nie sô zubrach,
dat her keiner vrouwen arch gesprach.
dat bedûdet dat gesteine
und dat gult ummâzen reine:
so bedûdit der dyamant
dat he sal sîn van der hant
ein ritter veste unde gût
unde an êrin wal behût.
nu râdâ rait, gesellechîn,
war kome ich mitme schappel hin?
du salt wizzin vor wâr,
berûrt it houfit ove hâr
eins ritters, der niht sô insî,
dat lûter golt van Arabî
unt die rîchen steine
blîchin algemeine,
unt der edele dyamant
ûzme stâle springit alzuhant.
du salt wunder hôren.
zwerhes bî den ôrin
sît man dat schappel hangin
zu dale ûf die wangin.
darumme rait, gesellechîn,
war kume ich mit den schappel hin?'
ich sprach 'ich ûch râdin wil.
man mach der ritter vinden vil
de dat schappel mogen drân,
is it als ich hôrin sain,
dat ritters ordin sî sô starch,
he insolt niht vrouwin sprechin arch'.

---

168 eines greifin. 172 arg. 172 gesteyne. 174 unde. 178 ain. 179 nu radit rait geselle hin. 182 berurit. 183 nit. 186 bligin; blîchent *G*. 190 zwernhes. 192 daile. 193 geselle hin. 200 in solte nit.

si sprach 'ach mî, ach mî, ach arme,
dat it got erbarme,
dat man it sal van ritterin sain:
des mûz an vrouden ich verzain.
ich bin des innen worden,
sie brechent disin orden.
mîn herze vroudin wilde,
der disin ordin hilde.
wêr under dûsint einer,
mîn jâmer wêr dê kleiner.
raitâ rait, gesellechîn,
war kume ich mit dem schappel hin?'
ich sprach 'auwach, vrouwe mîn,
ir dunket mich in zwîvel sîn.
siet it sô umme die ritter stait,
wie sal ich ûch gevin rait?
ich wânde, keines ritters munt
machte wîfis êre wunt'.
si sprach 'der wain hât dich betrogin.
ûz ritters munden is geflogin
van reinen wîfin manich wort,
dat ir êrin wêre gar der mort,
ove it wâr wêre'.
ich sprach 'auwach der mêre!
wê sulent sich behûden
die wîf, sint man sus wûden
siet de ritter van den landen?
pîâpî der schanden!
den gelouvin ich doch havin wil,
dat man der ritter vinde vil,
die mit wortin noch mit rêdin
gein den sûzen wîfin dêdin
keiner slahte dorperheit.
ich wil ûch sain ûf mînen eit,
dat ich erkennen einen.

---

208 diesin. 209 were. 210 were. 211 geselle hin. 212 deme. 214 ducht. 216 ich ouch. 223 it] ich. 233 slachte.

wizzit ir, wen ich meinen?
he dreit zabel und hermîn:
von den varwin sint de wâpin sîn,
dem die dorperheit is umbekant,
und is ein ritter von der hant,
stolz unde ummâzen gût
und ritters orden rehte dût.
ir solt mir glovin, ich sage wâr:
von zabel ûffe hermîn klâr
drî rûten, dat is der batschellîr'.
si sprach 'dat is her Rûdegîr
von dem Werde'. ich sprach 'jâ,
dat schappel steit vil rehte dâ'.
si sprach 'jââ jâ, gesellechîn,
dar wil ich mit dem schappel hin'.
die frouwe die ginc alzohant
da si den selbin ritter vant.
umb sîne schuldern si dâ swanc
ein tweheln breit unde lanc,
gewort van sîden, de was klâr.
von ir gestrelit wart sîn hâr:
dat schappel wart sîns houfdis dach.
mit grôzin vroudin si dâ sach,
dat ime dat schappel rehte stunt.
darnâ sô kuste si den munt,
dan ûz nie wort inquam,
dat wîfis êrin missezam.
van rehte kuste ouch sie die hant,
die man ie genge vant
unde stête zu allen zîden
in turneiin unde in strîden.
dreit ieman gein der frouwen haz
und spreche dat, si sulde baz
dit schappel bestadit hân

237 unde hermein. 240 unde. 242 unde. rechte. 243 gelouvin. 245 ruhten. bazzellir. 248 rechte. 249 gesellehin. 250 deme. 257 dach *G*: das. 258 sach *G*: sas. 259 rechte. 263 rechte. 265 statz. 268 unde.

unt ouch den kus hân getân,
den si boit dem ritter gût,
der mach wal havin senftin mût;
si kan in wol bescheidin
umme de sache von den beidin.

Darnâ de ûzerkorne,
die sûze hôgeborne,
die edele und ouch die fîne,
die meisterinne mîne
quam dort her gegangen,
ir munt und ouch ir wangen
rîch von rôsin blûde.
von sûzer herzin gûde
boit si mir gûden morgin.
si sprach 'ich bin in sorgin,
gesellechîn, uverlestet.
jâmer hait begestit
mîn herze al umme unt umme.
die slehte und niht die krumme
wil ich dich des virrihtin.
von weme sal ich nu dihtin,
sint die wâpin sint verdorvin
unt die bestin sint erstorvin,
die ritterordin hieldin
unt ûz ir herzin schieldin
alle missewende.
alrêrst hait ein ende
dûtsches landes êre'.
ich sprach 'wâfin ummer mêre!
mir is der mût sô swêre.
mir anent aver mêre,
die mir dat herze erschreckent
und der sorgin angel stekkent
dief in mîne sinne'.

277 unde. 280 unde. 282 gute. 285 gesellchin. 287 hertze. 288 slechte unde nit. 287 virrichtin. 290 dichtin. 297 duzses.

si sprach 'lieve minne,
dat maht du nu wal sprechin'.
zuhant begunde brechin
ûz irn ougin wazzers unden.
si sprach 'ich mûz dir kunden
leider leide mêre.
des doufes marnêre
unt der wâpin wegewîse,
von des ritterschaft in prîse
stunt de kristenheit unt dûtsche lant,
des hait der doit uns nu gepant.
hers doit der hie unt uver sê
hait gegozzin blûdes mê
dan dat mer und ouch de Jordân
wazzers droppen mogen hân'.
ich sprach 'wâfin ummer mêre!
her Wilhelm Lanthêre,
dunket mich, der is doit'.
si sprach 'du sais wair, mîns herzen noit
genimt nummer ende'.
si want ir wîze hende:
ir jâmer wart sô rehte groiz
dat sich irs herzin blût ergoiz:
si weinde wazzer unde blût.
ich sprach 'war zû is dit weinen gût?
got plege der edelen sêle sîn'.
si sprach 'her drûch ein vingerlîn
ummâzin edil unde gût
vor geswulst, vor wunden blût,
vor twatschûren ungeval.
dat hât den art dat it insal
keins ritters hende kumen bî,
it ensî dat her der beste sî,
den der douf bedeckit hait.

---

304 s. s. gesellehin l. m. 305 macht. 307 vazzers. 310 douffes. 313 duzhe. 315 herze doit. 317 unde. 324 ire. 325 rechte. 333 twazurn. 334 it en sal *G*: is ein sal. 336 der *G*: *fehlt*.

ûf dîne trûwe gif mir rait
wâ ichz bestade ove wê
(ich hân dat vingerlîn alhê),
ove noch kein ander ritter leve,
dem ich dit vingerlîn nu geve.
der it ê drûch, der is doit.
sô klage ich eine ander noit:
van Heimiskirgin Arnalt,
den hait der doit uns ouch gevalt;
der liet mîn vroude in banden.
der beister von funf landen
was der selve sicherlich.
wunder hân ervarn ich
van sîner ritterlîcher dait.
sint uns der doit beruvit hait
der beider, sô solt du mir sain,
wer nu dit vingerlîn sal drain.
sîn stein der ist genant alsus:
ein grânât thopasius,
gar edel, niet ein bastart,
von sulcher kraft, von sulcher art,
ove in niet der beiste ritter drait,
sô sain ich dat ûf mînen eit,
stein stê nie sô vaste.
des vingerlînes kaste
mach sîn niet gehalden,
der stein der mûz spalden
und springit von des ritters hant:
dat gult wirt swarzer dan ein brant.
nu sage de wârheit sunder valsch,
her spreche dûtsch ove walsch,
wer nu der beste muge sîn:
dem geve ich dit vingerlîn'.
[ich sprach] 'mîn zuht ich alzumâle verlore,

338 uffe. 339 ichs. 342 deme. 343 drug. 346 gevalt *G*: gewalt. 347 mine. 365 unde. 367 veltz. 368 dutz — weltz. 370 deme. 371 zucht.

ove ich durch lieve iemannen kure
unt durch leide den versloige,
der it van rehte droige.
ich wil ûch gevin ein bescheit
weder durch lieve noch durch leit,
wene als der ritterschefte rait
mig gewîsit unde gelêrit hait.
van Îsenburch her Gerlach
van eime ritter mir verjach
mit der wârheit sunder wân:
he sal dat vingerlîn nu hân.
der volge ouch mit eme gert
van Virneburch greve Rûpert.
. . . .
mîn her Herman van Haldemâr.
van Sauwelenheim her Herman
den hân ich gesprochin an:
der reit des selvin sicherlich.
ich nenne in, woltir hôrin mich:
sîn name is sus, wizzet ir wê?
ei lûget, sitzt er irgen hê
bi den ritterin anme kreize?
ich wêne, er alsus heize —
lûget, lûget, sitzt er dâ?
wâfen, wâfen, wâfen jâ!
sol ich des ritters namen sân,
het ich mîn munt dan wal getwân.
it hait sîn êrenrîche hant
der heidinscheffe grôze pant
genumen, dat gedar ich sân,
und maneger swertes slac geslân
dan mergrîzin an dem mere lîn
und ame himele sterren sîn

372 ove *G*: owe. 374 rechte. 375 ouch. 383 volge *G*: wolge. 384 Vyrneburch. 389 des reit. 390 nen. horit. 392 sitzet. hio. 393 kreitze. 395 sitzet. 396 wofen wofen wofen. 398 hette ich minien. 402 unde manegar. 404 hymele.

und ûf allen boumen louves stê.
her hait gedoit der heidin mê
dan gras ûf der erdin sî.
sîn lîf is missewenden vrî,
sunder maise und sunder smiz,
sunder allen idewiz,
die ritters êrin weder sint.
he is vor undait reiner dan ein kint.
nu nîget alle, sûze wîf,
ich wil nennen sînen werden lîf.
eins iclîchin reinen wîfis munt
sal alle morgin drî stunt
intnuchterin sich mit sîme namen:
so enmach si hinkin ove lamen
an wîflîcher êrin.
broiden unde mêren
ir êrin schatz unde hort
kan des ritters name vort.
nu swîgit alle zohant:
der ritter wirt von mir genant;
ich enmag sîn nu verhelin niht.
ei sêlich wîf, bekennit ir iht
den, der zwô rîche varwe dreit
ûf zabel von hermîn geleit:
zwer durbant stên in krûce wîs.
dat is der ritter, der den prîs
irworvin hait mit ritters dait
vor in allen, die der douf nu hait.
ich spreche it bî der trûwe mîn,
dat dat dûre vingerlîn
is ime dicke worden sûr'.
si sprach 'her Henrich van Montabûr,
werder ritter, sitzt ir hie?'
zuhant liez si sich ûf ir knie

405 unde uffe. 406 her *fehlt*. 409 mâs *G*: maiz. unde — smiez. 410 itewiz *G*: niedewiz. 412 rainer. 418 one. 422 richters. wort. 423 al zohant. 425 nit 426 it. 437 sitzit. 438 ire.

und stiez dat rîche vingerlîn
dem ritter an den vinger sîn
uhd kuste in ûf die rehte hant.
si sprach 'nu vrouwe dich, dûtsche lant,
dat in dir ie ein sêlich wîf
gebar sô werden ritters lîf'.
he sî verre ove bî,
swer jehit dat niht wole ensî
bestadit dit selve vingerlin,
den wîse ich zu der vrouwen mîn.
si kan is in bescheidin wal,
dat her it van rehte dragin sal.

Am Rande finden sich dazu folgende Bemerkungen von J. Grimm; die mit 'Eccard' bezeichneten von W. Grimm. 3 VIII, die römischen Zahlen hier und V. 17. 43. 65. 68. 9 *duth? sal ein.* 10 *slizzen.* 14 *nomen ensis.* 15 *v. Imhof not. proc.* p. 315 Eccard. *Lac.* 2. nr. 691. 17 *kus.* 21 *iender.* 22 *twuch.* 28 *westerhaube.* 30 MSH. 2, 241ᵃ. 34 *Heelu* p. 50. 36 *Bonfinius.* 39? 40 *vestro cordi.* 47 *zeichen.* 52 *mit den besten sigen?* 46 *pungeizen.* 58 *widegîz nomen ensis.* 60 *Sigfridi ringravii duo vixerunt circa finem seculi decimi tertii v. Imhofii not. imp. p. m.* 313 Eccard. 62 *ieclich.* 67 *un* [d. h. *Arregun*]. 70 *Vermendois.* 72 *wandelt.* 77 *gesast.* 81 *sit ir?* (durchstrichen) *it is.* 83 *ordin.* 100 ?*virdunc* (durchstrichen); rechts (? *Wœrunc*) *a.* 1288 *Woeringen.* 101 *gienc, geinc.* 102 *daz ich.* 106 *familia suevica extincta. v. Imhof not. prol. introd. ad l.* 7 § 17. Eccard. 111 f. n. b. *Heldens. s.* 16. 186 *blîchent.* 192 *zetal.* 194 *dem.* 207 *wielde.* 208 *hielde.* 228 *phî a phî.* 257 *dach.* 258 *sach.* 261 *dar.* 271 *bôt.* 307 *wazzers.* 315 *über sê.* 320 *an hic Wilhelmus hollandicus imp.?* Eccard. 333 *quatschiuren.* 334 *it en sal.* 336 *der beste.* 339 *oder wie.* 340 *alhie.* 344 *Heemskirken.* 346 *gevalt.* 361 *der stein stê.* 372 *ove.* 379 *v. not. proc.*

---

439 unde. 440 deme r. in. 441 unde. uffe. rechte. 442 dutzhe. 445 wer. nit wolle.

Imhof p. 405. Eccard. 383 *volge.* 384 *fam. emortua v. Imhof p.* 602 Eccard. *Robert Lac.* 634[b]. 385 *Lac.* 965 ff. 386 *Heelu vorr.* XVII. XXVII. 391 *hie.* ·401 *maneger.* 408 *mûs.* 409 *itewiz.* 435 *Monzaborium postea ad Isenburgenses pervenit. v. Imhof not. proc. p.* 405. Eccard. *Lac.* 2, 939.

Nicht alle hier vorkommenden Namen sind urkundlich zu belegen.

Markolf Rudele (V. 15) als Mitaussteller einer Urkunde vom 25. März 1276 als Marcolfus Rodelo: Lacomblet, Urkundenbuch für die Geschichte des Niederrheins 2, 404, Nr. 691.

Ueber Werner von Oberlant, der nachher den Namen Gutende bekam (V. 34 ff.), hat J. Grimm a. a. O. S. 510 gehandelt; er wird von dem niederländischen Reimchronisten Johann von Heelu erwähnt.

Herman von Helfenstein (V. 106): eine von Herman von Helpenstein und seinem Bruder Heinrich ausgestellte Urkunde vom 1. März 1297 steht bei Ennen, Quellen zur Geschichte der Stadt Köln 2, 422; eine andere derselben Brüder (Herimannus de Helpenstein et Heinricus frater suus) und mehrerer anderer Ritter, vom 5. Juli 1299, bei Lacomblet, 2, 604, Nr. 1029.

Gerlach von Isenburch (V. 379): ein Edler dieses Namens kommt urkundlich 1259—1277 vor. Als Zeuge einer Kölner Urkunde vom 24. März 1259: Ennen 2, 409; in einer Urkunde des Grafen Dietrich von Cleve vom 29. December 1262: Ennen 2, 459; in einem Schiedsspruch zwischen Stadt und Erzbischof von Köln, am 8. März 1265: Ennen 2, 517 (de domino Gerlaco de Ysenburg); 523 (dominus Gerlacus de Ysenburg); Urkunde vom 23. October 1267: Ennen 2, 546 (Gerlacum de Ysenburg); als Zeuge einer Urkunde Rudolfs I, Hagenau 28. Februar 1274 (Gerlacus de Isenburch), Ennen 3, 59. In einer von ihm und seiner Frau Lisa ausgestellten Urkunde vom 10. Mai 1276 nennt er sich Gerlacus nobilis vir de Ysenburg dominus de Arenveltzs (Arenvels): Ennen 3, 110. 111; ebenso am 15. Mai: Ennen 3, 112. Ein Brief von ihm (Gerlacus de Isenburg dominus de Arinvels) vom 19. Juli 1277: Ennen 3, 130. In dem

Calendarium der Dom-Custodie von Köln ist von den filii domini Gerlaci de Ysenburg die Rede: Ennen 2, 600.

Graf Rupert von Virneburch (V. 384) kommt urkundlich häufig vor. Eine Urkunde von R. comes de Virnenburg für das Erzbistum Köln vom 20. Juni 1290 bei Lacomblet 2, 530, Nr. 890. Ferner erscheint er unter den Zeugen einer von König Adolf am 11. October 1292 für die Stadt Köln ausgestellten Urkunde als Rupertus de Virnenburg: Lacomblet 2, 524, Nr. 934, und in einer Urkunde desselben Königs vom 30. Mai 1293 für den Erzbischof von Köln als Rupertus comes de Virnenburg 2, 556, Nr. 939. Eine Urkunde von Rupertus comes de Virneburg vom 29. März 1295 bei Ennen 3, 393; ebenso vom 8. Oktober 1295: Lacomblet 2, 565, Nr. 956 (Rupertus comes de Virnenburg). Als Mitaussteller einer Urkunde kommt Roprecht van Virnenburg am 1. September 1306 vor zugleich mit Ruprecht dem Jüngeren von Virnenburg, also seinem Sohne: Lacomblet 3, 34, Nr. 47. Endlich als Zeuge einer Urkunde des Erzbischofs Heinrich II von Köln, in Köln am 2. September 1306 (in urkunde . . . Rupreichtes des greven van Virneburg). Am 1. August 1308 war er bereits gestorben, wie sich aus einer an diesem Tage ausgestellten Urkunde (Lacomblet 3, 47, Nr. 64) ergibt, die Mechtildem filiam quondam Roperti comitis de Virnenburg, Bruders des Ausstellers Erzbischof Heinrich II von Köln, nennt.

Heinrich von Montabur (V. 435): Henricus de Mûntabur bezeugt eine Urkunde König Adolfs vom 30. Mai 1293: Lacomblet 2, 556, Nr. 939.

Nach 1288 muss das Gedicht entstanden sein, da es auf die Schlacht bei Worring[1] Bezug nimmt, und vor 1308. da es den Grafen Ruprecht von Virnenburg als lebenden kennt.

[1] Der Name lautet *Wurhunc* (V. 100); dieser Form, die hier durch den Reim gesichert ist (:*junc*) stehen am nächsten die Formen *Wurrinc* Lacomblet 2, 490. 510. 513, und *Wûrinc* 2, 574, eine Form auf *unc* ist mir in den Urkunden nicht begegnet.

ZU DEN HANDSCHRIFTEN DES VÄTERBUCHES.

Die Unvollständigkeit in der Angabe der handschriftlichen Quellen bei C. Franke, das Veterbûch (Paderborn 1880) ist bereits von Schönbach in seiner Kritik (Anzeiger für deutsches Altertum 7, 164 ff.) hervorgehoben und mit Recht dabei gerügt worden, dass dem Herausgeber Josef Haupts Schrift über das mitteldeutsche Buch der Väter vollständig unbekannt geblieben. Zu den von Haupt und Franke erwähnten Quellen vermag ich einige weitere nachzuweisen.

Dass das Werk namentlich im Deutschordenslande eine ziemliche Verbreitung hatte, beweist sein Vorkommen in mehreren alten Verzeichnissen. So befand sich 1437 in Osterode ein deutsches 'Buch der veter': vgl. Steffenhagen, in den Neuen Preuss. Provinzialblättern 1861, S. 222; ebenso in Thorn 'Item vitas patrum deuwtsch' (S. 223), und in Schlochau 'dryczen dewtsche bucher, das eyne heisset vitas patrum' (S. 223).

Im Archiv zu Köln befinden sich zwei Pergamentblätter einer Handschrift des XIV. Jahrhunderts 'van sente Anthonio', mit einem Prologe 'Ihesu getruwer leitesman', den die Ausgabe nicht enthält, und dann dem Anfange 'Anthonius der gotes helt'.

Ein Stuttgarter Bruchstück hat H. Fischer in der Germania 30, 104 ff. abdrucken lassen. Dasselbe stammt, wie mir der verstorbene E. von Kausler mittheilte, aus dem Deutschordensarchiv in Mergentheim; auch hier also sehen wir den engen Zusammenhang mit dem Deutschorden.

Ein Fragment aus Macarius (Quartblatt des 14. Jahrhunderts) befindet sich in München, cgm. 5249. 18, und ebenda je eine Spalte von zwei andern Blättern, die wohl auch aus dem Väterbuch sind.

Ein Bruchstück, das in Tölz in Privatbesitz sich befindet, theilte mir Birlinger vor Jahren in Abschrift mit. Es ist kürzlich in der Zs. f. d. Alt. 29, 296 ff. gedruckt worden.

Ein Regensburger Fragment in oberdeutscher (bairischer) Mundart verdanke ich dem Grafen Hugo von Walderdorff; dasselbe wird im nachfolgenden mitgetheilt.

Am wichtigsten aber ist, nächst der Auffindung der Hildesheimer Handschrift (vgl. über diese Germania 25, S. 409 ff., und besonders S. 413 f. wegen der in der Leipziger Hs. fehlenden Stücke), die Entdeckung einer andern noch vollständigeren in der Universitätsbibliothek zu Strassburg. Sie ist allerdings jünger als die Leipziger, Hildesheimer und Königsberger, aber die reichhaltigste unter allen. Die letzten mit der Hildesheimer übereinstimmenden Stücke, die in der Leipziger Hs. sämmtlich fehlen sind (vgl. Germania 25, 413 f.)

Bl. 240 Margareta.

Bl. 243 Die Jungfrau aus Antiochien.

Bl. 246 Placidus.

Bl. 256 Die sieben Schläfer.

Bl. 262 Alexius.

Dann aber folgt auf Bl. 269 noch ein Gedicht vom jüngsten Gericht, welches beginnt

Got der himel und erden
Zum ersten lies werden

und mit einer Reimhäufung von 8, dann 10, zuletzt 12 Reimen gleichen Ausganges schliesst. Das Gedicht trägt ganz den Charakter des Dichters und bildet wahrscheinlich, wie schon die besonders ausgezeichnete Form zeigt, den eigentlichen Abschluss des ganzen Werkes. Bemerken will ich noch, was gewiss nicht zufällig ist, dass mit denselben beiden Reimzeilen die livländische Reimchronik beginnt. Das Gedicht verdient jedenfalls eine genauere Untersuchung, die ganze Handschrift wird bei der Fortsetzung der ins Stocken gerathenen Ausgabe verglichen werden müssen.

REGENSBURGER BRUCHSTÜCK.

„Das vorliegende Bruchstück habe ich vor mehreren Jahren von einem Folioband abgelöst, den ich im Coppenrath'schen Antiquariat in Regensburg erworben hatte. Die Provenienz wird daher nunmehr schwer oder gar nicht festzustellen sein; da die Mundart jedoch die bairische ist, so wird man annehmen dürfen, dass die Handschrift sich ehemals wo nicht in Regensburg selbst, so doch in einem bairischen Kloster befand.

Es entstammt einer schönen Pergamenthandschrift aus dem letzten Drittel des 14. Jahrhunderts (etwa um 1370) in Folio. Das Pergament ist dünn und glatt; die ziemlich grosse Schrift ist eckig gehalten; der Anfangsbuchstabe jedes Verspaares ist gross, stark herausgerückt und roth durchstrichen. Jeder Absatz ist mit einer Initiale geziert, abwechselnd roth und blau von sehr lebhafter Farbe; die rothen Initialen haben blaue Verzierungen, die blauen dagegen rothe. Die Rubriken sind theils über die Abschnitte geschrieben, theils stehen sie rechts seitwärts des Anfanges. Die Seite hat zwei Spalten, die Spalte 32 Verse.

Zwischen den beiden zusammenhängenden Blättern fehlen zwei Blätter, wie die Vergleichung der Leipziger Handschrift ergibt, aus welcher Herr Dr. Schröder mir mit grosser Gefälligkeit die entsprechenden Stücke abschrieb. Die Erhaltung des Fragments ist nicht die beste. Die Aussenseite ist stark abgerieben, theils auch, namentlich auf dem zweiten Blatte, durchgerieben; die bräunliche Tinte war so wenig haftend, dass sie während des Ablösens grossentheils verschwand und die Schrift durch Reagentien erst wieder hervorgerufen werden musste; doch war es mit einiger Mühe möglich, alles zu entziffern.

Was den Inhalt betrifft, so handelt das ganze erste Blatt von dem Altvater *Arsenius*, und zwar beginnt es mit dem dritten Verse eines Absatzes. Auf der zweiten Spalte erscheint zwar die Rubrik '*von Daniel dem vater*', allein auch dieser Absatz handelt von *Arsenius* und *Daniel* referirt nur über denselben.

Das zweite Blatt enthält drei Erzählungen, wovon jedoch die erste und die letzte unvollständig sind:
1) von drei Freunden, die Einsiedler wurden.
2) von *Amon* dem guten Vater.
3) von einem Jüngling, der seine Mutter vom Einsiedlerleben abhalten wollte."

[Arsenius was ein grosser vater [Fol. 75^c, 27 [1]]
von got vil genaden hatter.][2]

(I^a) Daz wart an im dicke chvnt [Fol. 75^c, 29]
wan im in vil maniger stvnt
Daz gefugel was bereit
ze dienstleicher arbeit.

Dirre selbe gvte man
von dem ich nv gesprochen han
E der ze der wuste chæme
do was er vil genæme
Dem chvnige theodosio
pei dem was er gewesen so
Harte lange in seinem hofe
doch mohte in niht der selbe chofe
Gedrucken daz fleisch meine ich
ze got sprach er lavtterlich
Oberster herre vil gv̊t
gervche weisen meinen mvt
Welch der rehte weck sei.
do sprach ein stimme Arseni
Flevch von den levten hin.
so wirt dev sælde dein gewin.
Der stimme volgete er drate. [Fol. 75^d]
swaz er ze der werlde hate.

[1] bezeichnet die entsprechenden Blattzahlen der Leipziger Hs.
[2] Diese zwei Verse, mit denen ein neuer Absatz beginnt, sind aus dem Leipziger Codex (L) ergänzt.

Des tet er ab sich durch got
vnd hielt sich an daz gepot
Do dirre selbe gv̊te
in stæte reinem mvͤte
In ein mvnchleichez leben
sich von der werlte het ergeben
Do sprach er aber sein gepet
ze got als er da vor tet
Reiner herre gvter got
weise mich an dein gepot.
(Iᵇ) Gen dir an des heiles pfat
do sprach im aber an der stat
Von got sus ein stimme zv̊
flevch sweich vnd rv̊
Daz sint die wege der sælicheit.
der gvte was des vil bereit
Wan er die einode pflach.
pawen piz er tot gelach.

Von Daniel dem vater.

Daniel was ein vater gvt
vnd trvch ze gote holden mvt
Von Arsenio alsus der sprach
daz man in horte noch ensach
Nie tieffe gesprechen von der schrift
swie er doch hete hohe gift
Von got an genaden groz
sus wolte er wesen eren ploz
Mit hertem gepet er vaht
an des sunne abendes naht
Stæte er was an seinem gepet
die hende er auf gerecket het
Von der sunnen vnderganch
swie sere in dev mvde twanch
Die hende er niht darnider lie
piz frv dev sunne auf gie
Des svnnetages vnd erschein

die ander naht algemein
Wachet er piz hin an den tach.
wan er durch notdurft beiach
Wolde an slaffe im tvn sein reht
so sprach er chomt her poser chnecht
Da mit er dem slaffe rief
nach dem worte iesa er slief.
(I^{c}) Sitzende vil churtzleich
dar nach er auf rihte sich
Wider an sein gepet als e
im was nach got harte we
Sein weinen was nach im vil groz [Fol. 76^{a}]
ein tvch het er in der schoz
Swelher arbeit er pflach
daz tuch im in der schozze ie lach.
Durch der træher fliezzen
so stæte was ir giezzen
Im waren alle sein augen pran
mit den zæhern avz gegan
So stæte waren die vnd so heiz
der er sich nach got fleiz.

von Arsenio.

Arsenius pflach auch der sit
die im stæte wonten mit
Swenne er zu den alten cham
durch nutz als ez wol gezam
Swaz man da reden wolde
so saz der gotes holde
Bei einer sevle er sich parch
wan er behv̊te ie vil starch
Daz er vngern ieman sach
durch daz er sich auch vnderprach
Das in ieman sæhe
er was schone vnd wæhe
An dem antlutze sein
gab er vil nach engels schein

Er was den levten minnesam
vnd doch im selben harte gram
Daz er vil wol beweiste
wan er sich chleine preiste.
(Id) Mit gemache vnd mit geræte
ein schone antlutze er hæte
Daz was im lanch vnd hager.
allenthalben was er mager.
Er hete auch einen langen part
puckent er vor alter wart
Dem was leit daz man in sach
stæte er ez vnderprach
Swa er mohte daz bewarn.
zeimal chom ein weip gevarn
Von rome in die gegente hin
da si weste wesen in
Von seiner tûgende reinicheit
die got hete an in geleit
Wart geseit der frawen
des wolde si in schawen
Vnd chom dahin gevarn sus
der pischof hiez theophilus
Pei dem Arsenius do saz
der horte von der frawen daz
Als si auch in mit worten pat [Fol. 76b]
daz er ir hulfe an die stat
Da si gesæhe Arsenium
der pischof fragte darvm.
Arsenium den gvten man
ob er si wolde fur sich lan
Als si begerte er sprach nein.
sus chom der pischof wider heim.
Vnd seit da der frawen
er wolde ir niht schawen
Do sprach dev frawe ich wil da hin
ob got wil ich sol sehen in

(IIᵃ) Sein arbeit wuhs vil ze groz [Fol. 77^{c}, 27]
da von ir harte in verdroz
Des begvnde er wandern
so hin zv den andern.
Der den siechen dienen pflach
den auch sein dienst vberwach
Wan im ze swere was daz ampt
die zwen giengen do entsampt
Von ir arbeit in den stunden
da si den dritten funden
Der in der wvste rvte
da in nieman mvte
Si sagten peide im ir not
die igleichem daz ampt pot
Des er sich het an genomen
vnd wie si wæren zv im chomen
Daz si verhorten seinen sin
welch wær an tugenden sein gewin
Der iener gvter witze wielt
ein weile er sich des worts enthielt
Mit einer ebenmazze
weist er in di strazze
Seines lebens harte ploz [Fol. 77^{d}]
in einen chopf er wazzer goz
Vnd hiez si sehen drin ze hant
daz wazzer lief vmme den rant
Sein wûten was so wilde
daz si niht sahen ir pilde
Dar nach in chleiner stvnde
do sich des wazzers vnde
Stille in dem chopfe was
die sahen drin als in ein glas
(IIᵇ) Ir antlutze sehen gen in
der dritte sprach nv hort den sin
Waz daz wazzer meinet

[1] sich *hat hier keinen Sinn und ist wohl nur ein Schreibfehler; in* L *fehlt es.*

swer sich des vereinet
Daz er mit den leuten wil
bechummert wesen alle zil
Der mach sein pilde niht besehen
wie vnd waz im sei geschehen
Vnd wie vil er mangels habe
wil er sich aber ir tvͤn abe
Vnd heimlich in sich selbe chvmen
so siht er schaden vnd frvmen

Von Amon dem gv̊ten vater.

Ein reiner vater hiez amon
vil gvter lere der was gewon
Die man in dicke reden sach
zeimal ein ivnger zv im sprach
Vater lere an got mich
ein wort daz nutze dunche dich
Do sprach zv̊ im der alte ganch
hab in dem hertzen den gedanch
Den die schuldigen levte haben
die in dem charchær sint begraben
Vnd da beslozzen vaste
die habent wenich raste
Si suchent rat der in frvm
vnd fragent ob der rihtær chvm
Wa er vnd an welhem tag
er welle daz man auf si chlag
Si weinent in den zeiten
So si des rihtæres peiten.
(II^{c}) Das[1] solde sein eines mvnches leben
der die werlt hat auf gegeben
Vnd in des fleisches charchær leit
der solde auch denken ze aller zeit

[1] *Die grossen Anfangsbuchstaben der Verspaare sind bei dieser Spalte weggeschnitten; die blaue Initiale* E *ist mitten durchschnitten.*

Owe der reittvnge owe
swenne ich dort vor gerihte ste
Vnd mich mit ernst fraget got
wie ich nv halde sein gepot
Wie sol ich mich vnschuldich sagen [Fol. 78ᵃ]
so ich die schulde mvz auf mir tragen
Ist daz dein hertze alsam tvt
so mach dein ende werden gv̊t.

Von einem vater.

Ein gvter altvater sprach
wie einem prvder geschach
Do er von erste sich begeben
durch got wolde in mvnches leben
Do im got den willen gab
sein mvter hielt in dar ab
Vnd liez in niht vollen varn
do sprach der svn ich wil bewarn
Die sele an got swie ich mach
sein mvter wert ez manigen tach.
Ze ivngest er doch vollen fv̊r
in einen orden er sich swůr
Daz er in hielt er dauht in gv̊t
als nach ein igleicher tv̊t
Der ze got lauffet
der werlde gv̊t verchavffet
Vmme gotes gv̊t daz der sele frvmt
vnd also zv dem orden chvmt
Der swert mit gantzem eide
daz im dev werlt sei leide
(IIᵈ) Vnd daz er seines ordens pfliht
mit willen wil versaumen niht
Des vindet sich ein igleich got
swer sich begeit ze der mvnche rot
Der prvder der die mv̊ter floch
vnd sich in den orden zoch
Ein teil auz seinem gelubde gianch

die eitelcheit in vnderviench
Daz er niht nach tugenden warp
die mvter in der werlde starp
Vnd fv̊r darnach ir leben ranch.
innen des ein sevche in twanch.
Die sein so hertichleichen pflach
daz er vil siech darnider lach.
Zeimal wart im der geist entzucket
fur gerihte hin gervcket
Zv̊ seiner mv̊ter chom er dar
die er sach wesen in der schar
Die da verteilet solden sein
eya sprach si svn mein
Wie pist dv her vertv̊met chomen
waz chvnnen dir die wort gefrvmen
Die dv sus sprache ich wil varn
vnd die sel wol bewarn.
Daz sol dir pilleich missezemen [Fol. 78b]
der svn wart sich so sere schemen
Vor leide im so we geschach
daz er ein wort niht wider sprach
Nu fvgte ez vnsers herren trost
daz er von dannen wart erlost
Er chom wider nach der stvnt
wart er auch churtzleich gesvnt.

BRUCHSTÜCKE VON HEINRICHS VON NEUENSTADT GOTTES ZUKUNFT.

I.

Die nachfolgenden Bruchstücke wurden mir in Abschrift von dem verstorbenen E. v. Kausler mitgetheilt. Sie bilden den Inhalt zweier Blätter einer Pergamenthandschrift des 15. Jahrhunderts, welche von Bücherdeckeln in der Fürstlich Waldburgischen Bibliothek in Zeil abgelöst wurden. Nur je die zweite und dritte Spalte der beiden Blätter hat sich erhalten, die erste und vierte sind bis auf wenige Silben weggeschnitten. Ich erkannte sie als zu Heinrichs von Neuenstadt Gedichte 'Gottes Zukunft' gehörig, und da die handschriftliche Ueberlieferung des Gedichtes eine sehr beschränkte ist, so achte ich den Abdruck derselben nicht für überflüssig. Die cursiv gedruckten Ergänzungen sind aus der Heidelberger Handschrift (pal. germ. 401) entnommen, deren abweichende Lesarten ich ausserdem angegeben habe.

Strobl hat für seine Analyse und Auszüge nur die Gothaer und Heidelberger, nicht auch die dritte vollständig erhaltene, die Münchener cgm. 5092 vom Jahr 1443 benutzt, die ohne Zweifel mit der im Grundriss S. 460 erwähnten Panzerschen identisch ist. Unbekannt ist Strobl geblieben ein Fragment von 52 Versen, welches in der St. Galler Handschrift 969, Bl. 220 (15. Jahrhundert, vgl. Scherers Verzeichniss S. 363) steht.

(1a) Daz warf span maria dar, (pal. 18a)
Daz wewel pracht der engel chlar
Von des maisters mvnde,
Der wol weben chunde.
Daz warf waz daz zvnder.
Das gotleiche wunder (pal. 18b)
Bot daz wort des engel munt,
Da von schier wart entzunt
Dein sel, dein leip, dein raines plvet,
Daz vor maile was behuet:
Das was das warf das si dar gab,
Die rain iz in ir schutze wab
Mit der drien in der ramen.
Si en darf nimmer sich geschamen
Der reichen chostpern wat,
di got in ir gewircket hat.
Daz chlait daz zoch got uber sich:
Er wart ein mensch sichtichlich.
Hoch gelobter reicher got,
Adonay rex sabaoth,
Dein werch di sint gar sinne reich,
Du hetest wol verzinset dich
Mit seraphin dem engel chlar,
Oder cherubines schar
Het ein engel her gesant
Zv vns in ditz iamerlant,
Der sich di not het an genomen.
Du woldest here selbe chomen.
Dv cheme von dem himel so
Vnd werde doch in dem himmel ho.
Dv werde dort vnd hie:
Dv vercherte daz wesen nie,
Hie mensch da wir sachen dich,
Hie got, dort got in himelreich;

7 engels. 10 male. 12 ir kůsche. 13 dringen. 14 Sie d. 15 kospern. 17 daz *fehlt.* 18 sicherlich. 21 di *fehlt.* 24 od' mit. 25 einen. 27 der n. 28 wolte h're selb'. 29 do. 30 were. 31 were. 33 mensche daz. sehen.

Ez zeme wol ahtbere
Daz du der vater were. (pal. 18c)
Du wolte auch unser brůd' sin,
Ihesu zartes bruderlin,
Aller selikeit ein stift,
Von dir sagt uns die schrift,
(1b) In deiner cl*aren kintheit*
Mit chumber *und mit arbeit*
Stunt du in a*rmůt*;
Wie wol alle*r der werlte gůt*
Deine hant vvaz *vndertan*,
Doch woltest *du die armůt han.*
Daz du geporn w*orde*,
Da was chum*ers borde*
Vnd ellend da *mit alle.*
In einem o'de*n stalle*
Dein pette wa*z ein krippe.*
Da von chuni*ges sippe*,
Da wi was dein *demůt so groz*!
Doch chanten *wol die zwei noz*,
Der esel vnd da*z rindelin*,
Ir herre wer d*az kindelin.*
Die tvechel wa*ren nit ze lang*,
Smal churtz *vnd krang*,
Da du der selden *borde*
In gewichkelt *worde.*
Armer mensche, *nů wiz fro*,
Seit daz got e*in hartes stro*
Vur ein pette ha . . . . .
Vnd mit dem *armen wart gezelt*
C . . in seiner chin*theit.*
Chummer no*t un̄ arbeit* (pal. 18d)
Wolder mit den *armē tragē.*
Ewer iamer e*wer clagē*

---

43 stůnde. 45 Diner. 46 wolte. 47 Da du. 50 snŏden. 52 Du von. 53 Wie waz. 57 duchelin. 59 die selbē. 60 gewikelt. 62 bete wart gewelt; *lies* hat gewelt. 64 Mit den. 65 In siner. 68 Vw' i. vnd vw'.

Wirt euch vil wol vergolde.
Ir seit auch gotes holden:
Von armuet werdent ir erlost.
Den freudē blig, d' seldē trost,
Wil er uch erzeigen.
D' himel ist uwer eigen.
Richer mensch, nů siech an,
Wie din schepfer ist getan.
Sin bette daz waz siden niht:
Es waz ein strolin, als mā giht.
Ihesus du iung' wigenman,
Alrerst hebt sich din arbeit an.
Da du nach kindes wise
Din kintliche spise
(1c) Von diner muter bruste suge,
Da kam ez dir an sorgen zuge.
Mere wordē dir da bracht,
Wie dir dez dodes were gedacht.
Der engel quam zu iosebe:
'In dem slaffe du dich hebe
Von hinnē vn̄ var saczehant
Die rihte in egipten lant.
Herodes an gnaden plint
Wil verderben daz kint.
Ihesus du vil guter,
Du und din zarte mueter
Vnd ioseph der getruwe
Fliehent mit iamer rewe (pal. 19a)
Durch die wůste in daz lant
Daz egipten ist genant.
Daz ellende det ime we,
Ab' waz sins leides me
Vmb die kleinen kindelein,
Die herodes umb daz leben dein
Dez dufels hertzoge ersluег:
Der waz vil vnd genueg.

89 var zu hant.

Die schrift hort ich von dir sagen,
Du keme baz zu tagen,
Da pflege du nit d' uppichait;
Zu dugendē waz dein sin berait,
Gehorsam diner mueter
Were du ihesu gueter,
Doch were du den wisen
Bi, den iůngē vnd den grisen
Zu schůle an der lere.
Du were der himel ere,
Du were der wisheide wortz,
Der sůnnen schin, der sternen schortz,
Der speren zirkel vn̄ ir mez,
Der planeten umb sez,
(1ᵃ) Daz erd geruste vnd der grunt
Waz dir alles pas e kvnt
Dan den pei den du sezze.
Ein pilde du vns mezze,
Zarter schuler, da mite,
Gehorsam, da pei gueter site. (19ᵇ)
Do du stercher wurde,
Da wuchs avf dich di purde,
Die du tragen mueste.
Dv gieng in di wuste:
Da mit gebe dv pilde,
Wie man in der wilde
Lebt vnd an der aine.
Dein vaste di waz raine
Vierczich tag, ich maine.
Dv wer mensch vnde got
Doch vertruege dv den spot
Dez gaistes, er versuchte dich,
Wan dv were dem menschen geleich.

---

109 din leben b. 120 und ir. 121 e *fehlt.* 122 seze. 123 meze. 124 do mide. 125 gůte side. 126 Da du starker. 129 gingo. 132 in der. *nach* 134 *folgt* veste du vor uns alle gemeine. 135 were. vnd 137 daz er v. 138 dem *fehlt.* glich.

Daz tet dv herre vmme daz
Das wir gespotte dester paz
Versuchten vnd dulten,
Nicht zorn mit zorn [gv]lten.

Von Jesus gedvlt vnd guet.

Jesus dv lamp ane mail,
der sele trost, dez lebens hail,
Aller svnden lere,
Recht als ein svndere
Gieng du zv deinem chnechte
Vnd enpfienc do vil rechte
Den tavf von Johanne,
Von dem rainen manne.
Dein tavf waz vnser sel gvet.
Zu disen gnaden stunt dein mvet (pal. 19^{c})

(2^{b}) Noch liechter dann die svnne (pal. 30^{c})
Wart al di*e* *mitter*nacht.
Vor dot vnd *in* vnmacht
Lagen *do die* haiden.
Sie waren nach verschaiden.
Christ vnd di himelische schar
Vueren mit ainander dar
Hinabe an der helle tver.
Mit gewalt *fuer [er] dar* vuer,
Er sties an di porten
Mit disen hohen worten
'Attollite portas
Principes vestras'.
Dar nach was der rede me
'Et introibit rex glorie':

---

139 dete. 141 verdulten. 143 Von ihesus vngedult vñ von der miltekeit siner gute *(roth)*. 145 selen. libes. 148 ginge dime. 149 enpfinge. vil] mit. 151 Dem vil r. 153 Dar inne din rein menscheit wůt. 154 *Von 2ª sind nur einige Buchstaben erhalten.* 159 der himel schar. 161 zu der. 162 dar vor.

Daz ist in di deutsch 'tuet auf di tor,
Der eren fuerst stet hievor.'
Di vuersten sprachen 'wer ist da?
Wer tor chomen vns so na?
Wer ist er der da vor
So vaste stozzet an daz tor?
Wer mach daz sein?' sprachen sie.
'Tuet auf der eren fuerst hie'.
Er sties di tuer das si zebrach.
Adam in aus der vinster sach.
Di helle di wart lautter var,
Liecht als der tach chlaer,
Daz alle die gesahen (30[d])
Die verren und die nahen.
Iz wart himelriche do.
Die gevangen worden alle fro.
Adam vnd auch eva,
Manic heilic man was da,
Die vil vor tausent iaren
Alda gevangen waren,
Adam sprach 'ich sehen di hant
Do mit d‘ heilant
Mich maht in dem paradise
Mit gotlicher wise'.
Ein groz geludem wart vernomen,
(2[c]) Si sprachen alle 'da ist chomen
Der gewunschte langer trost.
Vreut euch all, ir seit erlost:
Vns ist di vreud nu betaget
Von der vns lang ist gesaget.'
Adamen nam er mit der hant,
Eva gi*ng* nach im ze hant
Mit adames chinden.

---

168 in dutsche dunt. 169 kůnig ist da vor. 171 getar. 172 er *fehlt*. 175 f.] kůnig. 176 daz dor daz ez. 177 vinsternusse. 178 luter. 182 da. 186 Der viel. 193 do ist. 194 lange. 198 Adam. 199 ging mit im.

Da bleib niemen binden
Der in seiner e mit got lebte
Vnd nicht in boser poshait strebte.
Si fueren hin mit vreuden weis
In der wunnen paradeis:
Da warn si inne vntz an di zeit,
Alz iz an der schrift leit,
Vntz der hohe gotes parn
Zv seinem vater varen.

Wie Jesus von dem tot erstet. (pal. 31ᵃ)

Die gesegent engelschar
vnd Jesus sel vueren gar,
Da man in begraben hat,
ze ierusalem in di stat.
Die engel namen ab den stain:
Da wart leip vnd sel ain
Gantzer mensch vnde got.
Der hohe vater sabaoth
Het in auf gewechet.
Sein leip der ward bedechet
Mit gantzer gotleicher chraft.
Er was worden sigehaft:
Der tot waz mit im gestorben.
Nu hat sein vrstend erworben
Vns ein vrstende:
Der vluoch het nv ende.
Wir mogen bas gedinge:
Nu solle wir alle singen
'Crist ist erstanden
Von dez dodes banden;
Dez solle wir alle fro sin,

201 nieman. 202 gotte lebt. 203 boser *fehlt.* strebt. 206 bis an. 208 Bis. 209 wolte varn. 210 dode erstunt. 212 dar. 213 Do. 214 in der. 215 sten. 216 Do. 217 vnd. 219 Hat. 220 der *fehlt.* 222 Der. 223 erstorben. 226 hat ein eind ende. 227 *aus* gesinge *gebessert.*

Wan er uns von der helle pin
(2[d]) Gerettet als *ein kempfe hat:*
Gelobt sei s*in maiestat.*'

Anshelmu*s schribt daz:*
Man sch*ol sin auch gleuben baz*
Den anders *iht, daz dunkt mich,*
Is ist der war*heit wol glich,* (pal. 31[b])
Das iesus all*er erste wart*
Zu seiner *liebē muter zart*
An der selben *zit zuhant,*
Do er sei in *grozem iamer vant:*
Der prach er *liebe mere,*
Daz er ers*tanden were.*
Dar nach er*zeugt er sich do*
Maria vo*n magdalo.*
Des grabes *hutere*
Di sagten *diese mere,*
Wie si hetten *gesehen*
Das liecht *und daz clare brehen,*
Vnd der starch*en engel schar*
Der chom *ein michel teil dar,*
Den obern stai*n sie worfen abe.*
Jesus der stun*t uz dem grabe*
Lebentic vn*d wol gesunt.*
Er vuer da *hin zu stunt.*
Iz was so *clar vnd licht*
Daz in be*ruren mohte nicht*
Weder zungen *oder munt.*
Die iuden s*prachen an der stunt*
'Lat di red al*so ligen,*
Daz si bele*ibe verswigen:*
Darum gebe*n wir uch solt,*
Paide silber v*nd golt.*'

235 *Ueberschrift im pal.* Sant Anshelmes rede *(roth).* 237 Daz and's. 238 D' warheit ist ez w. g. 242 Da er. 243 braht. 248 Di *fehlt.* 252 Kam (*ohne* Der). 254 der *fehlt.* 257 so *fehlt.* 258 in] *in Kauslers Abschrift* wier. 259 zunge.

Die huetter ger*n taden*
Daz si die iuden *baden.*

Das Bruchstück verdient schon deswegen Beachtung, weil es in österreichischem Dialekt geschrieben ist, während die Heidelberger Hs. mitteldeutsches Gepräge zeigt. Aber auch abgesehen von der Mundart sind die Lesarten beachtenswerth und oft besser als die des cod. pal. Ich hebe folgende Stellen hervor.

V. 10 *maile*, B *male*; Strobl S. 143 behält *mâle*; wie er das verstanden, erfahren wir nicht, denn die Stelle, die doch wohl Berücksichtigung erheischt hätte, ist im Wörterbuch ganz übergangen. Die Schreibung *male* in B ist insofern bezeichnend, als sie auf eine österreichische Vorlage (*maile*) weist.

V. 12 *schutze* D (so will ich der Kürze wegen die Bruchstücke nennen); B hat *kúsche*, was kaum einen angemessenen Sinn gibt; *schutze* steht wohl für *schôze*, und dies wird die richtige Lesart sein.

V. 13 *dringen,* wie B liest, ist sonst nicht belegt; *drien* ist das richtige, *drîe* ist eine auch sonst vorkommende Form für *drihe.*

V. 18 *sichtichlich* D, *sicherlich* B, jenes unzweifelhaft die richtige Lesart.

V. 27 der doppelte Accus. bei *an nemen* ist die ältere Constructionsweise; B hat nach jüngerer Art den Genetiv.

V. 28 *selbe* D, die ältere Form von *selber.*

V. 57 *tüechel* D statt *tuchelin* B verlangt der Vers.

V. 59 *der saelden bürde* D richtig, B entstellt *die selben b.*

V. 63 *hât gęwelt* oder *erwelt*, wie D hatte, ist mit Rücksicht auf das Folgende, wo D ebenfalls besser *und mit* als *mit* B hat, vorzuziehen.

V. 68 der Vers, wie ihn B überliefert, ist zu kurz; in D stand noch ein Wort vor *in*, das allerdings unleserlich scheint.

V. 68 in D metrisch besser; das *und* in B ist hinzugefügt.

V. 77 ich bemerke hier, dass Strobl diesen Vers (Seite 260 unter *strôlin*) ohne *daz* citirt; ebenso V. 79 (S. 286 unter *wigenman*).

V. 89 *sâ*, das in B fehlt, ist gewiss richtig; auch V. 256 hat B *zustunt*, wo, wie der Vers wahrscheinlich macht, *sâ zestunt* zu lesen sein wird.

V. 107 lies *Do du keme.*

V. 159 auch hier verdient wohl D den Vorzug.

V. 172 *er* fehlt in B, was metrisch kaum statthaft ist.

V. 177 *vinster* D für *vinsternusse* B ist, wie der Vers zeigt, die echte Lesart.

V. 198 *Adamen* D ist *Adam* B vorzuziehen.

V. 206 *untz* D statt *bis* B ist richtig, wie der Versbau beweist; und danach wird auch 208 *vntz* D vorzuziehen sein.

V. 214 *in di stat* D, B falsch *in der stat.*

V. 237 *den* D, = *dènne*, besser als *Daz* B.

V. 252 *der*, das in B fehlt, kann nach der Satzverbindung kaum entbehrt werden.

V. 257 *so* in D, fehlt B, jenes gewiss richtig.

II.

Ein Bruchstück einer andern Handschrift befindet sich unter den Fragmenten der Münchener Staatsbibliothek (cgm. 5249, 27). Es sind zwei Pergamentblätter einer Handschrift des XIV. Jahrhunderts, in Quart, zweispaltig, mit 40 Zeilen auf der Spalte. Sie entsprechen in der Heidelberger Handschrift cod. germ. 401, 39^a, Z. 6 von unten bis 41^b Z. 5 von unten. Allerdings erscheinen sie hier nicht zum ersten Male gedruckt; K. Roth im 4. Bändchen seiner Beiträge S. 51 ff. hat sie bereits publizirt, aber unter dem irreführenden Namen 'Evangelium Nicodemi', mit dem sie nichts zu thun haben. Ausserdem ist eine schwer leserliche Stelle auf Blatt 2^a von Roth mehrfach falsch gelesen worden. Strobl hat auch dies Bruchstück übersehen, bez. nicht als zu Heinrichs Gedichte gehörig erkannt. Ich gebe zugleich die abweichenden Lesarten der Heidelberger Handschrift (die

Gothaer fehlt hier), die ich mit *B* bezeichne; einige Fragmente daraus sind bei Strobl S. 149—151 gedruckt. Die Münchener Bruchstücke nenne ich *E.* Sie sind durch ihre österreichische Mundart ebenfalls wichtig, besonders aber weil sie nach B 41ᵇ, Z. 4 noch 50 Zeilen mehr haben, die, wie der Zusammenhang zeigt, entschieden echt sind.

(1ᵃ) Wez nemt ir hie besvnder
Ditz dinch ein so grozz wunder?
Jesus, dez hohen gotes barn,
Ist zv dem vater sein gevarn.
Wez secht ir in den himel syder?
Wizzet daz er chvmet wider:
Als er von ev gevarn ist,
Also chvmet er wider christ'.
Si anpetten in alle do
Vnd wurden auch von hertzen vro.
Si giengen wider in di stat,
Als er sie selben tven pat,
Vnd piten, als in gelobet wart,
Dez heiligen geistes zvvart.

Wie Jesus in den himel enpfangen wart.
Jesus, dv hoher himelman,
War hast dv deine vreunt getan?
Wem hast dv si gelazzen?
Dv verst da hin dein strazzen
Zv deinem vater in sein lant.
Dv hast recht als gygant
Deinen lauf volbracht
Also sein dein vater haᵉt gedacht.
Von dem hohen himel vart
Her ab zv uns dein avs vart.

1 Waz dunkt uch hie *B.* 2 ein so grozz] so grozes *B.* 7 uch *B.* 9 Sie baten algemeine do *B.* 10 wordē *B.* 12 selb' *B. l.* selbe. 13 beitė *B.* 16 hohster *B.* 17 din *B.* 20 din lant *B.* 21 als ein *B.* 22 vollebraht *B.* 23 Als *B.* hat *B.* 24 wart *B.* 25 abe *B.* dino vart *B.*

So wart dein avffart aber sider
Avf in den hohen himel wider,
Als vns der edel dauit
An der schrift geschriben git:
'Der herre vert auf in jubilo
In de bǒsvnen stimme ho:
Got in der heiligen syna
Vert auf in ganfzer gloria
Mit zehen tausen gotes wagen,
Mit vil tausent, di wol behagen,
Mit vrevden vnd mit vro̊leichhait:
Gvet ende hat sein arebait.
Er vert da hin ane wer
Daz gevangen werdez her'.
Alsus schreibet vns di schrift.
(1[b]) Da Jesus durch dez luftes trift
Fuer, daz man sein nich' mer sach,
Ein schar von engeln zv im brach:
Di enpfiengen in mit wierde,
In vreude mit begierde.
Da waz himelisch gesanch.
Do nam er seinen vmmeswanch
Die richte zv dem paradyse,
Da er in suezzer wise
Nach seiner heiligen vrstende
Seine vrevnt auz dem ellende
In daz paradys verparch,
Da er als ein lewe starch
Di helle het zebrochen
Vnde sich an in gerochen
Vnd seine vreunt erloste,
Die nam er nu mit troste
Vnd fuerte se mit im alle

26 offart *B.* 27 in *fehlt B.* 31 der busune *B.* 34 dusent *B.* 36 vnd in *B.* 38 do *B. l.* vüert. 39 Der *B.* 40 Also sagt *B.* 41 Do *B.* drift *B.* 42 nit me *B.* 44 wirde *B.* 45 freudē *B.* begirde *B.* 46 himels *B.* 49 Do *B.* 50 heilikeit *B.* 51 Sin *B.* 55 Vn̄ *B.* 58 sie *B*, se *ist keineswegs, wie Roth meint, Schreibfehler, sondern enclitische Form.*

Mit vreuden ut mit schalle.
Hey, welich ein singen!
Weicha, welich ein dringen,
Da der himel wirt vert
Mit reichem here wol behert!
Da enwaz nicht sweigen,
Singen, herpfen, geigen,
Horn, bvsavnen brvmmen,
Paide zinbel unde trvmben,
Cythara vnd auch zitolen,
Psalterium, welsche violen,
Daz chobus mit der Lauten,
Paide tambuten und die paut^{k}en,
Vlaches ror vnd die schalmein
Mit reichel wal stammenein,
Rotten vnd metz canone
Was vil in svezzem done.
Auch chlungen da di schellen,
Di engel mit hellen;
Der vreuden ludem waz so groz,
Daz er in den himel doz.
Etleich engel vragten mere,
(1c) Wer der gewaltic were,
Der mit solher hochvart
Gein himel so gefveret wart.
Iz varn drev und dreizzic iar
Vnd ein halbes, daz ist war,
Daz von himel was gesant
Jesus der welde hailant.

---

59 vnd *B*. 60 Ey welch ein sußes singen *B*. 61 wol ein *B*. 63 here] gesinde *B*. bek't *B*. 64 nicht] kein *B*. 65 harpfen *B*. 66 busunen *B*. 67 zumbeln vnd drümē *B*. 68 Harpfen vnd *B*. zytoln *B*. 69 Psalterien vnd *B*. fioln *B*. 70 kobus *B*. lůten *B*. 71 Paide *fehlt B*. Dambůren mit den bucken *B*. 72 Flach *B*. schalmeyen *B*. 73 reicher *B*. schameyen *B*. 74 metzkanone *B*. 75 vil in] in vil *B*. 77 mit den *B*. 79 dem *B*. 80 Etteliche *B*. 81 geweltige *B*. 82 solicher hofart *B*. 84 warn drů *B*. 86 wart *B*. 87 werlt *B*.

David der chvnik hat gelesen.
Das tausent iar vor got wesen
Sint noch churter den der tac,
Der gestern vur gen wesens pflac.
Da von, als ich lesen hore,
Der engel etleiche chore
Hetten sein vermisset nicht;
Das chom von grozzer vreuden schi[ht].
Gegen im wart gegangen,
Herlich wart er enpfangen:
Igleicher besundelich
Enpfiengen in gar herleich,
An dem allev dinch sint.
Der vater enpfienck da sein chint
Liepleich in gôtleicher tat,
Als ein herre, der seinen svn hat
Zv einem chempfen auz gesant
Zv vechten in ein ander lant,
Streiten vmme sein erbteil.
Ist daz er danne gewinnet heil,
Daz er den veinden an gesiget
Vnd gantzes sigenvftes phliget,
Is verstet wol ein iegleich man,
Vnd daz iz billeich ist getan,
Das er in wol enphahe
Vnd setzen pei sich nahe.
Siges wart im wol geiehen;
Doch wart der chemphe gesehen,
Daz zerhawen waz sein wapenchleit,
Daz er an sich het gelait,
Zefveret vnd zevlozzen,
Mit blvet wart begozzen.

---

89 gotes *B.* 90 kůrtzer dañ *B.* 91 v'ging d'wesens *B.* 92 hôr *B.* 93 etteliche kôr *B.* 94 Heten *B.* 95 kam *B.* geschiht *B.* 96. 97 *vertauscht B.* 98 sůnderlich *B.* 99 enpfing *B.* 100 alle *B.* 103 Als er den sinen *B.* 106 umb sin erbeteil *B.* 107 danne *fehlt B.* 109 sigenůnftes *B* 110 Ez *B.* 111 Vnd *fehlt B.* 113 setze in *B.* 119 Mit blůte vbergozen *B.*

Doch blaib im der sige vane
(1[d]) Mit sigenvft da der bane.
Ist sein chlait worden naz
Mit seinem bluete, waz schadet daz?
Des sol werden guet rat,
Seit das er iz vberwunden hat.
Ei wi wol der svezze zart
Jesus da enpfangen wart!
Alpha et. o. dez vater mvnt
Sprach von dem svne an der stvnt:
'Hie ist mein svn ain geporn,
Den ich mie han avz erchorn,
In dem ich mier gevalle wol.
Eigenleich im dienen sol
Himel, erde, der helle grvnt:
Dem schol gepieten sein mvnt,
Vnd waz der engel ist benant.
Er sol zv meiner rechten hant
Sitzen gleich gewaltich
Mit mier ain vnd drivaltich.
Der gewalt ist im gegeben
Vben den tot vnd vber daz leben.
Alle himelische chnie
Svllen sich piegen vor im hie'.

Wi Jesus ze himel enphangen wart.

Zehant da hveb sich ein schal
In dem himel vber al.
Di engel svngen schon
In einem svezzen don
Paide nider vnde ho:
'Gloria in excelsis deo!

---

121 Mit sigenůnfte an der ban *B.* 123 schat *B.* 125 Sit ers u. *B.* 127 do *B.* 130 sůn enborn *B.* 131 mir het *B.* 133 eygenlich, *ganz richtige Lesart, wenn man richtig interpungirt.* 136 genant *B.* 141 Ewig richsen vnd leben *B.* 142 engelische *B.* 144 Der engel enpfahen *B.* 145 da *fehlt B.* 147 schone *B.* 148 done *B*

Got sei gesaget ere
In den himeln immer mere
Vnd auf der erden gotes chint,
Di mit gvetem willen sint'.
Di engel dort vnd hie
Viellen nider avf di chnie
Vnd svngen alle gelich
'Wir loben vnd gesegen dich,
Wir anepitten dich vnd eren:
Dein lob wir immer meren.
(2a) Genad' vnd wirdichait
Durch dein . . . sei gesait!
Got herre, chunich in himelreich,
Got vater almechtichlich,
Got herre, ein geborner svn,
Hoher christ uber alle tvm,
Got herre vnd auch du gotes lamp,
Des vater . . . in cheusche champ.
Du pist heilich raine,
Du pist herre alaine,
Du pist alain der meiste
Mit dem heiligen geiste
Vnd in des vater ere.
Weishait vnd alle lere
Ist von dier gegozzen.
Dein hant di hat beslozzen
Himel, erden vnd ieren grvnt:
Gesegent sestu zv aller stvnt'.
Dez svnes stuel wart benant
Dem vater zv der rechten hant.

---

152 dem himel *B.* 155 vñ *B.* 156 uf ire knie *B.* 157 Sie sûngen allesampt glich *B.* 158 gesegenen *B.* 159 an bedē *B.* 160 *Keine Lücke nach* meren, *wie Roth annimmt, sondern das zweite Blatt schliesst sich unmittelbar an.* 161 vnd] ere *Roth.* 162 din ere si dir *B.* . . .] lob *Roth.* 164 g. v. herre a. *B.* 165 G. h. ewig warer s. *Roth.* 166 dûn *B.* 168 . .] sun *B,* dich *Roth.* kam *B.* 169 Du pist] Christ *Roth.* ein *B.* 171 Du pist der aller meiste *Roth.* 174 alle *fehlt B.* 177 erde vnd ir *B.* 178 sistu *B.*

Der svn, der vater sint nv ain,
Der heilig geist in der gemain.
In drin personen ein warer got:
Vber allev dinch get sein gepot.
Nv dringet dort fuer her swinde
Daz edel her ingesinde:
Aller der welt vater adam
Vnd di mveter eva alsam,
Vnd nach in manich heilig man,
Der heilig taufer iohan
Vnd di heiligen weissagen:
Di habent volendet nv ir chlagen,
Die swere gevangen waren
Mer danne vor tausent iaren.
Dar nach edeler haiden mere,
Di schône in der natvren e
Dienten vleizzichleiche got
Vnd huetten sich vor svnden spot
Vnd giengen gelich in seinen gepot,
Als der edel job war.
(2b) Ich trawe got daz ypocras,
Ptolomeus vnd pittagoras
Wonen mit in an der zale;
Daz ist doch in gotes wale:
So wundert mich gar sere wez
Sold engelten aristotiles,
Dem got der weisen geist gab
Vber aller chvnst vrhab.
Des sullen wir iesu getrawen wol,
Daz er si mit im bringen sol

---

181 in ein *B.* 184 din *B.* 185 fuer *fehlt B, und ist zu streichen.* 186 her gesinde *B.* 187 welte *B.* 190 heilige teufer sant *B.* 192 Di *fehlt B.* hant *B.* 194 Me *B.* 195 mere, re *ausgekratzt E,* me *B.* 196 schone *B.* nature *B.* 197 flißeclichen *B.* 198. 199 *nur eine Zeile* Vñ warc ane wandels schrot *B.* 200 waz *B.* 202 pitagoras *B.* 203 mit] sint *Roth.* im in der zal *B.* 204 wal *B.* 205 wes *B.* 206 Engelten solte aristiles *B.* 207 den wisen *B.* 208 kůnste *B.* 209 suln *B.* ihesus *B.*

Da di andern gotes chint
Mit vreuden in dem himel sint.
Die geste enpfiench gar schone
Got in des himels trone:
Iz wart vreuden vbergvz,
Herschaft, genvegen, vbervluz.
Ie der sele wart zervem
Zelon alda ir fversten tvem,
Also s ir chrone solden tragen.
Da waz wolenst zu wol gehaben.
Paide ir herschaft vnd ier ampt
Enphfiengen di engel alle samt
In manger wunnechleichen schar
Von Jesus hant zv lehen dar,
Wie si dienen solden
Den werden gotes holden.

Wie die junger den heiligen geist enpfhiengen.

Jesus, der weld heilant,
Sitzt zv dez vater zesem hant
Ebengleich vnd ebenhere.
Nach der christenhait lere
Sol er noch chvnftich werden,
Ze richten hie auf erden
An dem iungisten tage,
Als ich schir her nach sage:
So wil er lonen ie dem man
Waz er hie hat getan.
Die heiligen sint in vrevden dort,
Die iunger sint vil sere bechort:
Si wartent der gelvbe alhie

---

213 enpfingen *B.* 215 Ez were freuden vberfloz *B.* 216 gnuge vbergoz *B.* *in* vbervluz *ist* z *aus* t *gebessert.* 217 wart da zu *B.* 219 als sie ir *B*, *nach* s *ein* i *ausradirt E.* 220 da waz lust zu wol behagen *B.* 225 *vor* dienen *getilgt* den *B.* 226 Die w. *B.* 227 iungern *B.* 228 der werde *B.* 229 rehten hant *B.* 230 ebenher *B.* 231 ler *B.* 232 noch *fehlt B.* 234 iůngsten *B.* 236 ie d' *B.* 239 iůng'n *B.* so sere *B.* 240 glubde *B.*

(2^c) Zv ierusalem, alda sie
Der zarte iesus peten hies.
Ier dehein des selben nicht enlies,
Igleicher seines geb^{e}tes pfhlac
Vntz avf den lesten pfhingest tac.
Da die pfhingesten chomen vuer,
Da waren si mit versparter tver
Alle sampt an der stat
Da si iesus beleiben pat.
Da si sazzen in den havs,
Da cham vrberinge en saus
Von dem himel ab her,
Als ein geist sneller ger
In flammen viũer gebere,
Alz iz enzvndet were.
Si wurden alle genaden vol:
Daz bedeute ir rede sider wol,
Dar zv dez gotez wunder,
Dez heiligen geistes zvnder,
Da mit ir sel, ir leip, ir mvnt
Mit voller gabe wart enzvnt
Vnd von der gnaden salben naz.
Des heiligen geistes chraft besaz
Igleichem besvnder seinen mvet,
Daz er enzvndet wart als ein glvet
Mit dez heilgen geistes viwre.
Da wart in von zv stiwre,
Daz in an der selben stvnt
Alle sprach warn chvnt.
Si lobten got mit preise
In maniger sprache weise.
Iz waz maniger laie schar
Von manigen landen chomen dar.

---

242 beiden *B.* 243 Ir keiner *B.* 244 Ir ieglicher *B.* 245 Biz *B.* pfingst *B.* 246. 47 *vertauscht B.* 247 mit̄ *E.* 250 *von hier bis* 299 *fehlt B. l.* dem. 251 *l.* ein. 252 ab her *will Roth mit Unrecht in* her ab *ändern.* 253 *l.* mit sneller ger

Iz waz da selbe ir hochzeit,
Als vns di schrift geschriben geit:
Nach dem gueten alten site
Dienten si got da mitte.
Da warn von capadocia
Vnd von mesopotamea,
Da pei in von Judea,
(2d) Sie selbe von galylea,
Von frigia vnd pamfilia,
Von ponto vnd von asya,
Von treces vnd von arabya,
Die pilgereim rȯmer waren da.
Dez heiligen geistes weishait
Waz an di Jungern geleit,
Daz sie in manigen zvngen
Got lobten vnde svngen.
Di zv der hochzeit warn chomen
Vnd ier sprach da vernomen
Hetten, do nam wunder,
Iegleich volck besvnder:
Si sprachen vnde iahen
Die iz horten vnde sahen
'Sint die nicht von galylea,
Di vnser sprach redent da?
In vnser sprach horte wier
Daz si mit gotleicher gier
Got lobten vnd got erten
Vnd sein chraft mit lob merten'.

Wie an Judas stat Mathyas wart genom̄.

An iudas stat wart genomen
Ein heiliger man vollechomen,
Der was genant Mathias.
An der Jungeren wille waz,

---

284 *l.* cretes. 292 *l.* di nam. 300 vnd erten *B.* 301 sine *B.* 303 Wie sant mathias an iudas stat erwelt wart *B.* 306 Vnd' den iüng'n was *B.*

Daz si got alle pͤeteten
  Vnd ein rechtez loz taͤten.
Mathias namen sagt ich e.
  Der ander hiez von barsabe
Josep der gerechte.
  Die zwen gotez chnechte
Paten vmb daz apostel tvem.
  Mathyas der behielt dem rvem,
Daz loz wart im ze taile.
  Daz was an seinem haile,
Daz er der zwelifer ainer was:
  Di ere versmachte Judas.
Die zwelif liebten bruderleich,
  Si chriegten vme daz himelreich.

---

307 beden *B.* 308 reht loz deden *B.* 310 bersabe *B.* 311 Joseph *B.* 313 apostelndûm *B.* 314 den rûm *B.* 319 zwelfe *B.* 320 umb *B.*

BRUCHSTÜCKE AUS DEM RENNER.

G. Ehrismann hat in der Germania 30, 129 f. bereits die beiden Bruchstücke angeführt, von deren einem ich durch Herrn Dr. Joachim seit mehreren Jahren Abschrift besitze, wie von dem anderen Herr Archivrath Dr. Jacobs mir eine solche ebenfalls vor mehreren Jahren auf meinen Wunsch freundlichst besorgte.

I.
IDSTEINER FRAGMENT.

Dasselbe besteht aus zwei Pergamentquartblättern, wohl noch der ersten Hälfte des 14. Jahrhunderts angehörig, und umfasst V. 11642—11784, schliesst sich mithin an das von Graff (Diutisca 1, 39) herausgegebene Blatt (jetzt in Berlin) an.

(1^{a}) Zweier dinge mag liht ein man
genuk haben, alz ich gemerket han:
wihwazzer und unselikeit.
swer hat ein eysel eins nagels breit,
den dunket er hab unselden genûk.
dri tropfen sin reht alz ein krûk
vol wihwazzers vor missetat,
swelch mensche rehten gelauben hat.
dise vorgenanten affenheit
fûget mûtwille und vermezzenheit,
die von voller pfrunt varnt
und manig sel nit wol bewarnt.

volle pfrůnd machet ůber[1] můt
daz manig mensche die sůnde tůt
die ez an zwivel nimmer tete,
ob ez nit ůbel pfrůnde hete.
wiszet daz Esau der frauz
sin erbeteil an linsin gaz:
so machte honig daz Jonathas
sinem vater ungehorsam was.
fůmf stete versenckte gotes haz:
frauz und unfůr machten daz.
die juden auch nach frauze rungen,
die got spisete in der ẘstenungen
mit himelbrot vierzig jar.
ist daz man sprechen es getar,
so stet vil ůbel ob fraiz die prisent,
die sich teglich mit got spisent.
daz hus bedôrfte reinunge wol,
in daz got selber kumen sol.
wie die vordern alle frauze
wurden gepint, die red ich laze,
und wil aber fůrbaz rennen.
ir mugt daz selber wol bekennen,
daz manig man frazes schulden
(1[b]) kumber und scham můz ofte dulden.
armůt let ir scherczen sin,
die twingent manger hande pin,
der dem frauz ist umbekant:
dez vellet von im ůber allez lant
von mangerley sachen
manig mensche in sůnden lachen.

Von der unkůsche.[2]
Solt ůch der rede nit beviln,
so sagt ich ůch von sinre gespiln,

---

[1] *Zwischen den beiden letzten Worten dieses Verses steht das getilgte Wort* maht.
[2] *in rother Schrift.*

der unküsche, die auch leider hat
manger hande missetat
zu teglichem gesinde.
in irem dienst ich vinde
swern, liegen, triegen,
traczen, vehten, kriegen,
schimpfen, lachen, singen,
tanczen, reyen, springen,
helsen, cüssen, tasten,
baden, ungerne vasten,
stete wandeln und justieren,
kürczwilen und turnnyeren,
zwirliczen veben, unnücze klaffen,
schate schauwen und um sich kaffen
und dez fråzes gesindes vil,
dez ich hie nit nennen wil,
wenne sie sint üch vor genant
und bi der hoffart auch bekant.

Unküsche fümf böse weg hat:
swer geistlich leben hat und wat,
der sol die weg betüten
uns ungelerten lüten.
ich bin ein gaugel prediger,
dez hercz tiefer ist ler:
doch wizzent daz sie witen strich
(2a) hat in der werlt al um sich.
unküsche swendet mannes blůt,
unküsche plendet heiligen můt.
unküsche swechet lip und gůt,
unküsche machet schande flůt.
unküsche glůet alz ein glůt,
wol im, der vor ir ist behůt!
unküsche hat mangen smehen ganck,
unküsche machet manig hercz krank.
unküsche hat mangen öden plik,
unküsche hat mangen valschen strik,
unküsche zange chan mangen zwik,

von dem ir tûgentlich der sik
oft ist gevallen und vellet noch.
swem sie bindet uf ir joch,
der mûz tuschen, alz sie wil.
sie hat mit im ir gaugel spil,
die wil er ir dez henget.
swer sich aber von ir lenget
und verret, der ist ein selik man.
mit strit gesiget man ir nit an.
minne minnet mûzikeit
und fluhet ernst und erbeit.
swer sie fluhet, den flûhet sie;
swer sie jaget, dem wont sie bi.
swer sich mit ir reizet,
sins herczen ofen er heizet.
von so getaner hicze
wirt manger wanwicze:
so wirt auch manger also stolcz
daz er flûget reht alz ein bolcz,
beide zu rosse und auch zu fûze.
wizzet daz er minnen grûze
manig hercz hat betrogen
und vaste in ir dienst gezogen.
(2[b]) ich kan wunders also vil
daz dez nieman hat ein zil:
sie machet clug lûte und narren.
si beretet mit pfrûnden und mit pfarren
mangen ungelerten pfaffen.
sie machet mangen alten affen,
daz er lokmulend get,
daz sim grauwen har ubel stet.
sie machet krieg und sûnet strit.
ir lob ist so groz und so wit,
daz ir der werlte fursten alle
mûzen ofte zû fûzen vallen.
isenin gemûte zemt gelust,
geistlich gût lemt unkust.
ich konde von ir vil wunders sagen;

nu getar ich nit so verre gejagen,
alz mich leret min gedank,
wenn ez sprach e her Frigedank:
'gesagt ichs halbes, daz ich weiz,
ich můst bůwen fremden kreiz'.
swer in sin selbez hercze siht,
der enspricbet nieman ubels nit.
swer siner schulde nimet war,
der uber siht die minen gar.
unzimlich schimpfen, unmezlich sehen,
unmezlich kosen, unzimlich spehen
machent leider sůnden vil,
der ich ein teil uch kůnden wil:
wir lesen in der kůnig bůchen
am ersten blat, wer ez wil sůchen,
daz got sibenzig fůrsten flůch
und fůmfzig tusent, do man trug
sin archen, daz sie die sahen an
unwirdiclich, got herre, wer quam,
wer sol, wer mag dich denne sehen?

II.

WERNIGERODER BRUCHSTÜCK.

Die Foliohandschrift Zh 105 der Gräflichen Bibliothek zu Wernigerode, welche, von zwei Händen aus der zweiten Hälfte und dem Ende des 16. Jahrhunderts auf Papier geschrieben, zuerst eine thüringische Chronik, dann Königs- und Grafenverzeichnisse enthält, die auf eine Herkunft aus dem Schwarzburgischen weisen, ist in zwei zusammenhängende Pergamentblätter einer Rennerhandschrift eingeschlagen, die etwa der Mitte des 14. Jahrhunderts angehörte. Jede Seite hat zwei Spalten zu je 48 Zeilen. Die Gesammtzahl der erhaltenen Verszeilen beträgt 384 (V. 6829—7211 der Bamberger Ausgabe). Die Schrift steht auf Linien, die ziemlich schwach mit dem Reissblei gezogen sind. In den Eigennamen und Versanfängen herrscht die Minuskel vor, doch ohne Consequenz. Die mit dem Zeichen q hervorgehobenen Abschnitte beginnen meist mit der Majuskel. Wie diese Zeichen ist auch der Anfang aller Zeilen durch eine von oben bis unten gezogene senkrechte Linie in rother Farbe ausgeführt. Grössere Sinnesabschnitte — im vorliegenden Fragment nur einer — beginnen mit Initialen in anderer Farbe. Noch ist zu bemerken, dass vielfach die ersten Buchstaben der Columnen durch verlängerte Majuskeln ausgezeichnet sind.

Die Züge der Handschrift — an sich fest und deutlich — sind auch, bis auf eine stockfleckige Stelle, durch die Verwendung der Blätter als Schmutzdeckel im Allgemeinen nicht unleserlich geworden. Die nach innen gekehrten Seiten waren zwiefach mit Papier sehr fest überklebt. Nach der Ablösung dieser Papierlagen erschien die Schrift der beiden Binnenseiten weit frischer und deutlicher, als die der Aussenseiten, und zwar dergestalt, dass auch die stockfleckige Stelle die Schrift noch deutlich erkennen liess.

Obwohl im Allgemeinen sorgfältig, lässt sich der Schreiber doch verschiedene offenbare lapsus calami zu Schulden kommen. Da die beiden Pergamentblätter eine innere zusammenhängende Lage bilden, so bietet unser Fragment den grossen Abschnitt '*von dube*' fast vollständig.

Jacobs.

(1ª) So getan schal hat manig urbur
Gemacht vil smal, wenne rose vnfůr
Hat vorterbet manigen man.
Nicht wol man daz bewaren kan,
wo volkes groze menge si,
da si ouch schande unde schade bi.
q wen maniger mit den herren vert,
dem selden icht eren ist beschert,
denne daz her kume sich hernert
vnde sin leben in iamer zert:

deme were vil bezzer, daz er were
in eime walde ein klusenere,
wenne daz er treit einen scheppelere
vnde ist des tufels merterere,
der noch hat manigen cappelan,
die mit witen ermeln an
Rocke tragen vnde in witen kappen,
als von rechte des tufels knappen;
der selben ist luczel im entrunnen,
wenne sie vallen in den brunnen
der ewigen vnselikeit
durch hochfart vnde durch girikeit.
En wert die helle uf erden sur
Er denne sie werden nakkebur
Jens swartzen, der mit sinen genozen
von himele wart herabe gestozen.
¶ Sullen die mit zwirunt vnselig sin
der fleisch uf erden hie hat pin
vnde doch der sele muzen angest haben,
wenne sie des nachtes muzen draben
durch enges tal vnde vinster walt
Ins tufels dinste in des gewalt
In der zit aller grozest ist.
Laz dich herbarmen herre ihesu krist,
daz der mensche ie wart geborn,
der hie vnde dort hat dinen zcorn.
wenne truwe, zcucht, bescheidenheit
Leident vnde war [einva]ldikeit[1]
vnde die sich gar v[ersch]emet haben,
die sullen mit bosen herren draben.
¶ wes man mit ichte enperen mag
Zcu hofe, dem kert man gern den nak.
Manig dingman wilunt ubersach
durch got durch ere vnde durch gemach
des man nů nicht vil ubersehen,

---

[1] Die eingeklammerten Buchstaben sind wegen eines Stockfleckens undeutlich.

des hore ich manige diener iehen.
diz kůmt von grimmer gyrikeit
die aller schanden banier treit.

(1[b]) Wer gerne habe vngeruwig leben,
der sal noch grozen eren streben;
der aber gerne si mit gemache,
der diene got under eime obedache
vnde lebe im sanfte an einer stat.
¶ daz mer vil bitters wazzers hat;
dirre werlt vntruwe bedutet daz mer,
der enwert nicht minner denne leider mer,
wo groz gewalt vnde kreftig her
zcu lange seczen sich zcu wer.
die iuden branten wilunt gern
Bocke, rinder vnde stern,
daz suzer smag vnde rouch uf ginge
Gein himel, den got zců lobe entpfinge:
ymian, mirre vnde wirouch
Brennen wir kristen, daz der rouch
vnde vnser gebete gein himel uf zihen,
daz sie die tufele vnde sin her flihen.
Nu brennet man schůne vnde ruzige dach
vnde maniger armer lute gemach,
die frostig, hungerig vnde bloz
Betteln gen, der leit vil groz
ist vmme ir kleine kindelin,
die arm vnde enlende muzen sin.
So getanen rouch sol der entpfahen,
zcu dem man sicht die rinner gahen.
¶ Got herre, la dir geklaget sin,
daz arme lute so manige pin
Liden muzen vmme er gut,
vnde daz der mensche im schaden tůt
dem nie kein leit von im geschach.
wer lidet vnbilch vngemach,
dem ist vil wirs, den der iz hat
vordint mit siner missetat.

q Nicht geschicht ane sache uf erden:
daz wir sich oder arm werden,
daz kůmt vil ofte von vnsen schulden.
des sulle wirs deste gerner dulden.
vnbildes habe wir vil gesehen,
doch ist sin hie vor me geschehen
Er vnser herre wer geborn,
wenne er rach ofte sinen zcorn
an alle barmeherzcikeit,
Als da er samson wilunt streit[1]
vnde sechs hundert man herslůg
Mit eime seche, wie er vor trůg
Samson, daz man im hette getan,
der mit einander tusent man
(1^{c}) Slůg mit eines esels kinbracken
vnde uf der erde si liez stracken.
disse kraft lag nur an siben harn,
die mitten uf sinem worben warn:
waz krefte hat im da got gegeben,
do manig hundert mensche ir leben
verlorn, die ein sal derdruckte,
do er zwo sule zcu samne rucke (!).
q Vnser herre liez wilunt grozen mort
Ofte geschen vmme ein wort.
kranken vrowen gab er den sin,
daz starke fursten ouch von in
Getursteclichen wurden herslagen;
dis hore wir noch von iudith sagen,
die hertzogen holofernen sluch
vnde mit ir heim sin houbet truch.
q Waz tet iahel hern ysare
dem richter, da im turst tet we
vnde vmme einen wazzers trung sie bat?
dem gab sie milich[2], vnde an der stat

---

[1] *Hs.* vilunt sterit
[2] *Das Wort ist durch Nachbesserung undeutlich geworden.*

do er getrank leiter sich nider.
vnde slif; zcu hant ging sie hin wider
vnde sluch einen nagel im durch sin houbet.
von einem wibe wart er betoubet,
der gar freidig vnde ubel was
vnde vil grozer dinge genas,
der lag als ein bube tot,
Ein trung brachte in zcu dirre not.
¶ Reise kan maniger vnselden walden:
waz arme lute han behalden
In velde, in velsen, in taln, in gruben,
des sicht man leider freidige buben
So gar durchstrichen unde durch varn,
daz wenig man sich kan bewarn;
wenne die selben ofte nement
Manig ding, daz sich die frůmen schement.
Spil, dube, luder vnde gyrikeit
Brengen sie zcu dirre freidikeit,
vnde daz die herren sehen gern,
dy sprechen, sie mugen sin nicht enpern.
Manig achper herre hat buben mut,
Alleine er habe frunde vnde gut;
doch ist sin her hercze nicht als ez solde,
Ob er noch tugenden trachten wolde.
¶ Wenne ein lantwinger ansicht
Sine burge, sin lant, so duncket in nicht,
daz yman uf erden sie sin gliche;
Ern wolde nicht sin zcu himelriche
(1[d]) daz er der armen glorien enpere.
was ob der nicht ein quatschak were,
vnde lenger denne wir solden leben,
wie sere begunde der denne streben.
wem solde gein im nicht gruwen,
der gruwelich als die hůwen
die wimbrache uber zcůhet
vnde alle tage sich ruwet
als ein hunt, der bizen wil.
Rechte kurzewile vnde freuden spil

Gent sin hertze vil wenig in,
wenne er get wentzende als ein swin
vnde darzcu lymende als ein ber
vor traczer hochfart hin vnde her.
So dunket en selber, er sy ein got:
wer het uz dem nicht sinen spot,
der ein mensche ist vnde erger vil,
denne ein mensche wesen wil,
vnde erger denne der tufel ist,
wenne er betungen zcu aller vrist
armer lute dinst wil nemen;
der freidikeit mochte er sich schemen,
wenne der tufel twinget vns nicht,
daz wir im dienen, den als er sicht
an vns, dar zcu gibt er sinen rat
vnde locket vns in die missetat;
Er twinget vns nicht wider vnsen willen
als disse, die nyman kan gestillen
vf erden, denne der tot alleine.
Ir hercze sint so gar vnreine.
¶ Wer so getan preln die worheit saget
Getursticlichen vnde vnuorzaget,
deme wollen sie sin leben nemen,
So sie sich selber muzen schemen,
daz die rede ist vngelogen,
So beginnet (so!) sie mit . . . .[1] brogen
von rouben, brennen vnde slahen,
von vorraten vnde von vahen;
des muz vil manig gut man swigen
vnde irme gruze tiefe nigen
Mer denne (so!) durch vorchte denne durch gůte.
¶ Er gedencket[2] aber doch in sinem můte:
we, wie ein mordisch dib du bist,
vnde wie manige valsche list

---

[1] *ein Wort wegradirt.*

[2] *Die Mitte des Worts ist nicht mehr scharf zu lesen.*

In dime herczen lit behalden!
So din der tufel muz walden,
wes gestu ru . . . . . sen[1] hin vnde her,
als vf einem hus ein tuber?

(2ª) Nů ist din hercze gar tugenden lere
vnde dunckest dich doch gar achpere.
q Mir butet sinen dinst manig sogetan man,
vnde brechte der selbe min pfert hindan
vnde ouch mich selber eine raste,
Ich were baz bie dem nagen gaste.
Got muze e beschermen mich vor in;
Irs dinstes hat selden yman gewin,
die lachende mit den luten ezzen
vnde truwen vnde ern schire vorgezzen,
Sie dienen, als ir gewonheit ist,
wer sie zcuwent zcu rechter frist,
der nimt me schaden denne frůmen,
als ich die warheit han vernůmen.
q Getruwe herren meine ich nicht:
Ir ist aber luczel, als man gicht.
wer roubet, mordet oder brennet,
vil selden leider der bekennet
waz er si vnde was er werde,
Sin trost lit me an sinem phferde,
denne an einem grozen schrine vol
Hilitumes: ir wisset wol
daz so getane lůte halbwilde sint
vnde zcihen ander wilde kint,
die tunt ouch als man vor im (so!) tůt;
ir icliches wurde vil lichte gůt,
wer iz bie luten in der iugent,
die zcucht ez lerten vnde tugent.

---

[1] *Zwischen* ru . . . *und* sen *ist an der durch Feuchtigkeit (Stockfleck) undeutlichen Stelle ein Raum für etwa vier Buchstaben.*

doch wer ein obez truge gein berne,
Ez smecket nach sime stamme gerne.
Hat aber ein wolfelin wolfes site,
da want nicht grozes wunders mite.
vngetruwer louber (so!) leben
Hat got den sinen nicht gegeben.
Man sicht sie selden alsus streben,
Sie gen vnde sten vnde siczen eben
vnde trachten selden als iene,
wie dirre den wurge, der disen dene,
In schimpfe in ernst an allen zeůcht;
Man bekennet den boum bie siner frucht.
q Die tufel sint fride vnde ruwe gram,
So tunt ir diener nicht alsam,
die selden yman geruwig sicht,
Sie lachen wenne yman we geschit;
des sint sie wol des tufels kint,
die freidig als die tufel sint.
war wil der in der helle tucken,
der den hut hie vor muz rucken,
(2b) daz die lute en nicht erkennen
vnde sinen namen ouch icht nennen[1]!
welche sich also brengen muzen,
die muge wol schach mit schaden buzen.
Alleine wir si noch eren gruzen,
doch lit er lob vns vnder den fuzen.
q Getruwer lute mein ich nicht,
wenne ofte leider daz geschicht,
daz sich bergen muz ein man,
der nymanne schaden hat getan,
daz er icht werde von den gevangen,
die er ofte gutlich hat enpfangen,
ader daz ein ander en icht vorrade,
der bie im want frů vnde spate.
q Stolczirer, trencker vnde nachtgengel,
des tufels diner vnde sin engel,

---

[1] *Hs.* nenem.

werden ofte galgen swengel,
wenne in swert, spies vnde bendel (so!)
vor gerichte in muzen enpfallen;
war kumt denne ir neckisch kallen?
q Wer boslich uf ein louken tůt,
der gewan nie frůmes mannes můt;
vnde wer er kůnig dauides kint,
Er wer an mannes tugenden blint
vnde wer ludere vnde diebes genos.
wer ouch twinget einen klos
zuschen armer lute tůr,
daz sie vorbrennen vnde nicht herfůr
Mugen kůmen, der ist geselle
diebe vnde morder in der helle,
ist daz er also dersterbet
vnde nicht gotes hulde irwerbet.
q der bose tut nummer frůmeliche,
Noch der frůmen bosliche;
Twinget man in, daz er ubel tůt,
dennoch entschuldiget en sin můt.
q Wer sich offenbar richet
an sinem vinde vnde denne sprichet:
wisset, daz ich han getan,
den hiez wir einen frůmen man.
wer aber dieblich sich gerichet
vnde denne offenlichen sprichet,
Ern wolle gern dafur gerichten,
den sulle wir gliche bosen wichten.
wenne man aber horte sprechen:
ich mochte mich wol an vch gerechen,
daz wil ich rechte la durch got,
der wer maniger lůte spot,
(2^{c}) Unde het sich doch vil bas gerochen,
denne ob er hette drizig herstochen.
wer sin ruche got dergit,
der wirt gerochen an der zit
So ez im aller beste fuget.
wol im, dem da mit begnuget.

Wjlunt[1] waz dube vnde schande[2]
vnde wo man einen dieb herkande,
der was vnwert vnde vngeneme
vnde frůmen luten widerzceme.
Nu ist ez worden ein kluckeit,
Behendekeit vnde gefuckeit,
wer sine dube kan vorheln
vnde furbas uf ein louken steln,
vnde der gein dem gelachen kan,
dem er den schaden hat getan,
vnde den claget mit valschen munde,
des gut er zcu der selben stunde
vil schentlich hat da heim vorborgen,
vnde desen let in grozen sorgen,
der im nie kein leit getet.
we wie mit grozen eren her get,
vzen rouber oder diebe,
des sele dem tufel ist ummer lieb.
zcweierleie lute diebe steln,
die schande vnder der ern mantel heln:
daz sint frůmer lute kint
vnde pfaffen die gewihet sint;
disse trosten sich der wie,
trucz vnde tracz daz yman zihe
Eins ritters vnde eins burgers sůn,
daz sie lesterlichen tůn,
darzcu wern sie vnde ir gewant
in der stat zcu wol bekant;
wenne sie dort als die pfawen gen,
die nachtes den dieben bie gesten.
q wiszet daz vil manig schande
wirt bedecket in schonem gewande
vnde daz in armer wete sint

---

[1] *Das* W *als grössere farbige Initiale — unbestimmt ob blau oder grün.*

[2] *bei* vñ schande *ist nachgebessert. Vielleicht soll es heissen:* eẏ schande.

Ofte heilige gotes kint.
Man ert manigen durch sin gût,
der selden tugentlichen tût;
So get maniger in boser wete
der boslich doch vngerne tete.
allein er arm si des gutes,
doch ist er tugentliche des mutes.
q Schalkes hercze hat manigen wank,
da von sprach her Fridank:
(2^{d}) Sluffe ein schalk in zcobels balk,
dennoch wer er drinne ein schalk.
q Dube ist ein lesterlicher site,
dem vil vntugent wont mite.
welch mensche ist ein derwegen dieb,
dem ist niman uf erden lieb;
vater, muter, eygen kint
dem diebe glich gewegen sint;
wenne er wil steln vnde steln mag,
So kert er truwe vnde ern den nag;
heilige zit vnde heilige stat
irren selden diebes pfat;
Selden wirt sin heil gemert,
wer heilige stat vnde zit nicht ert;
Er vorcht die welt me denne got,
frundes truwe ist in en tot;
Sine frunde er selden wol betrachtet,
wer ewiger selikeit nicht achtet;
vbel vnde gut er gliche wiget,
wer so getaner[1] dinge pfleget,
des kumet vil manig vnselikeit
von dube vnde manig herczeleit.
q Ich han gelesen, daz hie vor
Ein man, der was genant achor,
Einen pfellelin mantel er stal
vnde ander ding, daz er ouch hal,
Er denne die dube wurde vunden.

---

[1] *Hs.* genaner.

dar nach in vil kurczen stunden
vorlurn sechs vnde driszig man
ir leben, als ich vornummen han,
vme dieselben missetat,
da yericho, die riche stat,
von gotes gewalt was zcubrochen,
vnde unse herre hette gesprochen,
daz nyman solde des roubes nemen;
des muste achor alleine sich schemen,
da er der dube gitikeit wart,
des furcht man em ein ubel vart
zcu felde, da man uf in alleine
warf einen hufen grozer steine,
Sin gesinde, sin wip, kinder vnde viehe
hiez man ouch zcu velde zcihe
vnde alles, das er hete vor stoln,
daz wart gebrant zcu frischen koln.
q Wer noch dube ginge noch
vnde sie rechte (so!) als da geschach
So muste vil maniger lan sin steln,
deme sine frunde helfen heln.

Da die Correctur der Seiten 234—240 wegen Abwesenheit des Herrn Archivrath Jacobs erst nach dem Reindruck nochmals mit der Handschrift verglichen werden konnte, so haben sich einige Nachträge ergeben. 5 menige 6 vn̄ ist fast immer geschrieben. 9 er. 77 brunet Hs., von mir corrigirt. 103 vorlorn. 117 leit er. 120 beroubet, von mir corrigirt. 133 lutter, von mir corrigirt. 139 sin hercze. 141 ein] er, von mir corrigirt. 166 freidekeit. 176 brūnen, von mir corrigirt.

DER TUGENDEN KRANZ.

In den Beiträgen von Paul und Braune 5, 548 ff. hat G. Milchsack ein mitteldeutsches Gedicht 'Der sêle cranz' herausgegeben. Er benutzte dafür eine Leipziger Handschrift, die Heidelberger 341 und einen Kölner Druck von 1513 nach dem Abdrucke in Schades Geistlichen Gedichten.

Mit diesen drei Quellen ist jedoch das handschriftliche Material keineswegs erschöpft. Wenn ich absehe von der Koloczaer Handschrift, die das Gedicht ebenfalls, mit geringen Abweichungen von der Heidelberger, enthält, sind mir noch folgende Handschriften bekannt, welche das fragliche Gedicht ganz oder theilweise bieten.

1) Wien, Hofbibliothek Nr. 2677, Bl. 36—38 (Hoffmann S. 84) mit der Ueberschrift 'von einem chrantz'. Von dieser Handschrift schickte Herr Dr. Seemüller, welchen Josef Haupt darauf aufmerksam gemacht hatte, eine Abschrift an den Herausgeber.

2) Strassburg, Universitätsbibliothek, eine Handschrift des 15. Jahrhunderts; von Antiquar Butsch in Augsburg gekauft. Vorher besass sie T. O. Weigel, der im Serapeum 28, Intelligenzblatt S. 51 sie erwähnte; vgl. auch T. O. Weigels Catalog von 1864 und Germania 9, 379.

3) Weisskirchlitz bei Teplitz, im Besitz des Pfarrers P. V. Hasak. Papierhandschrift in Sedez vom Jahre 1501. Das Gedicht steht auf Bl. 72 b ff. und beginnt

Wer sich czu gote will keren
ein gute list wil ich in leren.

Eine ausführliche Beschreibung der Handschrift gab Schröer

in der Germania 12, 294 ff., ohne zu bemerken, dass dieselbe Handschrift schon in Mone's Anzeiger 8, 209 ff. beschrieben worden war. Sie gehörte damals (1839) dem Antiquar Kuppitsch in Wien, und ist vermuthlich dieselbe, die Karajan, Frühlingsgabe S. 148, Anmerkung, erwähnt.

4) Antiquar Kuppitsch in Wien besass noch eine zweite Handschrift des Gedichtes, aus der ersten Hälfte des 15. Jahrhunderts, Papier, in 16°, von welcher Karajan, Frühlingsgabe S. 145 ff. eine ausführliche Beschreibung und Inhaltsangabe veröffentlicht hat. Das Gedicht (Bl. 139—146) hat hier die Ueberschrift *ein geistlicher chrantz* und beginnt folgendermassen

Wer sich zu got wolle keren
einen list wil ich in leren
wie er sin sach sol vahen an
das er die gotes huld mag han.

Wo diese Handschrift jetzt ist, weiss ich nicht anzugeben.

5) Sanct-Gallen, Stadtbibliothek D 24. 15. Jahrhundert. Im Ganzen nur 161 Verse. Anfang:

Wer sich zu gott wil keren
ainen list wil ich in leren
wie er sin ding sol vachen an
das er gottes hulde muge han.

Schluss:

Das ist das süss himelrich
das gott globt ainem iklich [1]
der gern davon hörett sagen
und och in dem hertzen wil tragen
das säligt im das leben
hiemit wil ich der red ain ende geben. Amen.

Vgl. G. Scherer, St. Gallische Handschriften (St. Gallen 1859), S. 33.

6) Erlau, erzbischöfliche Diözesanbibliothek, Hs. 5496 in kl. 4°., um 1320—30 geschrieben, dieselbe Handschrift,

---

[1] Gedruckt steht: amemiklich.

die Hartmanns Gregor enthält. Das Gedicht steht auf S. 1—14. Es beginnt hier erst mit V. 137:

Swer sich da hin wil lazzen
Auf die himel strazzen
Der vindet pei dem wege stan
Vil edel plumen wolgetan
Die im den wech beraitent
Und in zu got laitent.

Schluss:

Nv nemet dise plumen war
Und behaltetz auch gar
So ist der schönen rosen kranczz
Von rehter schöne worden ganczz
Wol im der hie so ringet
Daz er den kranczz der (dar?) pringet
Der ist seelicleich geporn
Vnd hat den pesten tail erchorn
O sůzzew fraẅ karitas
Hilf mir in des himels palas
Daz ich ihesum da gesehe
Vnd daz chůrczleich geschehe
Dez pit ich dich got vater gut
In deiner hut hab mich behut
Vertreibe von mir dez teufels samen
Vnd bis pey mir got vater amen.

Vgl. Anzeiger für Kunde der deutschen Vorzeit 1855, Sp. 100 f.

7) Wien, Hofbibliothek Nr. 3009, Bl. 59—63, 15. Jahrhundert, Papier, 8°. Ueberschrift *Von der luterkeit ein krantz.* Anfang (= V. 137)

Welcher mensche sich wil laßen
Vff die hymmelischen strassen
Der vindet by dem wege stan
Vil edeler blumen wol getan.

Hoffmann S. 189. Eine Abschrift verdanke ich Arnold Schröer.

8) Königsberg, Universitätsbibliothek Nr. 905, 14. Jahrhundert, Perg. kl. Quart, Bl. 20—27. Anfang (= V. 137)

Swelich mensche sich wil lazen
Vf die hyemel strazen
Der vindet bi dem wege stan
Edele blomen wol getan.

Schluss:

Hie mache ich der rede ein ende
Diz buchelin heizet der kranz
Gemachet in der engele tanz
Swer iz lese der wnsche im durch got
Der daz screib rechtes endes vnd einen lobe-
lichen tot
Den mûze in geuen dęr vater
Der sune vnd hylege geist alle gater amen.

Vgl. Zacher in der Zeitschrift für deutsches Alterthum 13, 523 f. Das Gedicht heisst 'der kranz'.

Was zunächst den Titel des Gedichtes angeht, so steht die Bezeichnung 'kranz' durch die Handschriften fest. Es kann sich nur darum handeln, ob 'der sêle kranz' oder 'der tugende kranz' die richtige Bezeichnung ist. Die erstere Bezeichnung findet sich nur in der Leipziger Handschrift, die andere in der Heidelberger und Strassburger. Da nun diese beiden nicht zu derselben Handschriftenklasse gehören, so beweist ihre Uebereinstimmung, dass der Titel 'der tugende kranz' der echte ist.

Ich theile nachfolgend die Lesarten der beiden Wiener und der Strassburger Handschrift mit, von denen ich die letztere, um mit den von Milchsack gewählten Zeichen fortzufahren, D nennen will, während ich die Wiener 2677 mit E, die Wiener 3009 mit F bezeichne.

V. 1—136 *fehlen F.* 1. 2 *E* = *B.* 2 eyn *D.* 3 schulle an han *E*, an fahen sal *D.* 4 *E* = *B.* h. erwerbe wol *D.* 5. 6 *fehlen E* (= *B*), vnd daz hymmelrich gewynne des sal er mynen und begynnen *D.* 7 *kein Absatz DE.* und auch *D* (= *C*) 8 in der *D*, inder *E* (= *B*). schrift] cristenheit *D.* 9 no also *D.* 12 daz man ganczen ruwen (gantze rewe *E*) sol (schol *E*) han *DE* = *B*. 13 bitterlichen *DE* = *B*. 14 an *D*. dem *DE* = *B*. 15 *das zweite* umb die *fehlt DE* = *BC*. 16 lîp] mensch *D*. 17 Wo ader wann sie sy geschehen *D*. ist *fehlt E*. 18 sal man (man *zwischen geschrieben*) *D*, schulle wier *E* (= *B*). der sunden *E* (= *B*), yr alle zyth *D*. 19–21 mit augen und mit herczen sal man weinen *D*. 19 Mit venien vnd mit chlagen *E*. 20 sagen *E*. 22 also *DE* = *B*. sal der mensch syn hercze r. *D*. 24 frolich bestan *D*. 25 vntz an *E* (*vgl. BC*), biß uff *D*. 26 got geleit *E*. 27 wurde er dan an *D*. erfunden *E* = *B*. 28 *E* = *B*. wol ym dann zu den st. *D*. 30 man gibt *D*. freuden *DE* = *BC*. 31 die *D*. 32 beide *fehlt DE* = *B*. ende] zal *E* = *B*. 33 den freuden *DE* = *B*. 35 *kein Absatz DE* = *BC*. *E* = *B*. Wie er an der b. *D*. 36 *E* = *B*. saget *D*. 38 *E* = *B*, *doch* zeher. u. h. zeyher g. *D*. 39 und jemerlichen *D*. got *E*. 40 sein sel *E* = *B*. in den *DE* = *AB*. 41. 42 No sehet was das weynen mag gethûn jhesum cristum des menschen son *D*. 41 W. ist ein suzzes dinc *E* = *BC*. 42 ihesum christ *E*. 43 Niemen *E*. erp°iten *E*. 44 als der *D*. dâ *fehlt E* = *B*. 45 *E* = *B*. in den buchern *D*. 46 unserm *D*, vnsern *E*. Jhêsû *fehlt E*. 47 reiner] vil *D*. 48 nie gelachte (gelacht *D*) *DE* = *B*. zu *fehlt E*. 50 *E* = *B*. daz sin o. waren *D*. 51 Und syne zarten w. *D*. Da zue sein w. *E*. 52 mit zeyhern dicke umbfangen *D*, mit trawren umbe vangen *E*. 53 *Absatz E*. awe hude und ummer me *D*. unde] und auer *E*. 54 *E* = *B*. Wie sal eß uns ergen e *D*. 55 *E* = *B*. Waz sal uns gescheen *D*. 56 zannen *E*, sehen *D*. 57 Spotten und l. *D*. 58 den dufel frolich *D*. 59. 60 der czaher der geweynet ist bitterlich der stet vor ihesu crist geweltcclich *D*, Der chlare suezz weinet tran also sol tûn ein soelich man *E*. 61. 62 Als er chompt vor gerichte So vuricht er sich var nichte *E*. 61. 62 *vertauscht D*. 61 den armen s. *D*. 62 dem zorneger *D*. 63. 64 Diß dut der zaher süße got myr yn geben müße *D*. *E* = *B*. 65 unde *fehlt D*. *E* = *B*, *nur* suzzer. 66 *E* = *B*. mir weynen *D*.

67. 68 *E* = *B*. 67 dir lieber herre (got *fehlt*) *D*. 68 und sant M. der reinen m. *D*. 69 vil] ach *D*. *nach* 70 *in D hinzugefügt* yr sollet weynen und heiße zeyher gießen No laßet doch fließen. 71 al] gar *D*. langen *E* = *A*. 72 wangen *E* = *A*. 73 sollen sie werden *D*, *vgl. B*. 74 e d. s. in den s. lyge dot *D*. in den *E* = *ABD*. 75. 76 *fehlen E* = *B*, Wer aber sie wol gewynnen kan Umb des sele wirt eß wol stan *D*. 77 der puezz *E*, der zeyher buße *D*. *vor* 79 die ander pluem *E*. 79 also *D*. 80 du *fehlt E*. redelichen *D*. 81 martel *D*. 82 bitterlichen *DE* = *B*. 84 her] got *DE* = *B*.[1] 85 sich dine *D*. 86 Da *D* = *AB*. an eyn c. *D* wart anz chreutz *E* = *B*. 87 *E* = *B*. 88 *DE* = *B*. 90 erden *DE* = *B*. zallen *E*. 92 ouch] bleych *D*. wart *E* = *B*. rosen varber *DE* = *B*. 93. 94 *E* = *B*, No vernemet recht die rede myn Er hatte daz heubt geneyget an die asseln syn *D*. 95 Da wart er gesencket *D*. 96 m. eßig und gallen *D*. 97. 98 Also gap er sich willeclich An daz crucze d. d. *D*. 97 *E* = *B*. 99 *DE* = *B*. 100 *E* = *B*. dynen lyp dester *D*. 101 *E* = *B*, *nur* scholdest, An synen dinst w. k. Da mydde soldestu yn widder eren *D*. 102. 103 *E* = *B*, = *D*, *nur hier* Sancta M. 104. 105 d. d. unsern hern J. C. *D*, *E* = *B*, *nur* Daz du. 106 *E* = *B*, dyn sußes kynt d. eingeborn s. *D*. 107 sehe an dem c. *D*. 108 m. so blutegen bleychen wangen *D*. 109—112 *fehlen E* = *B*. Vil eddele zarte k. *D*. 110 Waz taden da d. s. *D*. 112 In der iemerlichen *D*. 113 *DE* = *B*. 114 *E* = *B*. m. me g. *D*. 115 *DE* = *B*. 116 an yrm l. und h. *D*. 117 *E* = *B*. als *D*. 118 lîben *fehlt E*. 119 *fehlt E* = *B*. ich s. m. war *D*. 120 *E* = *B*. Wie sal eß ergene uber mich *D*. 121—122 *E* = *B*. Als er her widder sal kumen Als ich an der schrifft han vernumen *D*, *vgl. BE*. 123 *E* = *B*, *nur* geben. und orteil sal geben *D*. 124 *E* = *B*. myn l. und l. *D*. 125. 126 *fehlen DE* = *B*. 127 *DE* = *B*. 128 Wenne *E* = *B*. iz] eß alles *D*

---

[1] Die Lesart bei Milchsack muss hier sicher heissen *her*] *got* B.

= *A.* mier vor *E.* 129 *DE* = *B*, *doch D* y zu sunden g. 130 *E* = *B* (gedingen *E*), mich enhelffe dañ dyn gebeet (= *BE*) So wirt eß mir hart ligen ummerme Gnade suße maget her (= *BE*) *D.* 131 wort an underbint *E.* 132 hie nû] an dissem bryffe *D.* 133 *E* = *B.* dreget *D.* 134 *E* = *B*; = *D*, *doch* by syn. 135 *E* = *B.* grôz] eyn michel *D* = *BE.* 136 Vnd lazzet *E* = *B.* der s. *D.* ein michel t. *DE* = *B.* 136 *Die hier folgenden Verse in B haben auch DE mit folgenden Abweichungen:*

1 Doch sint auch werch die da vrumen *E.* 2 do mit man mac ze hymel chumen *E.* 3 und d. s. wol dar sunden mag *D.* 4 so *fehlt D.* 5 Swenne *E*, so *D.* scheit *E.* 6 lesten *E*, *fehlt D.* peit *E*, dann bydet *D.* 8 Des herczen und des *D.* lebens *E.* 9 reine] suße *D.* 10 ane h. *DE.* 11 Want da *D*, Wem *E.* 12 ein großer slag *D.* 13 v. und w. *D.* 14 heilgen *D*, *fehlt E.* 16 beyde spade *D.* 18 Und ym sele und lyp müßen b. *D.* 20 Des hercze wirt da von bort *D.* 21 der cheuscheit *E*, die sußekeit *D.* 22 von godes munde *D.* 23 vrone] suße *D.* 24 Daz *DE.* geit] globet *D.* 25 h. da von s. *D.*

Mit 137 setzt die zweite Wiener Handschrift ein, deren Lesarten wir mit *F* bezeichnen wollen.

137 Welcher *DF.* sich no wil loßen *D* = *C.* 138 hin auff *E* = *B.* himel *DE* = *B.* strazzen *DEF* = *BC.* 140 gar vil eddeler *D*, vil edeler *F.* 141 Vnd in dem weg bespreiten *E*, Die sich in den weg spreydent *D*, Die sich da hant gespreytet *F.* 142 *E* = *B*, vnd ym senfften weg bereydent *D*, uñ ime den weg bereytet *F.* 143 gesmag *D.* ir geschmack ist so suß un gut *F.* 144 daz er christo paz tuet *E.* er dem herrē s. *F.* so sanfte *D.* 145 *DF* = *B*, da von gewinnet *E.* 146 *fehlt DEF* = *B.* 147 in] den *E* = *B.* Jhesum cristum *D*, den herren *F.* 148 *fehlt DF*, *E* = *B*, *doch die letzte Zeile* vnd allen den engeln sin. 149 springen sicht *DEF*, *vgl. B.* 150 hymmelrich *D* = *C.* 151 *fehlt D.* Doch *F.* da *fehlt E.* harte] ser(e) *EF.* 152 Wan ir auch vil s. *F.* begert *DF.*

dann in D eingeschoben

Und sie geben vor gote sußen gesmag
Eyn ding ich wol sprechen mag
Daz der herczen manches sy
Da die neßeln wassent by
Und manig krwt gar unreyn
Das enhat disser blumen keyn
Welch ħercz bitter und zornig ist
Das ist so gedünget mit dem mist
Das mag nyt dan̄ ubermůt dragen
Da von wil ich uch das sagen
Das ist gar entwicht
Der heilge geist der wonet da nicht
Der dufel hat daran geseczet sich.

153. 154 *E* = *B*, *doch* ein igleichz ze hymelrich, Dar umme ein yglichs fliße sich Das do begert zu dem hӯmelrich *F* (*vgl. C*), Darumb so flyße sich eyn yglich *D*. 155 dî] disse *D* (*vgl. C*), der selben *F*. b. no b. *D*. 156 sich wol da mit *F*. besteckche *E*, bestecke *DF*. *Dann* vnd sein sel erwekch (= *B*) und do von allez lait zerekche *E*. 157—162 Dieß *(Absatz)* sint die blumen manigfalt Da du dich mit bestecken salt Da mit sich die sele cleydet So sie von hynnen scheydet No mercke welche disse blumen syn Und laß sie wassen in dem herczen dyn *D*. 157 da von mach *F*. 160 Auch durch *F*. 161 *EF* = *BC*. 162 der disen krantz treyt *F*. 163 *kein Absatz DEF*. Die *EF* = *B*. nennen *DEF* = *BC*. 164 *fehlt F*. erkennen *DE* = *B*. 165 Kuscher l. *F* (*vgl. C*). reyner l. *D*, Ein hercze lop *E*, *vgl. B*. 166 *E* = *B*, = *F*, *doch fehlt das zweite* daz, daz ist der blumen eyn sy uch geseit *D*. 167 die wol grozzes l. i. *E* (*vgl. B*), D. großes lobes wert ist *D*, Der hoert werd un liep ist *F*. 168 *DE* = *B*, in dem kemerlin j. c. *F*. 169 vor *fehlt DEF* = *B*. suße *D*. konigine marien *F*. 170 sant M. *D* = *B*. Der werden m. r. *F*. 171. 172 *E* = *B*, *doch fehlt* so, Wolt yr wißen kurczlich Disse (Die *F*) blůme ist der wirdegesten eyn (die werdest *F*) in hymmelrich *DF*. 173 *kein Absatz DF* = *AC*. Doch *E*, auch *D*. ein pluem *E* = *BC*, ein

blumelin *F*. 174 ist geheißen *D*. 176 *E* = *B*. Die *D*. in dem *F*. 177 Sein smach *E* = *B*, yr gesmag *D*. der *fehlt D*. suezzreich *E*, wönneclich *DF*. 178 *E* = *B*. Des *D*. 179 *kein Absatz DF* = *AC*. ir auch *D*. *nach* 180 *E zwei Zeilen* = *B*, *doch* die sm. uns an den guemen. 181 *E* = *B*. Die *DF*. by den *DF* = *C*. mynnesten *F*, argen *D*. 182 *E* = *B*. wand got *DF*. selber] harte *F*. 183 s. claren antzlit *F*, synen augen *D*. 184 an deme] auch zum *F*. zu dem k. muß man s. h. *D*.

185 *kein Absatz DF* = *AC*. ander *DEF* = *B*. noch da steit *D*, noch dort stet *F*, stet da gemeit *E*, *vgl. B*. 186 erbarmhertzikeit *F*. 187 da pei *E*, auch da by *D*, nahe da by *F*. 188 ich meÿ *F*. daz iz *EF* = *B*, daz sie die *D*. 189 yr laßet sie uch auch n. *D*, yr solnd sie nit *F*. û] auch *E*. versmahen *ED*, verschmahen *F*. 190 by den *F*, under den *D*. werdestē *F* = *B*? haben *D*, vahen *E*.

191 *kein Absatz DEF* = *AB*. 191. 192 So man dann beginnet V. g. zwo b. man findet *D*. 193 *Absatz B* = *E*. kestigunge *F*, Vestigunge *E*, kestyunge *D*, = *B*. mazzen *E* = *BC*. 194 *E* = *B*. Der sal man *D*. da nyt *DF*. lazzen *DEF* = *BC*. 195 *E* = *B*. Die *D*. zu dem *F* = *BE*. 196 im *E* = *BC*, ine *F*.

197 *kein Absatz DF* = *AC*. 198 sûze] sûnder *D*. 199 zwo blumen *D*. 200 Die uns smekchen *E*, Die schmackent *F*, Der gesmag uns sanffte dů̊t *D*. in dem *F*.

203 *kein Absatz DF* = *AC*. Dannoch stet eyn s. b. dort *D*. Ein pluem stet da verre *E*, *vgl. B*. noch] ferre *F*. 204 gotes wort hor gern *E*, *vgl. B*. 205. 206 *vertauscht E*. 205 Die *D*. 206 Die *E* = *B*. engel] dogenden *D*, tugend *F*. krantz *F*. 207. 208 *fehlen F*. 207 Der sollen wir *D*. 208 *E* = *B*. Nyt zu hinderst l. *D*.

209 *kein Absatz F* = *C*. *E* = *B*, Zwo ander bl. *F*, Noch weiß ich zwo b. *D*. 210 bie] zu *E* = *B*, under *D*. Mit den besten sint sie *F*. 211 *DEF* = *B*. 212 Sie *D*. ist geheißen *F*. 214 die got liewunde ie was *E*, d. u. h. liephande w. *F* = *C*, die unser herre y mÿnede was *D* (*vgl. B*). 215 Daz erst heißt senfftmutikeit F. 216

E = *B*. So h. die ander *D*, und die ander *F*. 217 *EF* = *B*. Die zwo sal man *D*. 218 *E* = *B*.

219 *kein Absatz DF* = *AC*. Dannoch *D*. blûme *fehlt F*. sehen *E*. 220 wil ich *DEF* = *B*. des pesten *E* (*vgl. B*), gerne dz beste *F*, mit den beßten *D*. verjehen *D*. 221 sunde] gerne *DEF* = *B*, *vgl. C*. 222 Sie *DEF* = *B*. ist auch *F*. werdesten *F*, wirdegesten *D*. 224 sî] ine *F*.

225 *kein Absatz DF* = *AC*. eß stet noch dort als *D*. do *E* = *B*, da by *F*. 226 eyn vil eddele b. *D*. die ist] ist gar *F*, gar *D*. 228 ez mag der pesten einev sein *E* (*vgl. B*), Es mag vil wol daz beste sin *F*. daz mag wol gut an *D*.

229 *kein Absatz DEF* = *AB*. frolich hyn for (fur *F*) *DF*. 230 *E* = *B*. Geyn (Alle gein *F*) des hymmelriches tor (tür *F*) *DF*. 231 zwû *fehlt D*. gar h. *D*. 232 harte] wol *E*. 233 steke *DF* (= *BC*), stekchet *E*. in *F*. 234 nahe *F*, noch *E*.

235 *kein Absatz DF*. guter glaube *F*. 236 ane zwo *E*, on die *F*, an disse blûmen *D*. die andern alle *D* = *B*, die alle *E*. 238 er] der *E*.

239 *kein Absatz DF* = *A*. *E* = *B*. hin naher an die (zu der *F*) thôr (tür *F*) *DF*. 240 *E* = *B*. ryche *DF* = *C*. 241 *E* = *B*, = *F*, *doch* die ist. Disse blûme ist die beßte *D*, *vgl. C*. 242 *E* = *B*. Und auch *F*. und aller blûmen veßte *D*, *vgl. C*. 243 *EF* = *B*. wil inne gan *D*. 244 *DEF* = *B*, *doch* den v. *C*, vor der *F*, an der *D*. 245 Halp duß und halp dar inne *F*. innen *D*. 246 Sie ist genant *DF*. die *fehlt D*. 247 *EF* = *B*. Der da keyn bl. ist g. *D*. 248 beraittet *E*, spreitet *F* = *C*. in daz *DE* = *B*. 249. 250 *E* = *B*, *nur* rauch. Vn sendet uff die erden auch Gar einen uber sußen rauch *F* (*vgl. C*), Sie sendet uff die erden Eynen gesmag werden (*aus* werder) Dan̄ aller blûmen gesmag Die ich uch ûmmer genennen mag *D*. 251 *DEF* = *B*, *doch* wan̄ wie *D*. 252 Dise blum gevalwet *F*. Yr krafft die zugeet *D*. 253 Di plûm gepar got *E* (*vgl. B*), Dirre blumen gebot got *F*, Eß ist die blûme die got *D*. 254 Das gebot daz her d.

u. ließe sich Marteln also freißlich Und leit das gar gedultеclich *D*. *E* = *B*. Daz sie fur uns *F*. 255 Die mynne mit ym drang Biß daz sie yn betzwang *D*. *E* = *B*. bant *F*. 256 verließ *D*, verlor *F* (= *A*), vergaz *E*. syns *DE*, sin *F*. *dann* An daz krûcze sie yn bant *D*. 257 Und fûr uns leyde *F*, da leyt er an *D*. 258 als eß ym die m. *D*. die edel m. *F*. 259. 260 Wer no an dissem krancz gemeyt Die selben bl. mit den andern dreit *D*. 259 *Absatz D* = *C*. seinem *E*, disen *F*. schaten huet *E*. 260 die selbe schôn plume tuet *E*, Die selben blumen auch tut *F*. 261. 262 So ist der selbe krancz Umb und umb worden gancz *D*. 262 gemachet *F* = *C*. 263 Wer no a. *D*. hie *fehlt E* = *B*. ringet *DF* = *C*. 264 *E* = *B*. den] disen *F*. k. dar bringet *F*, k. gewynnet *D*. 265 ward *F*. selich *E* = *B*. selig ye *F*, ymmer selig *D*. 266 *EF* = *B*. Er hat ym den obersten hort erst erkorn *D*.

267 *kein Absatz EF*. Eya no (du *F*) suße c. *DF*, *vgl. C*. 268 an daz (in den *F*) fron p. *DF*. paradis *E*. *Dann in D*

Daz wir ymmer sin darinne
Mit der hŷmelischen konnegynne
Sant marien die ich mynne
Von herczen vnd von synne
Die selbe suße luter mynne
Die leyde mich daz ich gewynne
Dissen crancz also dogentlich
Daz ich da mydde von hynnen slych
Vor ihesum cristum frolich
Des helff uns unser frauwe vō hymelrich
Daz ich syme gesynde werde glych
Vnd by yr blybe ymmer eweclich.

269. 270 Und got mynen herren müße schauwen Und also mich eweclichen frauwen *D*. 269 *EF* = *B*, *nur* uns ummer inne frauwen *F*. 270 dar inne] muezzen *E* = *B*. von hymmel *F*, *vgl. C*. anschauwen *F*. *In F folgt darauf, gänzlich abweichend*

Als die edele Rose ir wirdikeit
Uff für die and'n blumē treyt
Also ist sie schon' un̄ baß gevar
Under der and'n blumē schar
Als sie den luten ist lieber by
Dan̄ kein ander blume sy
Also sint die wider in hym̄elrich
Die kusch un̄ rein haltēt sich
Die got Irn magtū gebn̄t
Und kusch für sich hin lebent
Wan̄ alle selige gottes kint
Die vor got in hym̄elrich sint
Wer mich nu fraget me
Wie es ume iren krantz ste
Was zierde sie vor den and'n tragen
Das wil ich mynē frunden sagen
Die heilge schrifft tut uns gewyß
Sie habn̄ ein drivaltigē pryß
Un̄ dryer hande geberden
Von Jhū Irme schöpfer werdn
Die die and'n nit enhant
Ye doch sie kein' freude mißgant
Der erst pryß ist so gewant
Sie nēment vō der gottes hant
Zu der wirdigen krone
Eyn gezierde also schone
Daz ist ein kron liecht als der tag
Das man sie vor and'n kyesen mag
Als ein keyseryn̄e die die krone hat
Wo sie vor den and'n gat
We' die krone dort wil han
Der muß hie hoffertigē wandel lan
Das er sich sins heupts yt behere
Es schatt̄ anders ander crone sere
Der and' pryß vō dem ich sagen
Den die megede sollen tragen
Das ist von blumē ein gebant' pfät
Den Ine das heilig lamp vor trät

Das was unser h're Jhū crist
Der der megde leyt' ist
Wo das lamp hin stiget
Die gekrönte schar nach hin siget
Als mir die schrifft sagē kan
So volget dem lāme niemā
Wān der megde schar wunniclich
We' des gekronten lāmes wolle nietē sich
Der sol hie unnütze genge laßen
Un̄ miden die unsteten strayßen
Er sol sin füße stete halten
Und all üppikeit vom h'tzen schaltē
Der dritt pryß des düncket mich
Ist ein süßer gesanck wünneclich
Ir clare stym̄e hant sie hoch
Der süß gesanck macht sie fro
Harpfen vydeln seyten spyel
Des hant sie wßermaßen viel
Das rein lamp das vor in gat
Daz sie an dem pfad gesāmelt hat
Das macht Ine kurtze wilen
Ir megde ir sollent dar ylen
Wān den gesanck niemā da singet
Dān der sinen magtū dar bringet
We' aber den gesanck dar bringē wil
Der myde zergenclich seytē spil
Un̄ der welt freude v'schmahen
Und zu der richn̄ wirtschafft gahen
Dar helff uns got vō hym̄elrich
We' in gottes dinst sy der freuwe sich
Amen.

Sant Gregor schribt das ein Efrauwe was, die hete an eim heilgē tag zu schaffen mit irm emāne Als sie nu zu der kirchē kam under die and'n gleubign mēschn̄, da besaß sie der tufel un̄ ward sere gepinigt O got was sol geschehen den Ebrecherin un̄ Ebrech'n un̄ den unküschen ußer der E.

271. 272 *fehlen D*; *E* = *B*, *doch fehlt* sente. 273 *vorher* Want die freude da zu hymmelrich *D*. 274 *fehlt D*. *E* = *B*, *doch* so licht. 275 do mochte gesein *E* (*vgl*. *B*), da solde sin *D*. 275 *E* = *B*. 277 *E* = *B*. 278 Und *D*. *E* = *B*, daz hymmelische *D*. 279 *Absatz E*. sußer *DE* = *B*. 280 selichleich *E*. er *E* = *B*. 281 *E* = *B*. mit dyr da w. *D*. 282 *E* = *B*, on z. gescheen w. *D*. 283 da sch. *D*. 284 sarge *E*. 285 *E* = *B*. muß *D*. 286 *E* = *B*, *doch* sein leib. Syme lybe wirt n. *D*. 287 *E* = *B*. m. ymmer in v. sweben *D*. 288 *D* = *B*; leib und sein leben *E*. 289 *DE* = *B*. begert *D*. 290 puest du *E*. 291 Wan du h. u. e. woltest *E* (= *B*), want du hymmel u. e. heldest *D*. 292 und allez reich haltest *E* (= *B*), und alles gutes weldest *D*. 294 dyn *D*. 205 maniger e. schone *E*. gar sch. *D*. 296 mit guldein chrone *E*. all mit gulden *D*. 297 heilgen *D*, engel *E* = *B*. harte *DE* = B. 299. 300 *umgestellt DE* = *B*. 299 *E* = *B*. s. ader r. da nyrgent lyth *D*. 300 auch s. *D* = *B*. alle zeit *E* = *B*, und vyl winter zyth *D*. 301 *DE* = *B*. *Dann in D*

Mit eddelen blûmen manigfalt
Ist daz felt da bespreydet
Da got syne frunde uff leydet
Yn wonne und wonsch gewalt.

302 vil *fehlt E*. *DE* = *B*. 303 wis *E*, selben wiesen *D*. springet *D*. 304 d. nachtegale da lude s. *D*. 305 *DE* = *B*. 306 Trewn *E*, Zu mynē truwen *D*, *vgl*. *B*. wolt wir *E*, wolt ich *D*. 307 *Absatz E*. so gethane m. l. *D*. 308 wold *E*, wolten *D*, = *B*. 309 *E* = *B*. aber eß kōmet nymand so balde dar *D*. 310 *DE* = *B*. 311 Ern hab daz liecht e. *E*, er habe es dan̄ vor e. *D*. 312 *DE* = *B*, *aber* hie by *D*, ygliches *D*, igleicher *E*. 313 *E* = *B*. eß sy der man eß sy daz w. *D*. 314 *E* = *B*, *doch* an g. Sie sollen vor kestygen yren l. *D*. 315 *E* = *B*. Und an g. *D*. 316 *E* = *B*. die sie zu dem hymmel brengen *D*. 318 *E* = *B*, = freude *D*. 319 *DE* = *B*. 320 *DE* = *B*. 322 *E* = *B*. und nyrgent zu gode st. *D*. *Dann in D*

Wer mynnet fleischliche gelost
Daz ist der selen verlost
Wer sich gar an die sunde lat
Und got vor augen nit enhat.

323 zu der h. *D* (= *AB*), ze h. *E*. des *fehlt* *D* = *B*, daz *E*. 324 enkan *D*. 325 *DE* = *B*, *aber* inne *D*. 326 *DE* = *B*, *aber* fornen *D*. 328 daz tewer *E*. 329 *E* = *B*, *aber* ie, Daz er in der wernde waz gewon *D*. 330 *E* = *B* (igleich *E*), = *D*, *aber* eyn yglich mensche. 331 *DE* = *B*, *aber* vor *DE*, allen] den *D*. 332 *E* = *B*, *aber* mugen *fehlt*. Die eß zu der h. möchten *D*. 333 *E* = *B*. u. d. gode umb *D*. 334 *E* = *B*. da midde wil ich disser r. *D*.
335—342 *E* = *B*, *aber* Daz. Got gebe uns daz ewig leben Amen *E*. Daz wir dar kommen allen glich Des helff uns got von hymmelrich Amen *D*.

An den Schluss stelle ich ein erst während des Druckes mir bekannt gewordenes Bruchstück, das unter allen das älteste ist, und da es einer Hs. des 13. Jahrh. angehört, das Alter der Dichtung höher hinaufrückt. Ich fand es unter einer Anzahl von Fragmenten der Münchener Bibliothek, von denen mir Fr. Keinz Mittheilung machte.

Im 5. Bande der Beiträge von Paul und Braune hat Milchsack unter dem Titel 'der sêle cranz' ein kleines mitteldeutsches Gedicht nach zwei Hss. des 14. Jahrhunderts und einem Kölner Druck von 1513 mitgetheilt. Ein kleines Bruchstück desselben findet sich auch auf hiesiger Bibliothek. Dasselbe dürfte einer besonderen Mittheilung um so mehr werth sein, als es aus dem 13. Jahrhundert stammt und sich keiner der vorhandenen Textgestaltungen direkt anschliesst.

Es sind drei kleine Pergament-Ausschnittlinge aus einem Blatt in kleinstem Oktav. Da die Ränder theilweise erhalten sind, so lässt sich das Format sicher bestimmen. Es beträgt nämlich, bei 18 Zeilen Text, die Höhe des Schriftraums

0,084, die Breite 0,056 m., so dass, da bei diesen Maassverhältnissen Zweispaltigkeit ausgeschlossen erscheint, sich eines der kleinsten Formate ergibt, die in dieser Zeit vorkommen mögen. Die Schrift ist schön und deutlich und nicht als besonders klein zu bezeichnen. Von den Rändern ist unten ein 0,02 m., oben ein 0,005 m. breites Stückchen erhalten, während von den Seitenrändern links ein ganz schmaler Streifen übrig, rechts aber nur die senkrechtgezogene Begränzungslinie sichtbar ist — alles nach der Vorderseite angegeben. Das Grössenverhältniss der drei einzelnen Stückchen kann man aus den unten im Text dieser Seite angegebenen Strichen entnehmen.

Im Wortlaut stimmen diese Bruchstücke bald zu dem einen bald zu dem andern der vorhandenen Texte, dabei sehr häufig zu C, mit welchem sie besonders die grosse Auslassung von V. 270—334 gemein haben. Freilich scheint der übrige Theil des Schlusses wieder anders zu lauten.

Der Text ist genau wiedergegeben, auch mit den Abkürzungen. Wo ein kleiner Buchstabenrest mittelst des vorhandenen Drucktextes mit Wahrscheinlichkeit gedeutet werden konnte, ist dies durch besonderen Druck angedeutet. In V. 243 sind die obersten Spitzen (von *gan*) kaum mehr deutbar; darauf scheint *man* mit Anschluss an *vindet* (244) zu folgen.

Ueber die Herkunft der Blätter lässt sich nur sagen, dass sie vor ungefähr einem halben Jahrhundert aus Würzburg nach München gekommen sind. Ihre Bezeichnung ist cgm. 5249 No. 31.

**frolich* an des hiemelrich 230
es tor. da stant sva scoine blumē
vor. daz ist hoffenunge un̄ ge 235
*loube. ane d*iu sva blumen sint die
*anderen to*be. Suer d' sueir blum̄
*enbirt. god*es kint he nûem' w*irt*.
Nu wol hin an de ture. da stet ein ri 240
chiu blûme fure. diu blûme ist d
*iu leste. vn̄ i*st du aller beiste. So
man zu der porten in sal *gan*. man
uindet sie an deme weg*e stan. halb*
uzen un̄ halb inne Di*z ist genant* 245
diu gewer*e minne. dehein blû-*
me ist ir g*elich. sie breitet sich*
in daz hiem*elrich. si git vns uf*
erden ovch *sûzen smac und* 250
sûzen rovc*h. swie iz den and'n*
blumen ir *ge. disiu ervalwet*
*n*uem' me. Diu blûm*e enbot got* 252
von hiemelriche daz *her durch uns*
liez martelen sich *wan in diu min-*
ne dar zu bant. daz h*er verkos* 255
sines vater lant. vn̄ lei*t durch uns*
den bittern dot. also im *diu minne*
in boht. Suer an disen *schatehût*
dise selben blumen dût *zu der and'n* 260
blumen scar. So ist d' k*ranz mi-*
talle gar. Su' den also *geringet.*
*daz he di*sen kranz dare bringet
*der ist sa*leg ie geborn. d' hat daz 265
beste teil ir korn eia sûze ka
ritas. hilf uns in daz frone 268
palas. da wir mit unsern ov
*gen. got von himel*e scŏwen 270
*unde crist der megd*e kint. durch
*den got schûf a*lle dink. AM̄

München. F. Keinz.

* Ich habe das weggeschnittene zu ergänzen versucht. K. B.

ZUM KÖNIG VOM ODENWALDE.

Die Gedichte des Königs vom Odenwalde sind nur in der bekannten auf der Münchener Universitätsbibliothek befindlichen Handschrift des Michael de Leone erhalten. Nur ein einziges Gedicht, das Gänselob, das nach der Münchener Handschrift Wackernagel, altd. LB.[5] 1137 ff. herausgegeben, findet sich noch in einer zweiten Handschrift, der Wolfenbüttler Aug. 29. 6. quart, Bl. 59—60. Keller, Fastnachtspiele S. 1439 f. citirt Anfang und Schluss, ohne jedoch zu bemerken, wem das Gedicht angehöre. Herr Dr. Paul Zimmermann hat die Freundlichkeit gehabt, eine Abschrift der Wolfenbüttler Hs. zu nehmen, die ich nachstehend vollständig mittheile.

Der Genss lob. (59a)

Man gicht vil von wiltpret,
das hab gut geret,
man gicht von vogelein singen:
ich wen ein pessers pringen;
nachtigal droschel zeyse:
ich wil ein pessers beweyse;
galander lerchen amseln:
die haben an nicht daran;
pfaben hüner enten:
das ist alles ein getente.
ich sag euch in einer kurczen frist,
wie gar nuczpar ein vogel ganns ist.

es sein sye oder er,
sie tragen reich murschel here,
die hawt und auch die dyhe:
davon wolt ich nicht flichen;
und auch die pfaffen snycze:
bey den so wolt ich gern siczen;
der mag und die lebere
die wern gut gepratene; 20
kragen fusse und das krosse
gesoten wer nicht pose: 22
so ist daz smalz besunder gut,
das man ez in die speise tut.
was ich euch sag, ez musz heraus: 29
und komen zweinczig in ein hawsz, 30
und lege ein gannsz pey dem fewr,
ez deucht sie all gehewr;
(59b) von dem fewr get der rauch:
sie gedechte all 'dir wirt auch.'
seit du mir die koste merest, 35
nu hebt sich der nucz allererst,
als ich euch noch beschaiden wil.
man schreibt auch mit dem federkil 38
und nuczet in zu dem seiten spil
und fidert polcz und reinet gar, 40
domit ein man sein hawsz bewar, 41
dorynnen er alle sein kint erneret: 42
darumb ist sie wol lobes wert.
ich sag ez ym nicht alleine. 43
man vecht mit irem peine
wachteln, die man isset. 45
wer es recht und wol wisset,
noch get der nucz nicht ab.
die sneider mussen ir auch habe:
sie neen uber die vederkyl 50
(der warheit ich nicht helen wil), 49
und macht mancher durch ein lust 51
ein vederkyl in sein armprust,
daz ym die nusz nicht aus far.

noch sind do die nucz nicht gar. 54
dennoch hat man einen siten, 57
das man vehet wolff domitte,
so man die pint auf ein hurt.
es ist ein nucze gepurt, 60
(60a) zwar sie ist ungeleich den tawben.
den kyel nuczt man auch zu den hawben;
daran so hanget ein slappe:
die furt mancher freyer knappe. 64
so thut man in den federkyl 55
quecksilber, wer do wil. 56
eins het ich nahet verlorn:
wem sein fusz sint erfrorn,
der streich daran daz genns smalcz;
daz ist ym weiter pesser wan salcz.
die vischer wollen nicht mangeln, 65
die vederkyl nuczen sy zu den angeln,
das sie yn tragen die snur enpor.
noch ist der aller pest nucz hie vor: 68
mit iren veder wischen 85
man kert die penck vnd die tische 86
und mancher pindet in auf den helm. 87
darunter sicht man stieben die meln.
wer spricht, ich rede ez allein,
ich zeuch mich dez an die vom Newenstein: 90
die haben ere da vil bejagt
von mancher reynen frawen zart. 92
hie get der nucz allererst an. 97
von iren peinen pfeiffet man,
das die lewt werden hochgemut. 99
nu merckt waz man auf dem pet thut,
do die federn ynne sint:
darauf macht man die kint,
(60b) ein man mit seinem weibe,
die gute kurczweil treiben.
mercken, grafen freyen fursten:
ewch sol nach eren dursten,
pfaffen ritter vnd knecht:

ir tut dann nicht vnrecht.
ich thu euch die rede allen sambt kunt:
zu fressen ist sie fur den hunger gesunt.
der gennsz lop ist es genant; 102
sie ist manchem schreiber bekant 101
vnd hat hie ein ende.
got scy vns pey an alle missewende.

Man sieht, bis 22 gehen beide Texte neben einander her, mit geringen Abweichungen. Dann hat A, wie ich den Cod. Aug. nennen will, für W 23—28 zwei ganz andere Verse. Diese halte ich für echt, denn *daz* in W 23 kann sich nicht gut auf die Subjecte in 21 beziehen, wohl aber bezieht es sich trefflich auf *smalz* in A 23. Hier also ergänzen beide Handschriften einander, denn natürlich sind die Verse 23—28 W auch echt; es ist daher zu schreiben

so ist daz smalz besunder guot
daz man ez in die spise tuot:
daz driufet in die pfannen,
von dem sage ich dannen
(daz lazzet iuch niht muewe):
daz wirt ein guote bruewe:
und daz sie grozze eyer leget,
dar uz man junge gense heget.

Danach sind wohl auch die Verse 62—65 A echt, sie bedürfen nur geringer Nachhilfe:

einez het ich nach verlorn:
wem sin fueze sint erfrorn,
der striche dran daz gense smalz:
daz ist im bezzer danne salz.

Nach V. 69 fehlen in A 16 Zeilen, ebenso 4 nach V. 77. Dagegen hat W nach 80 eine Lücke, die durch A ausgefüllt wird. Doch scheinen mir nur die Verse 81—85 echt zu sein, denn die folgenden Zeilen fallen ganz aus dem Stil des Gedichtes heraus.

Im Einzelnen mache ich noch auf folgende Lesarten

aufmerksam. V. 4 *wen* A, *mein* W. Es ist bekannt, dass *waenen* in jüngeren Hss. oft durch *meinen* ersetzt wird. Danach ist nicht unwahrscheinlich, dass A hier die bessere und ursprüngliche Lesart hat. V. 13 A meint *es sei ein sye oder er*. V. 22 ist die Wortstellung in A besser. V. 30 l. *gedechten*. V. 31 *seit* in A weist darauf hin, dass *sin* in W aus *sint* verderbt ist, und danach ist die Interpunction bei Wackernagel zu ändern. V. 36 *reinet* A ist aus *zeine* entstellt. V. 40 Eine Negation, die A hat, scheint dem Sinne nach unentbehrlich. V. 45 ist *ir* aus A aufzunehmen. V. 55 *nucze* ist vielleicht richtige Lesart. V. 77 l. *vor*.

SPRUCHVERSE DER TUGENDEN UND LASTER.

Verecundia mentis ein iglich hertz tut
die scham rein vñ gůt.

Custodia cordis Bewaren sol des hertzen hut,
daz der wek si gut.

Pudicitia verborum Swer der bose red huld hat,
der ist woller missetat.[1]

. . . .
der kuschlich leben wil,
der ezze niht ze vil.

. . . .
daz fri vberger gir[2]
den mut krenket mir.

. . . gule.
diu frazheit zer helle ziuhit
den der si niht fliuhet.

Castitas.
Swer flivhett vnkuscheit,
dem wirt ein glanz tron bereit.

abstinentia.
der bose glust rastet
alle die wil man vastet.

. . . sensuum.
Der tugent satz ein wan
die bosen sinne toten kan.

maceratio corporis.
den lip man kestigen sol,
so vertribt man die sund wol.

imitatio sanctorum.
volgst du den heligen san,
daz himelrich ist din lan.

cibi minutio.
maze dich der lipnar,
so wirt lip vñ sel clar.

sobrietas.
die nuhterheit[3] macht frut
lib[4] vnd můt.

abstinentia potus.
vberdrinken schadet ser,
da hůt dich vor, daz ist min ler.

---

[1] *Auf dem leeren Zwischenraum folgt hier, von anderer Hand,* man schol got vor allen dingen lip haben. [2] *geändert, von anderer Hand, in* vberiger begir. [3] nuherheit, t *von anderer Hand.* [4] *nach* b *der Anfang eines nicht ausgeschriebenen* e.

Misericordia.
teil mit armen lútẽ dine solt,
so ist dir got holt.

. . tas dandi
swer snel ist ze geben,
der dient daz ewige leben.

contemptus mundi.
himelfreud wert[1] ewiclich,
die werlt ist alle zergenklich.

. . . .
er sol vrolich wesen,
der an sunde[3] ist genesen.

. . . . .
dem geheizen ist daz himelrich,
der freuwt sich billich.

. . . . .
du solt stellen dinen mût
nah dem ewigen gût.

longevitas (?)
man let sich niht wol
an ein dink daz zergan sol.

largitas.
sê din milit vf ertrich,
so sendstu sie ze himelrich.

diligentia.
ich wil nimmer treg sin
noch heizen der tregen schrin.

paciencia.
lidest du arbeit willichlich,
du gwinnest daz himelrich.

paupertas.
die armut sol sichern sin,
schacher, vor dẽ schlachen din.

remuneratio.
hast du durch got iht gezalt,
er git dirz wider hundertvalt.

ab^e^icio terre . .
vmb gut solt du niht sorgen,
du stribt[2] hivt oder morgen.

. or ad bonum
Du solt mit sinnen
gutiv werk minnen.

fiducia in dominum.
getrvwen got man sol,
so vberwindt man die tivel wol.

complectio b . . [4]
gutiv werk vollend gar,
so kumst du an der engel schar.

lenitas verborum.
senfte red tût
die zornigen wol gemût.

---

[1] wert *über ausgestrichenem* ist. [2] *l.* stirbst. [3] sunde *übergeschrieben.* [4] *abgeschnitten; wohl* boni.

. . . .

der des hertzen . . . vertriben wil,
der hab gut^{r} ruw vil.

mansuetudo.

die senften tragent schon
die engelischen cron

. . . .

ich kan allen gunst geben
vñ machen bruderlich leben.

concordia.

einmutik ist gut.
vñ git dē mensch hohen mût.

. . . .

ein gesellen such ich wol,
nah reden ich nieman sol.

obedientia.

mit hertzen uñ mit sin
ze allen geboten ich gehorsam bin.

. . . .

hofart sol man miden,
so kumt man niht ze liden.

caritas.

on mich got nit lebs hat,
wan ich bin on missetat.

humilitas.

div hovart gar verdirbt,
vñ swer nah ir wirbt.

pax cordis.

frid ist gut,
ich hazze criek vnd vnmût.

reconciliatio discordantium.

ich kan stillen
die missehellenden willen.

gaudium de bonis proximi.

der mensche sich frewen sol
sin nehsten selden, dz stat wol.

compassio tribulatorum.

man sol trosten den [1]
vñ in leides erlan.

compassio proximi.

mir ist leit
daz ieman hat arbeit.

simplicitas.

ich kan niht liegen
noch nieman triegen.

modestia.

ich lob mich niht zegeschit
vñ mache kein lop ewig.

---

[1] *Nach* den *ein* ʌ *und über der Zeile, von anderer Hand,* wetrubtē san.

taciturnitas.[1]

bosen rat ich miden sol,
guten immer merken wol.

precipitacio.

swem ze gach ist,
der hat bosen list.

amor sui.

vmb mich sorge ich wol,
gots ich niht ahten sol.

odium dei.

ich wil die welt liep han
vñ von gots lieb stan.

multiloquium.

unwert er wesen wil
der zu den sachen redet ze vil.

hebetudo.

der vol wins sin wil,
der hat tugent niht vil.

inmundia.

mit lib vñ mit sel
bin ich zu der bosheit snel.

Luxuria.

on er ich billich sin sol,
dz ich der hurheit kan dienen wol.

Gula.

daz ich der frazheit mac dienen wol,
des ist min herze freud' vol.

---

timor dei.

er ist ein wis man
swer got erkennen kan.

cecitas mentis.

die sint an sinnen plint
die der hurheit diener sint.

inconstantia.

durch unsteticheit bin ich
snod vñ vnwert billich.[2]

inconsideracio.

die warheit wil ich lan
vñ wil der lugen bi stan.

ebriositas.

so ich trunken gewesen bin,
dennoch noch trinken stet min sin.

in . . . . .

der ze vil ist freuden rich,
der wil gern triegen sich.[3]

saturitas.

daz ich vol werde,
dar vmb lauf ich tal vñ berge.

---

[1] *von anderer Hand.* [2] *Unter diesem Reimpaar steht ncoh* Snod als der wint. [3] *es steht* triegē sin.

furtum.

swer stilt gern,
per muz des himels enbern.[2]

rapina.

fremdez gut ich gehalt,
gibz niht wider on gewalt.

prodicio.

den ich verraten wil,
dem zeig ich valscher lieb vil.

malicia.

ich wil dar nach ringen
wie ich schaden muge bringen.

rancor.

der mir ein cleinz leit tut,
dē tun ich nimmer kein gut.

pussilanimitas.

lihtiv dink ich sere clag,
zagheit ich ı herzen trage.

rixa.

krieg vñ meineid ich gebir,
daz ist mins herzen gir.

avaricia.[1]

accidia.

vf rū so bin treg ich,
trurik ist min herze.

ira.

als ich tob in zorn,
so istz gut verlorn.

usura.

ich wil sorgen teglich,
daz ich von wucher werde rich.

symonia.

ich sorge nit vil,
wan gots gab verkaufen ich vil,

perjurium.

swaz ich swer, daz ist nit war,
wan die eide prich ich gar.

desperacio.

zagheit ich vil han,
von allē gedingen ich muz stan.

torpor.

heil vñ seldē aht ich niht,
alle tugend ist[3] enwiht.

. . . .

vnsteter mut gevellet mir wol,
trurekeit bin ich vol.

contumelia.

der mir ein ubel tut,
dem tun ich nimmer gut.

---

[1] *ohne Umschrift.* [2] *es steht:* d' muz des muz des himel enbern. [3] *über* ist *steht mit ganz feiner Schrift* sint.

clamor.

stille ich nit liden mag,
unfrid ich ı l'p cz trag.

indigencia.

die lúte ich smehen wil,
ich aht ir nit vil.

odium.

ich wil nieman liep han,
weder frawen noch man.

detractio.

waz gutes tut iederman,
dz heiz ich allez ubel getan.

discordia.

vz allen sachen
kan ich crick machen.

inobediencia.

vngehorsam wil ich sin
mit allen den sinnen min.

jactantia.

ich rům mich grozer dinge,
der ich doch an mir nit vinde.

invidia.

vnglucke gan ich wol
allen liuten als ich sol.

superbia.

so ich alle dink erviht,
dennoch gnugit mich nit.

blasphemia.

ich flueche ze aller zit
got vñ den heiligen, dz ist min sit.

timor mentis.

der zorn ofte tůt,
dz gekrenket wirt hoher můt.

gaudium in adversis proximi.

ich frewe mich mins nehsten unseld
ze dorf vñ ze veld.
so ich min nehsten unselt sihe,
des frewe ich mich mer den vmb ein
vihe. [1]

furturium.

heimlich schilt ich allz gut
dz man in der werld tut.

contencio.

swaz daz best ist,
daz han ich vur ein mist.

presumptio.

hofert bin ich vol,
des glicht ich mich got wol.

[1] *nur v deutlich. Dieser Spruch hat keine besondere Ueberschrift.*

ypocrisis.

ich tun als ich helik si,
doch wont mir sunde bi.

pertinacia.

swaz ich boses gedenke,
da von ich nimmer wenke.

Zwei Pergamentblätter in Folio in meinem Besitz, 14. Jahrhundert, nur auf den Vorderseiten beschrieben. In der Mitte die Namen der Tugenden und Laster, jede in einem Kreise, um welchen herum die betreffende Inschrift steht. Rechts und links davon immer je drei Specialitäten, jeder Tugend und jedes Lasters, ebenfalls mit einem Reimspruch.

EIN BASELER MEISTERGESANGBUCH.

Die Handschrift O IV 28 der Universitätsbibliothek in Basel, welche durch die Gefälligkeit des Herrn Oberbibliothekars Dr. Sieber an die hiesige Bibliothek gesandt wurde und von mir in aller Musse hier benutzt werden konnte, enthält eine in der zweiten Hälfte des fünfzehnten Jahrhunderts geschriebene Sammlung von Meisterliedern. Es ist eine Papierhandschrift in Klein-Quart, ehemals Rem. Faesch gehörig. Bei der nicht grossen Zahl von Meisterliederhandschriften, die noch dem fünfzehnten Jahrhundert angehören, scheint mir diese bis jetzt so gut wie unbekannt gebliebene eine nähere Betrachtung zu verdienen.

1. (1ᵃ) Müg ....[1] en lied.

Dv erste frye kunst gramatica genant
Diu ander kunst ist[2] genennet loyca.
Der d ...... k ..... s ....[3] kunt
(1ᵇ) Die vierden kunst arismetrica mā seczen sal
Diu kunst jeomotrij diu leret vns die maus
(2ᵃ) Ain ietlich dōn der hatt vs musica sin zil
Astronomij diu zaiget der planetē ganck.

Diese sieben Strophen auch in der Kolmarer (K), Wiltener (W) und Heidelberger Hs. 693 (p), vgl. meine ML. S. 59, 99 und Schröer S. 495.

[1] unleserlich; wohl zu ergänzen Müg[elins don sib]en lied.
[2] lies diu ist.
[3] unleserlich.

2. (2b) Ich hon gehört von wisem rát
Was v̊bels in der welt uff stát
Das sol mã dem adel sagen
Ich wil küngen vn̄ fürsten clagen
Des aller grŏsten v̊bel rûff
Syt gott den ersten menschen geschûff.

Gedicht in Reimpaaren, gegen das überhandnehmendde Schwören gerichtet. Bl. 5a nennt sich der Dichter

Das saget cûnrat sûchendanck
Allen herren one hass.

Dasselbe Gedicht steht auch in einer Weimarer Handd-schrift, O 145, Bl. 82b. Es schliesst 5b

Versûn vns vnser missetăt
Maria edlu maget rain
Des helffend bitten allgemain. Et cetera.

3. In Mûgelins wis dru lied
Der meide sun ezechiel der wise sprach
Du solt nit wenē das gott hab gelitten pin
(6a) Der helle glût v̊ber alle hieze wegend hiess

Die drei Strophen auch in K 644, 2—4, W (ML. 100), inn G (Göttinger Hs., Schröer 460) und p (Schröer 460).

4. (6a) Mûgelins don dru lied
In anefang das gott den himel hatt gemachet (l. gemacht)
(6b) Witt du nûn wissen wie der himel sy gesacht
Dem himel gott geseczet hatt ain wares zil

Auch in GK (640—641) Wp, ML. 59. 100, Schröer 460).

5. (7a) Mûgelins don dru lied
Mich wondert wie ain brot werd gottes lichnã her
Dich wondert sol das brot in argem sterben sin
(7b) Ain ding mit gotte wirt das himelische brot

Auch in Gp und zweimal in K. ML. 49. 60. Schröer 461.

6. In Regenbogen langen don fünff lied
Ich lob dich maria kuschu maitte

(8[a]) Maria vō yesse ain rûte
Mensch danck gott siner grossen trûwen
(8[b]) Siu clagt vn halst in mit den armē
Mensch er gott durch sin sterben feste

Der Text dieses Liedes ist mit zahlreichen Correcturen von anderer, wenig jüngerer Hand versehen.

7. (9[a]) In mûgelins grûnē don fünff lied
Ain maister sass
uff stûl in schûl
der wol die kûnstē las
die vier ꝯplex kund er wol uss legen.
Er sich versan
(9[b]) Die red geschach
Ir habent recht
Ir hôrent mer

Diese fünf nur in der Basler Hs. stehenden Stophen sind unzweifelhaft unecht und geben die Strophenform in entstellter Gestalt.

8. In Mügelins grünu wis fünff lied
Wiltu menschen art
(10[a]) Der colericus
Meland colicus
Vss der kunst einfluss
(10[b]) Syt mir an gestalt.

Auch in GK und der Heidelberg. 392 (II). ML. 64. 147. Schröer 485. Ferner in der Wiener Hs. 2856, Hoffmann S. 250; in einer Karlsruher: Mones Anzeiger 7, 393, und in einer Grazer, danach gedruckt Germania 20, 440 mit Varianten aus II.

9. In dem langen regenbogen drü lied. K 370, M 17, 4.
Johannes was antnucket schone
(11[a]) Johannes sach ist one logan
Johannes sach noch me in togan

10. Im langen regebogen drû lied
(11[b]) Mensch schilt got nümer spricha me (*l.* mere)
Mensch lauss dir alle boshait lieban

(12[a]) Mensch du sott allen wegen kriegen

11\. In des lieben jar wis ailff lied diu sind genant diu bicht
Ich gib mich schuldig here got
(12[b]) Ich bin an gotes dienste treg
Kain mess ich nie zu recht vernam
Ich hon gesůndut gar zu fil
(13[a]) Fast liegen triegen flůchen schwern
So lag mir spottens niemā ob
(13[b]) Sechs werk der barmherczikait
Vnmesseclich hon ich gelebet
In vngeduld hon ich verzeret
(14[a]) Der siben hailikaitte crafft
Vil hoch gelopton trinitat

Der Dichter, der hier und in K 845 Liebe heisst, wird in H 38. 141 Lieber genannt; letztere Form nahm Holtzmann (Germania 5, 214) auf und ich bin ihm (ML. 183) gefolgt. Mit Unrecht, wie ich jetzt sehe. Der Dichter ist unzweifelhaft derselbe, der mit bestimmterem Beisatz Liebe von Giengen heisst. Mones Anzeiger 3, 42 führt aus einer Karlsruher Handschrift von 1448, die aus S. Georgen stammt, ein fünfstrophiges Lied *'in des Beben wise von Giengen'* an mit dem Anfang *'hőffart ob din nit wåre'*. Die Hs. hat aber nicht Beben, sondern Lieben. Den Dichter nennt Konrad Nachtigall in einem die alten Meister rühmenden Liede, welches von Valentin Voigt benutzt worden ist, Lib von Gingen (: Memingen), was Valentin Voigt in Eibann von Gengen entstellt.

12\. In Můgelins don fůnff lied
(I)ch fach es an vnd tůn es kainem hie ze laid

Das Gedicht, das sonst in keiner Handschrift von Liedern Mügelins sich findet, ist unecht, aber da es von sittengeschichtlichem Interesse ist, will ich es mittheilen.

Ich fach es an und tuon es kainem hie ze laid,
ich will euch singen von der schnőden bubenhait,

---

2 schnödn.

der sient vil, man darff in nit getruwen.
Die schnôden buoben zerend hoch und lebent vol,
uss buoben ürten kan ich dir gesagen wol:
dar innen würt vil mangerlay gebruwen.
Wa man gebüt ain kirwihin
in dorff, in stetten haist es jaremessen,
da schickent sich die buoben hin;
sie wellend nûn des besten trinken essen.
wenn buob gezert, so hûtt dich, man,
und hab den seckel wol in diner huotte;
ob es der buob gefûgen kan,
er schnit dirn ab mit horn und messer guote.
nûn ist es vor geschechen me, man horts nit erste sagen,
wenn man das gelt gelôset hett
in sekel glet,
er wond es wer im wol behuot, der buob hets hin getragen.

Die schnôden buoben drettend uff den zipffel gern.
wer ich an her, ich wett dich miner warhait wern,
an sack, an wasser wett ich in verlihen.
Syt man den schnôden buoben so vil übersicht,
des bissend sie den fuchs mit herter arbait nicht;
sie wend diu wirtes hüser allu wihen.
Set man ir ain von arebait,
er hôrt sin nit, als hett er kaine ore;
er trett doch an ain scharpffes klait,
das man gedenck, er sie ein halber dǒre.
sie tribend grosse lekerhait,
in wirtes hüser gǎnd sie allu schluppffen.
er spricht zuom wirt elt zuo der mait
'raich mir ain halbs'; dar uss da lyt er suppffen.
er niempt dry würffel in die hant, die lyt er riben knuppen,
bis er an sicht den sinen man.
er grifft in an,
er stelt in bloss als ainen bam, den fressen hǎnd die ruppen.

Ich glich ain buoben eben zuo ains buren hunt:
wenn er mit sinem maister zuo den lüten kunt,

20 = ain herr.

der hund der lett sich nider fisten sere.
Des hund und ouch des buoben man gar wol enber,
wa man drünck eess, sie sind den dischen baid gefeere;
iettlicher hette gern der spise mere.
Wenn nûn der wirt und sin gesinn
gerichtend dar und wellend zaubend essen,
vil licht der buob ist dennoch dinn,
er ist hin zuo dem giessfass dar gesessen.
der wirt der spricht 'wes gaust nit hain,
nûn bist doch vol, und wetst du es gelouben.
so hatt er aller herberg kain;
die buoben sind sich selikait berouben.
dar an gedencka, jungelin, und arbait as an kerne
und ner dich mit der hende din.
la buoben sin
noch schnöder wenn des buren hunt, den sicht man
nit gar gerne.

Ich bin dar an, wa man die schnöden buoben sech,
das ainem recht as jenem in dem sack beschech:
so würd es in den welden ouch gehüre.
Wenn nûn der schnôde lotter sin gewand verspilt,
so lyt er lusson bis er ander guot gestilt;
des werden im sin lebig tag ze düre.
Und wer der schnôden buoben nit,
so wer es durch diu land dest besser kummen;
so muoss man fürchten buoben sytt,
man darff nit fürchten kainen schlechten frummen.
und hett diu herschafft minen sin,
wa man ir ain fünd in den landen ziehen,
an sinen hals da fieng man in;
welcher antrünn, dem würd an guotes fliehen.
man dett ir nümer zehen hin, der ailft der hôrt diu mere,
er nem die arbait in die hant,
bût ouch das lant.
herneren mûst er selber sich: ratt wes das besser were.

Mit schnôden buoben sint die buren überlett;

---

68 an trûn.

man fünd noch ain, und das er muron um̄ sich hett,
er schlůg an buoben mit am schyt von dennen.
Des hatt er nit, dar um̄ můss er in grůssen schon;
er fürcht, duge er im laid as menger hatt geton,
er werd im hus und schüren sin verbrennen.
Man hatt ain lieb durch sin biderbkait,
den andern můss man grůssen durch sin übel.
ich sing ew rechte warehait,
das hunig ist sůss und sürt nit as der zwibel.
wem gott die rechten sinn verlich,
das er sie nach dem besten müg gelaiten,
der danke gott von himelrich,
zu sinen fröden sol er sich beraiten.
fleuch von der welt und richt dich selber zuo dem
rechten stamme
und lob gott, bitt die muoter sin,
volg lere min,
das siu dir helff an dinem end, Maria gottes amme.
Et cetera.

13. (15^b) In frowenlobs langen don fünff lied
Ich fach es an vn gib ew min getrüwn ratt
Den schnellen zungen kan ich dir gesagen mer
Vil menger redet wort die sint gar vnbedacht
(16^a) Ain gůttu zung man gar billich loben sol
Ain gůttu zung diu ist wol alles lobes wert

14. (16^b) Drü lieder.

Das zweite derselben ist eine echte Strophe Frauenlobs (MSH. 3, 355^a, Ettmüller S. 102), die auch K 84 steht; das erste ist eine jüngere Variation davon, das dritte führe ich wegen der freilich sehr entstellten geographischen Namen an.

(16^b) Der künig David verlos sin her und ouch sin land
gar schier zů hand
um̄ eines wibes minne.
wa det er hin sin sinne?

---

2 schie.

im ward von gott ain bůss gesaczt, des ward er sint wol inne.
her Salomon der kund ein wib mit sinnen nie gefahen.
Her Absilon, der aller schön mit folle pflag,
nacht unde tag,
für ware mir geloubet,
den hatt ein wib betoubet.
Samson wart der ougen sin von ainem wib beroubet.
ein wib kam Aristotolon mit listen allso nahen
Das siu in rait recht als ain dier.
für war ir sült gelouben mir,
her Filigus zwir
erbuwet schier
ein hus hoch in den lüfften ir,
drinn siu pflag falscher minne gier.
dar umm sol nümer [kain] biderb man mit frowen sich vergahen.

Adam den ersten menschen den betrog ein wib
sampsones lib
den hatt ein wib geplendet
her dauid ward geschendet
also ward sich her salomon all um̄ ein wib gephendet
ein wib das schůff das troy ward ein ganzes land verstöret
Wie gewaldig künig salander hie uff erden was
her filias
den betrog ein wib mit syten
alefernus ward verschnitten
so ward sich aristotolon von ainē wib geritten
wie schôn her absylon was den hatt ein wib getört
Ysyas den geschicht also da von
die ysahelisch diet ist worden zam
küng kartus nam
von frowen schon
her bartschifal in liden kam

---

5 innē. 9 betobet. 10 berobet. 14 zů ir. 16 in die. 17 dar in. der falschen.

dar zû bracht in der edle mynne stam
o was schatt ob mich ein reines wip noch keldet oder fröret

Lampart dorstant (*l.* doscan) romanij caudar walhen lant
frankenrich prafant
lutring jnperckni
frisilg cecilg
ross spangen lant tauern in aramatij
in elsaus schwaben in ôsterich in payern in behen in rûssen
Francken hessen schotten selant swedenrich
dy marck bûdich
grabat in sibenbûrg
in stirn in kernten in döring (*l.* Dürgen)
in sauden in westen in polant in vngern in ofen in niffan
vn in endion in holant in sachsen in missen in prûssen
Criechpotilien lant hatt eren wat
des mir vn moron nicht enhatt
die zwey die stent in richer wat
das sagt mir der kunig stamplat
die sint mir kunt frû vn̄ spat
einē ders als durchgangen vn̄ durchfarē hatt
der kan zarten frowē irn rotten mund mit lob nit über hûssen

15. (17ª) Drû lied. ML. Nr. 28. K 104.

Wer ich ein gewaldiger kûng über alle lant
(17ᵇ) Wer ich ain gewaldiger kunig über allu rich
Das alle wyte welt min aigen môcht gesin

16. Muscatblût siben lied

(18ª) Maid aller ern   ich sôlt dir mern
Maid hochgeborn   maid aus herkorn
O keusche magt   wie wol behagt
Junckfrow sôlt ich   nit loben dich
(18ᵇ) Maid keusch vn̄ clar   zum neuwē jar
Junckfrow besend   was dein ellend
O raine mater   wie wol din vater

Bei Groote Nr. 6; K 34; Hätzlerin S. 167: nach Brentanos Neidharthandschrift in Hagens Germania 3, 136.

17. (19ᵃ) Muscatblůt fünff lied von vnser frowē
So gar subtil ich singen wil
O můter rein[1] du bist ein schrin
(19ᵇ) Ein creatur engels figur
Des wol dich mait das die gothait
O junckfrow clar den adlar

Bei Groote S. 50; W 143; Hätzlerin S. 103; Heidelbb. 392, bei Groote S. 277.

18. Muscatplůt fierczehen lied vō dem Reich
(20ᵃ) Nach lust ich rait ain gancz tagwaid
Ich rait furbas da es was nass
Ich beit nicht lang als mich bezwang
Ich sprach ach gott was ist die nott
(20ᵇ) Ich sprich zů ir junckfrow hör mir
Ich sprach junckfraw ich dir getraw
Ich fragt noch mer zart junckfrow her
(21ᵃ) O junckfrow steet gewer mich der beet
Sie sprach wol hin du haust den sin
Ir fürsten merckt denckt vn̄ besterckt
(21ᵇ) Drey geistlich sind ich wol enpfind
Ir fürstē hört denck vn̄ zustört
Secht in die welt wie er siu gelt
(22ᵃ) Dar vm̄ betracht vn̄ hab in acht
Groote S. 180.

19. Im langen regenbogen drü lied. K 350. M S.
Sölt ich mit hohen fürsten gůden
(22ᵇ) Ely růff an din crücz mit grīme
Pater noster matheus ely

20. (23ᵃ) Im langē regenbogē don fünff lied. K 368. H 91.
Wo vō diu welt one wandel
Wie es vm̄ das kindlin sy
(23ᵇ) Wo aber nůn aller maist

---

[1] rein zwischengeschrieben, wie es scheint, von anderer Hand.

Wo vō die kindlin wandelbere
(24ᵃ) Welich frow quellet in der zyt

21. Im langē regenbogē don dru lied. (Von den Planeten und deren Umlauf.)
Was sich vm̄ tribt mit magenkrefften
(24ᵇ) Wie aber nach den siben planetē
(25ᵃ) Wie hoch es sy all vō der erden

22. In frowē lobs grūnu wis drü lied
Vs elemēten fierē
(25ᵇ) Vs den fier complexen
Planeten künden brüten [1]

23. Von der mül siben lied
(26ᵃ) Ich rewt vn wül nach ainer mül [2]
Ach herre got durch dinen tott
Wer nūn die mül und ir gestül
Die mül die hatt vier schwell ein rat
(26ᵇ) Die süle vier ich nenne dir
Den casten ich lauss wissen dich
Durch menschen kel das edel mel
Groote S. 82.

24. (27ᵃ) Aber muscaplūt fünff lied
Der welt vntrew ist worden new
Brüff edles hercz sich an den schmercz
Ach welt wal v̄m mit falscher krüm
(27ᵇ) Vns sagt die gschrift wie gross vergift
Die dritte sünd dieff in agrūnd
Groote S. 193; palat. 392 bei Groote S. 328.

25. Muscatplūt fünff lied
(28ᵃ) Ein junckfrow zart geboren wart
O mūter gotz wol dich des potz
O mūter mait din rain küschait
Wol uff mit schall ir cristen all
(28ᵇ) Junckfrow sōlt ich nicht loben dich

[1] Von der dritten Strophe fehlt der Abgesang, für welchen Raum gelassen ist.

[2] Ueber dieser Zeile von jüngerer Hand Muscat plie.

Groote S. 41. K 39; Hätzlerin S. 102; palat. 392 bei Groote S. 272; Karlsruher Hs. bei Groote S. 270; Stuttgarter Hs. bei Wackernagel 2, 494; Val. Holls Handschrift ebenda.

26. Muscatplůt fůff lied.

Ich frew mich zwar   zům nůwen jar
Die gschrifft vns sagt   wie das die magt
(29a) Mir ist bekant   der gnaden bant
Ich lob die frucht   der gnaden zucht
Grundloser bronn   freud aller wonn.

Groote S. 17.

27. (29b) Fůnff lied muscatplůt.

Mir seyt min můt   wie irdisch gůt
Wib vnde man   wilt du verstan
(30a) Sůnder hôr mich   ich warnu dich
Was sol ein man   der nit wil han
Sůnder bedenck   ee dich gott krenck.

Groote S. 143.

28. (30b) Fůnff lied Muscatplůt.

Ain frôlin zart   von hoher art
Sie sprach zůhant   tů mir bekant
Ich antwurt drat   es wurt gůt rat
Gar tugentlich   frow erent rich
(31a) Wipplicher hort   nit arger wort

Groote S. 153; Hätzlerin S. 109, sieben Strophen.

29. Fůnff lied Muscatplůt.

Durch lust rait ich   ich frôwet mich
Schawt wie der walt   gar manigfalt
(31b) Secht nun hon ich   gefrôwet mich
Maria mait   bis min gelait
Ich hon der welt   vm̄ clines gelt

Groote S. 52 mit dem Anfang 'Na lust'; ebenso K 42.

30. (32a) Muscatplůt sechs lied.

Ein pûrde ich   hie lad uff mich
Wer wůcher hat   der selb durch got
Furst vn̄ herr   halten ir er

(32[b]) Hôrt newe mer das richterer
Ich euch bedût all hantwercklût
All herschafft hatt so wisen rat

Groote S. 96: die zwei ersten Strophen fehlen dort, da die Hs. lückenhaft ist, sind also nur hier und in K 45 erhalten.

31. (33[a]) Muscatplût dru lied.

In rechter lieb ich billich schrib
Trostlich het ich versehen mich
Etwan by namen det mir belangen

Groote S. 104 mit dem Anfang 'Von rechter liebe' und in sieben Strophen.

32. (33[b]) In der wûrgenden wis.

Mich wundert sicherliche
Man fint noch lût uff erde[1]
(34[a]) Die richen kargen allen.[1]

33. Der gûldin don drû lied; daneben von jüngerer Hand: kanczler.

Diese drei dem Kanzler gehörigen Strophen finden sich ausserdem nur noch in der Pariser Handschrift (MSH 2, 338[b]. 390[a]. 390[b]) und verdienen daher mitgetheilt zu werden.

Got schôpffer aller dinge
din hohes lob kein zunge mag
volsprechen noch volsingen
wie aller creaturen crafft
in diner hende stat
Din sind die himel drone
din ist diu nacht din ist der tag
din ist der sunnen schône
nach diner hohen maisterschafft
der himel vmegat
Die sternen sind dir wol bekant
mit die bezeichenunge
fier element in diner hant
stand eigelichen beczwungen
fûr wasser luft ertriche

[1] Nicht als Strophenanfang bezeichnet.

was in den fieren wunnen ist
(34b) das beschüfft du maisterliche
mit dines hohen wortes list
in siben tagen frist

Hatt iemen sin so schnelle
der tüt mir die vier eccēter
mas vn die barelle
zuen uracētran das ist min begir
das fünft er wider schin
Wie sich die dy gemone
birgz klein vnd ist doch gross
vn dar by wandel söne
der oberhimel saget mir
der vnder ein cristellin
Wie zod iacob
zwölff der sunnen waltend
wie polus vn̄ oraciꝰ
das firmament enthaltent
wie disen hohen sache
bezaichent den ursprung
vn sich ouch vm̄e wachet
der himel ob dem nüt enist
as mir du gschriffet vergicht

Clar heiss ist sunnen bliezgin
des mones schin des regen sprat
der berndu winde quikge
planeten lauff vn auch ir list
min kunst vermisset nicht
wie himel lůfftig sterne krafft
der erde hilffe bringet
O hohu süssu maisterschifft
durch blůt die früchte dringet
wo elementen sich rürēt
wo heiss wo kalt wo licht wo schwer
in die nature füret
lebent geschöpff gar manigfalt
so wunneclich gestalt et cetera.

34. In der czarten wis drû lied. K 207.
Ich danck dir lieber schôpfer min
(35a) Herr aller der welt ain schôpfer gût
Ach hochgelopter zarter gott

35. Im langen regenbogen[1] don fûnff lied. Gegen unfähige Sänger gerichtet.
(35b) Maister wit du gesellen rûren
Vil menger wil sich feste rômen
(36a) Exemplū lass in her fliessen
Man sicht die gôch in her fliegen
(36b) Das gôchlin hat sôlich geberde

36. Neun lied im langen frowenlobs Don. K 73.
Got wunderer din wonder ist so menigfalt
Iettlicher sang von grossen frôden das beschach
(37a) Ich sprich das selber gott das grôste wonder sy
Diu gottes wunder wil ich euch herzaigen bass
(37b) Gott neret vogel fisch vñ ellu creatûr
Gott fûret wonder ûber berg vn ûber tal
(38a) Der gottes wonder me ich euch herzaigen wil
Der horne lût der wirt so grûelich gestalt
Gott will da ston in ainē regenbogen sin

37. (38b) Siben lied in frowenlobs langē don. K 99.
In diser welt as nûn gar wonderliche stat
Die pfaffen mûnch die nunnen hond ouch sôlich wis
(39a) Gedenckstu nit wie sur du spis da herre gang
Der pfaff vnd ouch der herr die haissent baide hirt
(39b) Priester gedenck das dich got selb herwelet hat
Er ist der man der allen strit wol mag beston
(40a) Was hilfft dich kûng was hilfft dich kaiser dinc gût

38. Im agspiss siben lied.
Agspiss du meisterlicher dan
Agspiss hie mit heb ich es an
(40b) Magt lass mich dir enpfolhen sin
Den sûn der ward von ir geborn
Der strit im elo sin blût vergoss

[1] regen zwischengeschrieben.

(41ª) Da hebt sich grosser horne schal
Gott statt da aller barmung on

Ich theile die erste Strophe mit:

Agspiss du maisterlicher dan
wer dich kan recht gesingen
des rimen biegen zwingen
der lebt sinne rich
und dar zuo all so maisterlich
stat sin gedicht in eretlicher wis
Er ist an clůger lobesan
mag im der kůnst gelingen
in hofelichen dingen
sol er herzaigen sich
hab ich dar in̄ vergessen mich
das wisan [1] maister sangen bris
Agspiss ist mir ze spehe | wech
wenn ich sie dichton schol
agspiss lit rimon all so vol
verschlossen in den stollen
ye ainer den andren hollen
ŏn alles quivick [2] sol
wers ell kan blůmē biegen wol
der fůret maister lobes ris

39. (41ᵇ) Siben lied in der brieffwiß.

Gott grůss dich lieb gott grůss dich zart gott grůss dich fin
Min lieb diu sprach du kanst mich wol hermanon hart
Es kumpt wol dick das aim an gůtes hail beschech
(42ª) Es kumpt wol dick was ainr ain jar herwerben kan
Da nůn diu clafferin herhort der dochter sin
(42ᵇ) Siu sprach das schat nit herczen lieber vatter zart
Der vatter sprach du wit ye haben dine wis

40. Fůnff lied in der graen wis.

(43ª) Maria fin schôn ussherkorn
Wen̄ vatter sicht die wondon dieff

---

[1] Dahinter, ausgestrichen, clůger.

[2] d. h. equivoca; vgl. 35ᵇ so hůt dich selber eben vor dem quivicum.

Vnser fůrsprech ist sunderbar
(43b) Da ward volbraht das wort der flůch
Lůg wa du macht zů aller zyt

41. Siben lied in der brieffwis.

Dies Gedicht, das auf älterer Grundlage ruht, ist nach einem Drucke von 1500 gedruckt bei Wackernagel, Kirchenlied 2, 1072 (vgl. Goedeke, Grundriss 233, 36). Der Text der Basler Hs. ist älter und weniger umgearbeitet.

Ich was aim hůbschen frŏlin uss der maussen hold,
siu was mir lieber wenn das clare liechte gold.
mir gschach as we da ich mich von ir schaiden sold,
ich wond es můst min ende sin all zu der selben stund.
Ich sprach 'min lieb, ey lausse noch herbarmen dich,
das ich dir ellecliche blicke nahe sich,
und lass die falschen zungen nit verwerren mich.'
ich sprach 'min lieb, lass wesen dich in ainen gůten funden.'
Min lieb du sprach 'du muost dich von mir schaiden'.
da ich das hort, da gschach mir an dem herczen we
und ward min lib getrenket mit des laides see
und was min frŏd zerschmolzen recht as der schne;
was yder man der frŏd genoss, da hett ich sunder laide.

Ich sprach 'min lieb, du solst mich wol geniessen lon
das ich dir lieb und mengen dienst hon geton.'
siu sprach 'es hilft dich nit, es muoss an ende hon,
din red mir nit gar wol gehait, nůn lauss mich ungesorden.' [1]
Ich sprach 'min lieb, du haust mir frefelich verset,
nůn west ich gern wie ichs um̄ dich verschuldet hett.'
siu sprach 'ich sag dir wol wie es dar ume stet:
hie nüme pfenning, nüme gsell! nůn bistus innen worden.
Ich hon dir sůberlich uss gedroschen,
dar um so haistu mir nůn talen wolenbeer; [2]
wa du hin grifst, so ist es alles samet leer.'

---

[1] unbehelligt; von serten.

[2] = tâlanc 'wol enbær' d. h. 'ich kann dich wohl entbehren'.

ich sprach 'min liebe, wol sestu mir so bôsu meer.
siu sprach 'din herd ist worden kalt, din koln sint dir herloschen.
Welch junger man wil hübscher frôlun minne pflegen.
so kündecz [1] im den stoub wol uss dem sekel fegen;
von in so wurt er begossen mit des spottes regen:
also ist mir beschenhen wol von minem buolen zarten.
küng Allexander, David der küng, hon ich gehôrt,
küng Karla, Samson wurdon ell von wib betôrt,
gross mannes [2] wisshait hatt an wib so bald verstôrt,
das brieff an Arestotolas, den rait an wib in garten.
Adam der was der wisost man im herczen.
dem ist das aller grôst von sinem wib beschenhen;
das muoss och mir der edel Jhesus helffen ienhen:
fünff tuset jar as blaib im doch nit übesehen, [3]
er muost noch me zur helle sin bis gott herlaid den schmerczen.
Es ist nit wonder das an wib mich hatt betrogen:
Filius der zoberer der het sich in das mer geschmogen:
er maint sin wib sött in hon dar uss gezogen,
er gab ir die kettin in die hand, siu warfs im nach ze grunde.
Filius der was ouch gar ain clûger wiser man,
er nam mit im an hund, an kacz und och an han;
er west wol das daz mer nit tǒds verdulden kan,
er tôt die kacz, das mer was hie und warffen uss ze stunde.
Da im got halff das er uss kam ze lande,
er sprach 'nûn luogond, wie hatt mir das wib geton,
an die ich ettwas hie min leben hett gelon;
siu wott mich as schemelich verderbet hon,
das ich ir nümer me getrû in kainer sachen hande.'

Ach wibes trew diu ist an meger [4] frowen klin:
das ist an maister filius ouch ie worden schin
und ouch an mir, ich clag noch ab dem buolen min,
an der hon ich min trew min lieb so schemelich verloren.

---

[1] = künnens. [2] l. Salmânes. [3] l. übersehen. [4] l. menger.

Darum̄ so will ich mir an ander uss herkiern,
an der ich weder trw noch lieb kan verliern,
diu haist Mari du raine himelische diern,
die hon ich mir nûn talen me zum buolen uss herkorn.
Het ich es tǒn vor langen minen tagen
und wer allwegen stet an irem dienst beliben
und hett mich allen wegen von der welt geschiben,
so wer mir hail und glükes etwas me bekliben
und dorft min sel von miner sünd nit as schwere clagen.

Ich hon der welt gedienot, förcht ich, vil zu vil;
won wot ich nûn gedencken an des herte spil!
des minen leben waiss ich weder end noch zil,
dar innen kaine sicherhait der zyt an halbu ure.
Ich leg mich nahtes nider frisch und ouch gesunt,
vil licht ich stirb elt wurt mir todes we bekunt,
was hilfft mich nûn dar für min buolen roter munt,
der ich so lang gepflegen hon? des lit min sel in trure.
Das solt mich billich mugelich[1] reuwen:
ich hon min zit as wonderlich hie verlait,
ich hon min bicht geset in kainer warehait,
ich hon mich zuo den sakramenten nie berait,
ich hon min sel gehalten nie in kainen rechten treuwen.

Ich hon mich in der welte lieb also vergamt,[2]
ich hon durch lieb der kirchen straussen dick geramt,
ich hon durch lieb vil menig hailig mess versampt,
ich hon durch lieb der waren gottes liden dick vergessen.
Ich hon durch lieb die predig ouch geflohen ser,
ich hon durch lieb gefolgot nit der briester ler,
ich hon durch lieb gesuochet mengen wilden ker,
ich hon durch lieb die krummen weg gar listeclich gemessen.
Ich hon mich in der liebin also verwatten,
dar um̄ so rûff und bitt ich gott von himelrich:
herbarm dich, her gott, frûntlich über mich
und über all gelôbig sel, das bitt ich dich,

[1] *l.* inneclîche. [2] = vergoumt.

send, herr, gnad, lauss dinen zorn, hilff uns an ellin statten.

42. Drû lied in der agspiss.

Hoffart diu ist worden gross. K 533.
Ir kainer wont nit me da by
(45b) Ey hôra frûnd vn̄ merka mich

43. Fûnff lied im langen marner

Ich gib ew min getrewen rat
(46a) Niem bild vn̄ ker dich hin zu gott
Ich sing ein rechte warehait
(46b) Ich tûn ew wiser wege kunt
Der aid also enpholhen wart

44. (47a) Fûnff lied in der brieffwis.

Ich sing ew von dem win vn̄ von des wirtes hus
Wen̄ das beschicht er spricht gib heer mir aint an pfant
(47b) Was ich hie sing ich gdenck mir selb es sye war
Das alter kumpt un̄ bringet kummers menger lay
Man hatt das alter lieb nit anders vm̄ das gût

45. (48a) Fûnff lied in der brieffwis.

Die gottes warhait will ich ettwas heben an
Ach lieber gott man sicht es an den layen wol
(48b) Die selen frôwent sich der messe gar gemain
Vil menger stelt wie er so vil dess gûcz gewinn
(49a) Wer das bedecht sin hercz stônd michel sorgen gross

46. Fûnff lied in der brieffwis.

Ain gûtes lied wil ich ew hie ze leczin lon
Den̄ waiss ich nit wa ich mich hin verbergen sol
(49b) Gott herr der schencket den aller besten wine gût
Voll loben kan ich nûmer me den selben win
(50a) Ich wûnsch das uns gott sterck in dem gelouben fest.

47. Fünff lied in der brieffwis.

Ave maria grûsset systu kûschu magt
(50b) Gegrûsset sy das sunder wort maria sprach
Gegrûsset sy das er die menschait an sich nam
Gegrûsset sy der richter sich da schowon lat
(51a) Gegrûsset sy das volke fûrt gott mit im hin.

48. Fünff lied in der brieffwis.

Ich lasse das Gedicht wegen der darin enthaltenen Aufzählung von Gewerken hier folgen.

Hett ich gewalt, so wöt ich seczen ainen bunt,
wer meistersanck wöt singen, das er geb an pfunt.
meniger der müst heben zuo den sinen munt,
und dem gesanck nit were kunt, der müst es faren laussen.
Doch wöt ich das ain ietlich milter hett genuog
und das ain buman hette ross und ouch den pfluog.
ein hœffner der sol machon hafen unde kruog,
und wer nit sy gesanges cluog, der sol sich sin ye maussen.
Wer würcken künd, dem wöt ich gsang verbieten.
an maiger sol das korn uff sine ecker segen,
an meder sol das gras ye ab den wisen megen,[1]
an goltschmid sol das silber flegen,[2] da mit well wirs vernieten.

Ain schmid der soll uss ysen guotu waffen schlahen,
ain jeger sol diu tier mit cluogen wiczen fahen,
ain weber der sol würken wüllis[3] unde blahen,
ain beder der sol schern und zwahen und lausse künster singen.
Ain gerber [der] sol guot leder machon, eb ers kan,
ain arczed sol mit salbe hailen ainen man,
ain kremer [der] sol die frowon laichen uss der kran,
er nieme sich nit singens an, er sol mit frowon dingen.
Ain meczler sinu lemmer sol abfillen,
ain schuochmacher der sol würcken mit dem drat,
ain kürsner sol uff negen dick an guotu nat,
ain winschenck wart dess sinen zapffen frü und spat,
ain beck der bach nün wenn ers hatt, ain müller der sol billen.[4]

---

[1] Es fehlt eine Zeile. [2] = flaen, flaejen. [3] = wüllîns.
[4] billen, den Mühlstein schärfen. Lexer. 1, 276.

Ain bürstnbinder der sol haben bech und holcz,
ain rechter maister dregen sol an gûten bolcz,
ain würffler macht ain bain, das hatt ougon stolcz,
und hett ich geltz als vil ich wolts, wingertener mûst belczen.
Ain satteler, wa fint man nûn den sin genoss?
er klait diu pfert, da mit so fert der man sin stross.
ain spengler der sol howen spangon klain und gross,
ain messerer schliff klingen bloss, ain schwertfeger darf helcz.[1]
Ain sailer der sol haben schnûr und stricke,
ain siber der sol würcken zargon bödem guot,
ain huoter sol uss filczen machon ainen huot,
ain tuochscherer sol tragen ainen frigen muot,
ain wuocherer dem ist we nach guot, da von diu sel herschricke.

Ain murer soll uss stainen murn an guotu wand,
ain bott sol uns loffen ferr in fremdu land,
ain pfannenschmid der blecz die pfannen ell zu hand,
ain büttner der ist wyt herkand, ain hirt der sol uss triben.
Ain wegner sol guot laitern und die reder born,
ain fischer sol nach fischen uff das wasser forn,
ain drescher der sol dreschen waissen unde korn,
ain schlosser der sol machon sporn und lausse sanck beliben.
Ain koch der sol die sinen heefen kochen,
ain zimmermann der bu den lüten guot gemach,
ain ziegler der sol ziegel brennen uff das dach;
ain blettener ain altes harnasch mir zerbrach;
die pfaffen haben guot gemach, sie firond überd wochen.

Ain dratschmid sol sin kupffer by dem für zerlan,
ain schirmer der sol rilich dretten uff den blan,
ain richter sol sin recht besiczen, eb ers kan,

---

[1] am Schluss der Zeile für helzen.

unrecht sol er nit by gestan, so fleucht er vor den schanden.
Ain kantengiesser der sol haben zin und bly,
ain karrenman der gstand den sinen rossen by,
er far nach oder ferr uss in des landes gy[1];
koufft er in fuoter und ouch hy, sie helffend im von landen.
Ain kystonmecher sol syn kyston fûgen,
ain pfiffer der sol raigen pfiffen zuo dem tancz,
ain mûnch der sol uff sim houbt tragen ainen krancz,
ain armbroster der macht ain schiessen, das ist gancz,
ain maler malt den sin gelancz, wer künd in überclûgen?

49. Fûnff lied in der brieffwis.

Dv schnôdu welt wer sich von dir geziehen kan
(52^b) Syt vntrew nûn as gar die welt besessen hatt
Sich petre vm̄ die welt so wûrt es so geton
(53^a) Diu selbe zyt gebringet uns der gottes zorn
Nûn fûrcht ich doch as richt sich ettwas nach der zyt

50. (53^b) Fûnff lied im sûchensin̄
As sint zwôlff monat in dem iar
Der may bringt vns die sommerzyt
Diu kinder niement blûmen war
Mir aso gat dar iare hin
(54^a) Jarzal gat nach siu gat mir vôr

Ich lasse von diesem Liede die drei ersten Strophen folgen.

As sint zwôlff monat in dem jar;
iettlicher würcket sunderbar.
gott ist ir aller maister war,
sin kraft ir umetriben.
Herbstmonat sent die riffen kalt,
nachfender yse hatt gewalt,
der giner winterlich gestalt,

[1] gy und in der folgenden Zeile hy steht für gôu, hôu, ein Beweis, dass das Gedicht ursprünglich nicht in alemannischer, sondern bairischer Mundart verfasst war.

der hornung sommer schiben.
Der mercz kan uns die suren winde senden,
der abrell duot den hirten we,
er sent in kalten kiczischne,
er würcket loub gras unde cle.
der may kan truren wenden.

Der may bringt uns die sommerzyt,
der may die sůssen winde git,
diu nachtgall singet widerstrit,
der gukgouch der ist kummen.
Der anger ist gezieret schon,
man sicht vil mengen bernden bon
in foller siner blůte ston,
darinn die keffer trummen.
Der beste schmack ist von den blůten dimpffen.
der may macht els gefilde grů(n),
man hœret mengen vogel kůn
singen das aller best gedôn,
man sicht diu kindlon schimpfen.

Diu kinder niement bluomen war,
der anger der ist wol gefar,
hatt uns der may geschicket dar,
mit siner kraft gesendet.
Der brachat sent die rosen fin,
gar ellu frucht springet dar in,
höwmonat blůt korn unde win;
der ougst es gar volendet.
Im afterougst wurt menig frucht her zwiket,
ouch menig kůrn geschnitten ab,
gefůret hain an daches hab.
herbstmonat fassot wines lab,
was im das jar geschicket.

Der Dichter beginnt mit dem November (v. 5), den er vom October (38) nicht durch einen Beisatz (dritte h.) unterscheidet; *nachfender* (6) bezeichnet mithin den December

Neu ist der Name *afterougst* (35) für den September; ebenso die Bezeichnung *kitzischne* für den im April fallenden Schnee.

51. Fûnff lied im sûchensin.

Ich hon mir aines fûr genomen
Ach schônes frôlin lobes vol
(54b) Gott selb den man geschaffen hatt
Sôtt ainē man as we beschenhen
Junckfrow du ôberoster hort

52. Fûnff lied im sûchensin̄.

Gott grûss dich wib gar wonnesam
(55a) Gott grûss dich edlu rose rot
Gott grûss min lieb das ich da main
Siu liebt mir für das rote gold
(55b) Ich griff sie an nach alter ee

53. Fûnff lied sûchensin.

Merka du wison mannes art
Was kûnd gott bessers hon getan
Das ain frôlin kûnd verston
(56a) Wib ich hon dir geraten wol
Ich schry und rûff gott an ze frūmen

54. Drû lied im graen don.

Magt hoch herborn   du sônerin
(56b) Prehendu sonn   du himelklait
Magt ellu tuget   dv himelschloss

55. Fûnff lied in dem kurczen marner.
ML. Nr. 188. K 528. W 11.

(57a) Wer kûczen wilon welle
Der maister von nature
Mit on aim zwainczig ringen
(57b) Ain maister hett drû elle
Zwôlff h vn̄ zwôlff hof wisen

56. (58a) Fûnff lied in der morgenwiß.

In anefank wishait verkûnt die lere
Dar an gedenckt ir herren richter alle
Gedenck das gott wil an das urtail siczen

(58b) Tůstu das vñ lebst in sôlichen sorgen
Dar vme zem vns wol an rechtes leben

57. (59a) Drû lied in des leschen fûr wiß. W 27.
Wenn ich bedenck min kranckes leben
Do sprach der hailig gaist zu mir
Wer wol enphaht die hailikait

58. (59b) Drû lied in des leschen fuir wiß.
Der himel spist das wirdig brot
Das brot kunt nie gebachen werden
Das brott ist vol almehtikait

59. (60a) Fûnff lied in dess leschen fuir wiß.
Wib sint an erentricher nam
Aso hatt gott naturen kraft
Wib eller tugent ain sûss urspring
(60b) Wib eller ern ain obedach
Wib eller hôch und eller tiff

60. Fûnff lied ins leschen fûr wiss.
As ist das gross hochzyt fûr war
Da das gebott iosep vernam
(61a) Da von in himel vñ uff erden
Dar zu die hailigen kûnge dry
Nûn niement war ir cristen wis

61. (61b) Drû lied im kurczen marner. K 527.
Ain turn der stet uff sûlen
Hie by der cristenhaitte
(62a) Der starke liess sich binden

Dann andere Hand:

62. In dem langen don regenbogen drû lied. K 444.
Ein wort daß wonet in dem trone
(62b) Er sach die dry person gekrônet
(63a) Johanneß sach noch me der wunder

63. (63b) wieder eine andere Hand:
Drû lied im kurcz marner.

Ich theile die erste Strophe wegen der Beziehung auf den Marner mit:

Ich lob den maister Marner
und brisen hie in sinem don;

der mag mir wol mit siner stür ze hi(l)fe kumen,
der ich hie hin verdriben wil, ich main es vel der man.
Er ist ein rechter warner
er hat mich vor her nie gelon,
wen mich ain schnede ôte gnas (*l.* gans) het für genumen;
er half mir ringen werfen nider, selber grifen an.
Du ôte gnas (*l.* gans), was duost du hie, du finst nit
dine wait,
du selt ain fidreckt schûchen
zû diner spis ins sunder hait.
schem neben dich und nim der suren wûnde war,
wirt dich der wolf entzûchen,
zerzeren din gefider gar.
du schnede ôte gans, was hast du dich zigen (*l.* gezigen)?
wit du den wolf herbisen hie, du mûst dar nider ge-
ligen.

Die beiden andern Strophen beginnen

Gans dret jr leben faile
(64ᵃ) Sôt man ain kroten welen.

Die Handschrift bietet, wie man sieht, eine nicht geringe Zahl von neuen Stücken. Gleichwohl wird unsere Kenntniss des älteren Meistergesanges nicht wesentlich dadurch bereichert. Was sich vor allem durch den Einblick in die weit reichere Kolmarer Handschrift ergab, wird durch die kleinere Baseler Sammlung aufs neue bestätigt: dass der Gedankenkreis dieser Meisterlieder ein ausserordentlich enger und beschränkter war; es sind immer wieder Variationen auf dieselben wenigen Themata, kaum hin und wieder mit einem neuen und hübschen Zuge.

DEUTSCHES KYRIELEISON.

Die Münchener Handschrift clm. 17555, aus dem Kloster Schleissheim stammend, geschrieben im Jahre 1387 (Catalogus II, 3, 107) enthält auf dem Vorsetzblatte ein deutsches Kyrieleison, das, nach manchen Anzeichen, aus einer älteren Vorlage abgeschrieben ist. Es sind neun Strophen, von denen 1—3 mit *Kirige,* 4—6 mit *Christe,* 7—9 wieder mit *Kirige* beginnen. Die Strophen sind vierzeilig, die ersten beiden Zeilen weiblich, die dritte und vierte männlich reimend. Nur in der letzten Strophe ist das Verhältniss umgekehrt; da hier ausserdem der Reim *weit : perait* vorkommt, so bietet diese Strophe einen doppelten Anstoss. Wahrscheinlich ist sie jüngerer Zusatz, denn auch inhaltlich schliesst das Gedicht mit der achten Strophe besser ab. Die älteren Lautverhältnisse, nicht diphthongirtes *î* statt bair. *ei,* zeigen sich noch in dem Reime *serapfin : sin* V. 33. 34.

Voraus geht auf demselben Blatte ein anderes geistliches Gedicht, dem der Anfang fehlt; und das ich hier, um von der Schreibung der Hs. eine Vorstellung zu geben, im Abdruck folgen lasse.

sein erczney di ist also zart
wol im den si verbundet hat
mit seinem heillen ist er snel
van er gait sich selber in die sel
Der heilig gaist chumt all dar
vnd fäuht di sel [1] mit seines geistes minne flus

[1] *l.* di sele gar.

o got wrd mir dez ein sůzzer gus
so wol so wol der lieben zeit
den dem da wrd di sůzzikeit
min vnd gnad wrd im gegeben
daz ist ein wnnichleiches leben
si habent himelreich auf erd
der heilig gaist sa sů . . . | wlt (?)
vnd di weld lassent varen
vppig lieb sol man abe slahen
vnd in dem herczen chaine tragen
von [1] si ist ein main gotleicher lieb
vnd dez himelreichz ein dieb.

Daran schliesst sich unmittelbar das Lied mit der Aufschrift 'Karie'.

Kirige, du pist ein prunne,
ûz der êwicheit ensprungen,
ein reht wort dar ûz erkorn,
êwic von dem vater geporn.
eleison.

Kirige, du pist ein pluome
mîner sêle ein süezze ruowe.
alles des mîn herze gert,
des wird ich von im gewert.
eleison.

Kirige, dîn gotlîch nâtûre
eint sich in menschlich figûre.
got ist mensche, mensche ist got:
wart daz wunder ie gehôrt?
eleison.

---

[1] *l.* wan.

1 Karige. 2 aůs. 5 leison. 6 plům. 7 rů, *dann als dritte Zeile* zů mir snel. 8 herz wegert. 10 leison. 11 götleiche natur. 12 veraint. figûre *fehlt.* 13 mensch der mensch. 14 vard. 15 *fehlt.*

Criste, wâ wilt du hin fliezen?
'in die sêl wil ich mich giezen
nâch mîner êwigen êwicheit
und nâch mînr drivalticheit.'
eleison.

Criste, du grunt aller tiefe,
und der alle geschrift durchliefe,
nieman weder frowe noch man
volsprechen noch volsingen kan.
eleison.

Criste, du pist ein herre rîche,
nieman mac sich dir gelîchen.
den du von minnen hâst erkorn,
sælic daz er ist geporn.
eleison.

Kirige, du pist ein krône
in dem aller hœhsten trône.
die hôhen engel serapfîn
die wellent al dîn diener sîn.
eleison.

Kyrige, du pist ein spiegel:
swer dich an siht, der muoz fliegen
al in die drivalticheit
da er gesiht dîn einicheit.
eleison.

---

16 va vilt. 17 di. 19 meiner. 20 leison. 21 Xpe du pistt ein g. tieff (: durchlieff) 22 all. 23. 24 nieman voll sprechen noch voll singen kan weder frawen noch man. 25 leison. 26 herre *fehlt.* 27 niemant. geleiche. 28 mimen. 28 selig ist er daz er ist. 30 leyson. 31 kron (: lon). 33 serahpfin. 34 vollent. 35 eleyson. 37 ver. fliehe. 38 di hochen d. 39 da gesicht dein eine ainnichait. 40 leison. *Hierauf*

Kyrige du pist hoch vnd weit
lang tieff vnd prait
niema . . chan gemessen
alz du pist in evichait gesezzen
eleyson.

VOLKSLIEDER.

I.

Fliegendes Blatt des 15. Jahrhunderts, im Besitze des Antiquars Herdegen (Schreiber) in Nürnberg, bei dem ich vor etwa 25 Jahren eine Abschrift genommen. Von dem hier mitgetheilten Liede ist nicht mehr als der Schluss erhalten, das übrige fehlt, indem der obere Theil des Blattes weggeschnitten ist. Es ist mir nicht gelungen. einen vollständigen Text aufzufinden.

Dagegen enthält das Blatt ganz das Lied 'Ain maget ain maget gieng zů dem prunnen', das nach einem fliegenden Blatt im Besitz des Senators Culemann in Hannover in der Alemannia 9, 162 abgedruckt ist. Die Abweichungen sind ganz unerheblich: Str. 2, 6 *auß* für *aus;* 3, 4 *creucz* für *creütz;* 4, 4 *werd* für *werdt;* 6, 4 *vnß* für *vnnß,* also doch ein anderer Druck. Und wieder einen andern erwähnt E. Weller (Germania 24, 399), der in der ersten Strophe folgende Abweichungen von dem mir vorgelegenen Exemplare hat: 3, 1 *zu* für *zů;* 3 *gewunnen* nicht wiederholt; 3 *versagt* statt *versayt;* 6 *breit* statt *prait.*

Nun das Bruchstück.

Wir műssen alle zů d' mülin farē,
rumpel an der thüre nit.
wir wissen nit wie oder wa.
wa sich die deichsel hat hin gericht.
vom ertreich so műß wir weichen.
got helff vnß in das himelreich.
so sprech wir Amē.

In beiden Liedern sind die Texte fortlaufend wie Prosa gedruckt. Punkte bezeichnen wie in den alten Handschriften den Schluss des Verses.

II.

Die Handschrift der Baseler Universitätsbibliothek F x 21, aus dem 16. Jahrhundert, enthält mehrere Volkslieder, die mir der Mittheilung werth scheinen.

Das erste steht auf Bl. 99; es erinnert an den Anfang anderer Lieder, so 'Es hett ain metzger ain töchterlein', Valentin Holls Hs. Bl. 166ª, Uhlands Volkslieder S. 706, und 'Es het ein Schwab ein töchterlein' Uhland S. 575; 'Es hat ein König ein Töchterlein', Tobler 1, 112; 'Es het e Bur es Töchterli' Tobler 2, 174; allein mit diesen hat das Baseler Lied nichts gemein, die Strophenform ist ganz verschieden.

Das zweite Lied findet sich auf Bl. 107, das dritte auf Bl. 112.

1.

Es hatt ein Müller ein dechterlin
vnd es woltt nimmen ein meittle sy(n).

Es sas ein edelman noch dor byn
vnd worb vmb müllers thechterlin.

'Ach edelman, laß din werben sin;
sy wirtt noch als baltt niemals din.'

Der edelman hatt ein fryen knechtt,
der wz in alle settell rechtt.

Er stoß den edelman in ein sack,
er troug in in dmülle für ein habersack.

Vnd do er in die mülle kam,
do sas die Müleryn vnd span.

Er wünst der Müllerin ein gautten tag
vnd sprach 'wo soll ich hinstellen min habersak'?

Sy sprach 'steltt in an jener eck
biß an den morgen dz er nit smeckt.'

Do gieng der knechtt wider hinweck
als forigiolo (so!) fil mher schlechtt.
Und als es war umb mitter nacht,
do fiengs an der sack und kracht.
Do laufft die frauw die stegen ab
wol ilentzs zů dem habersack.
Vnd do sy zu dem sack wol kam,
do (so!) ritter sich also vast als voran.
Und als er sich rierett noch,
woll sy vm behendt houwtt drin ein loch.
Do woltt er ilentzs vsen ghon,
die frauw wol behendt wils wider thaun zůn.
Der edelman wol flux heruß
vnd mit der thochtter zur stuben hinus.
Sy louffent wol ilentzs der kammer zů
vnd wolttens ilentzs vffe thaun.
Do sy den schissel (so!) wol in dz loch
vmb triben wolt, do lost er ein kroch.
Do stoßen sy die thüren vff,
durch ein spalt sy alle beide schluff.

Cantilenam hanc scribebat Wernerus Gebhard Basiliensis anno 1573 Georgio Hugoni, tunc temporis possessori huius libri, qui eum postea mihi año 1574 dedit. [1]

2.

Min schon lieb hatt mir urlob geben,
es kumpt mir wol und ist mir eben,
darumb wil ich nit sterben;
es kompt uns ein frischer sumer dort har,
ain andre wil ich erwerben.

---

[1] Diese Unterschrift ist von anderer Hand, Ludwig Iselins, nicht Bas. Amerbachs, wie Wack. Fischart S. 192 angibt.

Min schons lieb treit ein gelbes har,
darzu zwey scharze (so!) ougly klar,
sy brinnent wie der sterne;
wen sy vber die gasse gat,
so sich ich sy von hertzen gerne.

Und wen sy uber die gassen gat,
so lugt ir ein andrer nach,
das mag ich nit erliden;
der falschen kläffer sind also vil,
wend mir min lieb vertriben.

Man wolt mich in ain kloster thun,
solt min schon lieb hiussen lon,
wer mir ein herty orden;
wer mir die fasnacht lenger gsin,
ein ander hett ich erworben.

3.

Ain anders lied, sagt von den schwaben, wy sie von gotts wort abgfallen sindt, im thon 'o du armer judas' [1]

O ir armen Schwaben,
was hand ir geton,
das wir unsern Cristum
so schandtlich hand verlon!
darum so must ir liden
dSpanier in euwerm land,
des kaisers aigen bliben:
ist euch ain grosse schand.
Kirieeleison.

Ich hett ain aid geschworen,
daran ouch hoch verwett,
yr hetten ee verloren
all uwer schloß und stet

---

[1] vgl. Wackernagel, Kirchenlied Bd. 2, Nr. 616–618.

3 *l.* das ir.

dan also schandlich wichen
von christenlichem punt.
dliebe ist by euch verblichen,
ist mengē kriegsman kundt.
Kirieeleison.

Ist es nit zu erbarmen
und ewigklich ain schand,
ja das ir euwer armen
zu schloß und ouch zu land
so jemerlich land liden
on alle gegenwer,
das ir rich koufflüt blibind,
bim kaser habendt eer!
Kirieeleison.

Ullm, Ulm, ich thun dir sagen,
es wirt dir ubell gan;
denen mocht ir hertz schlagen,
die by dir mussen stan
und hertzlich schmertzen liden,
die grosse schmach und schand
an iren kindt und wiben
im gantzen Schwaben land.
Kirieleison.

Got wirts nit lon ungrochen
die grossen schmach und schand,
die ir hand uff getrochen
dem ganzen tutschen land,
ja allen fromen christen,
die dwarhait hant erkent,
mit ewern falschen listen
hand irs gar zertrent.
Kirieeleison.

Ietz mag man grundlich spuren
und sehen an der that,

---

43 *fehlt.*

so dfiend sind vor der thuren,
wies umb uch alle stat,
das ir den machen liebint
vor gott den hochsten tron.
o ir gleckhen dieben,
es mag nit lang beston.
Kirieeleison.

Drum mag ich euchs wol gunnen,
so ir nit anders wend;
doch duren mich die fromen,
die dran kain schuld nit hend.
den selben welly gott senden
starckh hertz und mannes krafft,
das sy den kaiser schenden,
erlangen dritterschafft.
Kirieeleison.

Der uns dis lied gesungen hatt,
von nuwem hatt gemacht,
der hatt der Spanier boshait
von hertzen recht betracht,
die sy iezund üben
zu Ulm in der statt;
darum well gott behüten
ein lobliche eidgnoschafft.
Kirieeleison.

LIEDER DER MYSTIKER.

Die Handschrift 268 der Stadtbibliothek in Kolmar, ein Octavband von 348 Blättern, im 15. Jahrhundert (Bl. 161ᵇ begegnen die Zahlen 1440 und 1444, Bl. 256ᵇ 1454) von verschiedenen Händen geschrieben, verdient in mancher Hinsicht eine nähere Betrachtung. Meine Aufmerksamkeit erweckte sie, als ich im Frühjahr 1879 einen Tag in Kolmar war: schon damals nahm ich Abschrift von einigen der in ihr enthaltenen Liedern. Die Zuvorkommenheit des Herrn Stadtbibliothekars And. Waltz, der mir kürzlich auf meine Bitte die Handschrift zusandte, ermöglicht mir jetzt ein näheres Eingehen. Auf dem Vorsatzblatt steht 'Diß s' Barbara schydin'.

Folgendes ist der Inhalt.

Bl. 2 *Dises ist die vorrede des büches vō der minne xp̄i.* '*Wir lesent von vnserem heiligen vater sant Dominicus*'. Schluss 4ᵃ. 4ᵇ ist leer.

Bl. 5 *Vō der īnerlichē begirde nach dem herrē ih̄u. j. c.* '*O du ewige weisheit. min götte vnd min herre. jh̄u xp̄e*'. Betrachtungen über Christi Leiden in 11 Capiteln. Schliesst 26ᵇ. 27ᵃ ist leer.

27ᵇ (andere Hand) *Der ist weyß der sich selber kent der ist reich. der sich benungē (= benüegen) lat ∴ der ist starck der dē sundē wider stat.*

(andere Hand) *leben an trost vnd sterbē an tot vnd petten an müt dz ist der aller pest grunt.*

28ᵃ (andere Hand) '*(E)in geminnter ist nur ein ciper trúbeb* (l. *trúbel*) *ī dem wingartē engadi.*' Schluss 46ᵇ.

47ᵃ *'Durch besunderliche früntschafft vnd liebe die ich zů diner sele hab.'* Anfang eines Briefes.

48 ist leer.

49ᵃ (andere Hand) *'Zúch mich noch dir; so werdē wir louffen In dem geroch diner salben.'* Betrachtung über diesen Text. Schluss 80ᵇ. 81—83 sind leer.

Bl. 84ᵃ (andere Hand) *Disse her noch geschribē materie ist vō den heilige sibē zitē vn̄ was ein iecklich ding betutet vn̄ och dz jor. 'Das jor ist geteilt ī iiij teil Dz ist der wint' Der lentz Der sumer vn̄ der herbst'.* Schluss 92ᵃ. 92ᵇ ist leer.

Bl. 93ᵃ (andere Hand) *Dise p̄dige det vns der wirdig vat' sygmund* [am Rande, von derselben Hand: *der barfůss*] *in der pfingstwuchon vn̄ seit vō dem heiligen sacrament wie man sich vor vn̄ noch halten sol Parasti ī cōspectu meo mensam etc. 'Ir aller liebsten mine wort in latin die ich gesprochen hab.'* Schluss 114ᵇ.

Bl. 115ᵃ (andere Hand, ähnlich wie 28ᵃ) *(E)in mensch hat forcht ī dē dicken zu gon so es tet zu dem heiligē fronlichnā'.* Von den Werken der Barmherzigkeit. Schluss 122ᵃ. 122ᵇ—125ᵇ sind leer.

Bl. 126ᵃ (andere Hand) *'Es was eyn heylge iunkfrowe die het alle ir andacht.'*

Bl. 127ᵃ (andere Hand) *'Disß seyt vō. V. stuken der demútikeyt.'*

Bl. 128ᵃ (andere Hand) *'Memorare nouissima tua et in Eternum non peccabis. Geb got dz du smaktest vn̄ v'stǒndest.'* Schluss 128ᵇ.

Bl. 128ᵇ lateinische Bibelstellen.

Bl. 129ᵃ (andere Hand) *Item. Die bůs vber die sůnd ist Eyn beweynen'.*

Bl. 129ᵇ unten (andere Hand)

It' ye abgescheydner lediger vssgank
ye fryer vfgank
vn̄ ye fryer vf gang ye neher ī gang.

Bl. 130ᵃ (andere Hand) *'Disse dru ding gehórent wider die anefechtung der verzwifelung.'*

Bl. 130ᵇ *'Wie man bichten sol.'*

Bl. 131ᵇ (roth, andere Hand) *Disß sint bredien von*

dem heylgen geyste. sps scs. (132ª) '*Der geyst des herren hat gezieret die himel.*'

Bl. 134ᵇ (andere Hand) '*Dis sint siben sunderliche fród* und mehrere andere kleine Stücke, von verschiedenen Händen bis 137ᵇ. 138 ist leer.

Bl. 139ª (andere Hand) '*Von fúnferley geystlicher zukunft des herrẽ*'. Schluss 146ª.

Bl. 146ª *Dise X. dink sint notúrftig ze halten Eynem gekliche Monschẽ Dz es den adel siner sel nút verliere.*

Das Erste ist bettẽ vñ andechtiklich
Dz. ij. ist gern bichte vñ lútterlich
Das iij. wenig Reden vñ bescheydenlich
Dz. iiij. ist gebrestẽ liden vñ williklich
Dz. v. gehorsam sin vnd Einfaltiklich
Dz. vj. ist gedultig sin vñ frőlich
Dz. vij. ist kúsch sin vñ gentzlich
Dz. viij. ist demůtig sin vñ vollekomẽlich
Dz. ix. ist gőtliche Minne han vñ ordenlich.
Das x. ist an disen stůkelin stett sin vnverdrossenlich. Amen.

Bl. 146ᵇ — 151ª die Lieder Nr. 1—5.

Bl. 151ª — 151ᵇ ein kurzes lateinisches und deutsches Stück.

Bl. 152ª Lied Nr. 6. Am Schlusse desselben, aber ohne irgend welchen Absatz: '*Es kan nyemant kumen zů eynẽ lutren leben On bekantnis sin selbes. Do du aller der lidig standest. Dẽn der die dich wisen můgẽt ůf dz sterbend leben Ihu xpi. Das du alle die bant abeslahest die dich gottes geirren mőgent*'. Dann, ebenfalls ohne Absatz und Überschrift Nr. 7, d. h. ein Spruchgedicht des Teichners: Liedersaal 3, 137.

Bl. 154ª — 155ª Nr. 8. 9.

Bl. 155ª — 156ª kleinere Prosastücke.

Bl. 156ª ff. '*Es wart an eyner stat gefroget*'.

Bl. 160ᵇ unten:

Item enphoch liden williklich
trag liden gedultiklich
ler liden cristformiklich.

Bl. 161ᵃ *Rex pacificus. pater celestis. Item es wz eyn richer herr.* Von den vier Töchtern Gottes.

161ᵇ *Dis ist die betutung der tag.*

162ᵃ (andere Hand) '*Gregorius sprichet wān eyns eyn sůnde tůt*'. Von 15 Staffeln zur Hölle.

165ᵇ Nr. 10. 166. 167 sind leer.

168ᵃ kleineres, darunter '*Sag an o dū aller schőnste vnder allen frőwē wö ist din geminter wö ist er hin kumē so wellen wir in sůchen mit dir*' (= Hoh. Lied 5, 17).

Ledikeyt ich wil dich růmen
solt dich alle die welt vertůmen
so treystu doch fröd inn.

Wem sin dink hye gluklich got
Der kunt gen hymel gar spot.

Stelle aus Ezechiel.

168ᵇ (roth) *Dise wort hat gebrediget unser liebe frowe die usserwelte můtter gotz maria. j an der statt eynes bruder brediger orden ires sunderlichen capelons un̄ dieners. 'Transite ad me'.* Schluss 173ᵃ.

173ᵇ Nr. 11.

Bl. 174ᵃ '*Itē der diener der ewigen wißheyt froget eynest zwo frogen*'.

174ᵇ *Von den worten sursum corda* (roth). '*Es wart gefroget wz sin gegenwurf were.*

176ᵇ vom Beten. 177ᵃ von elf Schaden der Sünde u. a. kleinere Stücke.

181ᵃ Nr. 12.

182—183ᵃ kleineres.

183ᵇ *Diß sint acht sach worumb uns' lieber herr zů hymel fůr* (roth).

184ᵃ *Das wir sont brůderlich vnd swesterlich miteynander leben* (roth) etc. Dann wieder Einzelheiten.

Bl. 195. 196 leer; ebenso 198ᵃ.

198ᵇ vom Beichten, und Beichtformeln.

203. 204 sind leer.

205 '*Unser lieber herre spricht zů der minnenden sel*'. Gespräch zwischen Christus und der Seele.

207ᵇ Nr. 13.

209ᵃ *Diß ist die red vnsers behalters ĩ. x*'. '*Mensch gedenk dik an mich*'. Am Schluss (209ᵇ)

Haltent dise wort
su sint der selen hort.

Dann folgt:

Sint suver vñ reyn
demůtig vñ kleyn
vñ minnent dz ist gemeyn
vñ yemer blibent alleyn
gegen allen allen. m̄. gůtlich
wenig. m̄. heymlich
lutzel wort. vil gutter werk. wer diß hat.
des sele wurt gůt rott.

Hierauf wieder kleinere Prosastücke.

214ᵇ *Ein kurtze uslegung ůber sant paulus wort die hye noch geschriben stont.* '*Der apostel sant paulus schribet zů den võ ephesios ich bůge mine knu*'. Schluss 216ᵇ. Wiederum kleinere Sachen.

219ᵇ am oberen Rande: *pr̄ heynrich.* — 219ᵇ *Von der heyligē trinitat* (roth). '*Uch ist gegeben ze bekennent*'.

223ᵃ *Von dem wihewasser* (roth). '*Das wihewasser hat*'.

223ᵇ Von sieben Geistern vor Christi Richterstuhle.

225ᵇ — 227 kleineres. 227ᵇ leer.

228ᵃ *Von den heiligen siben ziten ein gute nutze ler wie man sy begon sol* (roth). '*Sepcies in die — Siben werb v̄ dē tag*'. Darin folgende Stelle (232ᵇ): *man sol tun alls die betteler vñ die in seiten spill singen: ob ir einer in dem mitel von dem lied oder spill vm̄ einige hinderung, die im zu vil, ein teil von dem lied oder etliche noten vnder wegen liesse, vñ die andren furbas sůngen dz disser versumet, so nimet disser nit her wider dz er versumet hat, me dz dz furbz anston ist von dem lied oder spil, dz singt er furbz vs mit sinen mitspilleren oder sengeren.* — Schliesst 241ᵇ. 242 leer.

243^{a} *Dis ist ein abgeschrift eins briefs den ein geistlicher bihtuatter gesendt hat sinem geistlichem kint in ein closter vñ ist die matery võ rehtem warẽ sicherm andaht.* '*In dem namen der heiligen dryualtikeit amen. Min liebes kint der fryd xpi sy mit dir.*' Schliesst 256^{b}. Bl. 257 ist leer.

Bl. 258^{a} Sprüche der Kirchenväter und Weisen. '*Isyderus als der tod schnelligklichen leyb vnd sel.*' Schluss 321^{a}: *Vnd pit got für den Schreyber vnd pruder.*

321^{b} — 322^{b} leer.

323^{a} *von Betrubnûß.* '*Ain vnbekümert hertz*'. Schliesst 328^{b}; dann die Verse

Jesus ist er genant
Raynen hertzen wol erkant.

329 — 333 sind leer.

334^{a} Das best gut das ist gût — *Paulus.*
Vnd auch behalten sein gepot

vgl. Germania 2, 140. Es sind die Sprüche 1. 2. 4. 5. 8. 11—14. 18.

Bl. 334^{b} — 335^{b} leer.

336^{a} '*(E)xultet jam angelica turba celorum etc. Nu sol sich erfrewen.*' Osterpredigt. Schluss 343^{a}.

343^{b} *Vere dñs est ĩ loco isto. Genesis XXVIII. Werlichẽ got der herre ist.*' Predigt. Schluss 348^{a}.

1.

Eyn hübsch liedelin. (Bl. 146^{b}).

Eyn ursprung aller selikeyt
begint in mir entspringen
und mit liechtem underscheyd
allen zuval von mir tringen:
so het ich min selikeyt erloffen,
in allen dingen wer ich underworfen.
R. Eym lutren grund
dem ist es kunt,
lidig, unbehangen.

Wjc môcht mir yemer bas gesin?
ich růw in allen dingen.
ob der zit ich búwen,
want do sol sin   dz wesen min.
  R. Eym lutren.

Das wesen blos   hat kein genos,
dz wesen sunder anderheyt
mag nyeman erlangen.
In dem eynigen al ich wesen sol.
  R'. Eym lutrē grůnt.

Es ist sin selbes sin und ist keyn anders,
es ist sin und ist nycht min des wandels.

In allen dingen ein verston
tůt sich in mir verkleren;
wenn ich mich ze grunde lon,
mir wúrt wes ich begeren:
so sint alle dink min lidig eygen,
das offenbar der worheyt sůnder zögen.
  R. Eym.

Der vatter sinen sůn gebirt
sůnder alle creaturen
in dem widerglantz der gezierd,
heylger geyst und eyn natur(e),
underscheyden urlop geben
in dem endelosen grůnde.
armůt des geystes ist ewig leben,
verderben sterben leb ich sunder trost,
usse und ynne vertômet vnd verrůchet:
  nún bittent dz ich werd erlost.
  R.

---

11 *nach* ich, *ausgestrichen*, rw. 12 *hier ist sicherlich eine Lücke.* 15—18 *scheinen auch entstellt*; anderheit *ist ein spezifisch Eckartisches Wort. Es steht auch* 4, 30. 9, 6. 20. 21 *gehören wahrscheinlich vor* 19; *vgl.* 5. 6. 38 nú: *es steht* nútj, *aber der Schluss scheint radirt.*

Wer im sin leben well bewaren,
der folg xp̄s ler(e)
vnd los kluterye varen
und acht dz er sich kere
zů got in abgescheydenheyt
one form und one bild(e).
got in sin selbes istikeyt
ist allen geysten wilde.
do got mit in gegrúndet ist,
sú ist unbesunder,
do er sich all in eyn gebirt:
des sten ich one wůnder.
R. Eym l.

O fryes nycht, wye stestu so blos
mit dryheyt unberöbet!
wer wil werden din genos,
der mus in armůt torren.
in eynykeyt on underscheyt
do wurt sin wesen.
was sol mir alle verstandenheyt?
ich můs min selbes vergessen.
R. Eym lutren grund
dem ist es kunt,
lidig, unbehangen.

2.

Eyn liedelin. (Bl. 147[b]).

(148[a]) Es sossen siben jungfrowen
in eynē kluselin,
sú rettent alle gliche
von Ih̄s dem kindelin,

---

44 abgescheidenheit *ebenfalls ein bei Eckart vorkommendes Wort; ebenso* istikeit 46, *das noch* 9, 4. 20 *vorkommt.* 47 *vor* wilde *ausgestrichen* wel. 56 touben? 58 *wahrscheinlich fehlt* gemessen. 59 verstandenheit *ebenfalls ein Wort der Mystiker.*

von siner mûtter.
ach, der in in sim hertzen treyt,
der treyt den gûtten.
R. Ach Ih̄'s, du bist min,
din eygen wil ich sin.

Do sprach ye die erste,
die hyes Hilte:
'wer gesach ye mûtter kint
ye so milte
als Ih̄s dz kindelin (ist)?
es vergit uns unser sûnd
und unsren argen liṣt.'
R. Ach Ih̄s.

Do sprach ye die andere,
die hyes Irmengart:
'wer öch nún ze himel vart,
der tüt eyn gûtte vart.
ich wil und mûs do hin:
so tantzent megd mit engilin
mit mengem seytenspil.'
R. Ach Ih̄s, du bist min,
din eygen.

Do sprach ye die dritte,
die hye Kunigunt:
'wie ist die welt so bôse
in ires hertzen grûnt!
wir wentz verbietten,
wir wentz mit gûtten werken
wol vernyeten.'
R. Ach Ih̄s, du bist min,
din eygen.

Do sprach ye die fierde,
die hyes Angenes:

---

37 gngenes, *das erste g hat einen rothen Strich unten, der wohl den unteren Theil tilgen soll.*

'Ih̄s krist dz kindelin
hat uns von sunden erlo̊st:
das dunket mich gar gůt;
es hat mir mine wengelin
geziert mit sinē blůt.'
R'. Ach Ih̄s, du bist.

Do sprach ye die fúnfte,
die hyes Katerin:
'wenn ich zu Ih̄s kůme,
er git mir eyn vingerlin;
er nymt min selbes war,
er nymt mich by der hant
und fůrt mich an die schar.'
R. Ach Ih̄s, du bist min,
din eygen.

Do sprach ye die seste,
die hyes Magdalen:
'mich růwent mine sůnde
also rechte ser.
ich wil sú bůssen:
ich wil mit minen trehenen
weschen sine fůsse.'
R. Ach Ih̄s, du bist min.

Do sprach ye die sibende,
die hyes Cordula:
'wir wellen alle mitteynder
ůf gen hymel faren.
jo do ist fro̊den vil:
do tantzent megd mit engelin
mit mengem seytenspil.'
R. Ach Ih̄s etc.

Do sprach ye sant Bernhart
zů sant Gertrut

---

41 hat *zwischengeschrieben.* 49 *l.* hende. 59 *wahrscheinlich* twân sine füesse. 63 *l.* all mit einander.

'Ih̃s krist dz kindelin
ist mines hertzen trut:
es wil min gemahel sin.'
do loptent sú alle gliche
Ih̃s dz kindelin
[und sine mûtter.
wer in in sinē hertzen treyt,
der treyt den gûten.]
R. Ach Ih̃s, du bist min,
din eygen wil ich [ewiklich] sin.

3.

Eyn liedelin. (Bl. 149a) [1]

Der sin selbes neme eben war,
der möcht dester bas bekennen,
dz in zit nye bessers wart
denn mûssikeyt von innan,
wenn es wol frúcht mag bringen.
natur git, dz zit dz nymt,
der sich im lot, der ist dester dumer.
nun frôwe dich dz es liechter tag ist worden,
die vinster nacht ist gar dohin,
in der du werd verworren.
Die dink sint schier gevangen an:
wo sú nún hin vslendent?
der sich der dinge nút forhin bedenket,
in mitels wurt es dik bekrenket.
wer weys wo es nymet eyn ende?
Do Möyses den buschen brinen sach,
er sprach gar fôrchtiklich

---

[1] Eine Strophenabtheilung ist hier nirgend angedeutet, und auch nicht durchzuführen.

1 eben *zwischengeschrieben*. 8 liechte^{r}, r *roth*. 10 *nach* werd *durchgestrichen* verborgen. 13 sich *zweimal, einmal roth durchgestrichen*. bedenkt.

'ach zarter herr, los mich dich sehen'.
der herr antwortet frúntlich
'Möyses, dz mag nút gesin,
min verborgenheyt sol din benůgen richen.'
Man sprichet, bekennen dz ist gůt,
das hôchst vnd öch dz beste.
im ist also, min munt der sprichet,
min geyst hat nút rast.
an bekennen hat er keyn benůgen nút
vn̄ schöwet doch in bilden.
wz man von bekennen ye veryach,
ir bekennen ist v̊bergeystlich liecht,
wen̄ sú verschöwet in geystes liecht:
so hebet sich aller bilden verbildung.
es ist dz aller beste gůt,
dz in der sel entspringet:
sú climent v̊f vernůnft die berg die hôchsten spitz,
dorůber sú sich swingēt.

4.

Eyn geystlich liedelin. (Bl. 150ᵃ)

Man siht die gotheyt luchten
durch die menscheyt blos:
er starb in allen dingen,
man vindet nyene sin genos.
die zit hat er ernüwet
in siner angenomenheyt;
die gotheyt hat gesůchet
armůt in zites kleyt.
in dem widerblik(e)
lot er sich vinden one leyt.
Armůt hat erkennen

---

24 *l.* ist im. *l.* spricht. 25 *l.* enhat nút reste.

4 nyᵉne. 6 angenomenheit: *ein Eckartisches Wort.* 8 *der Reimpunkt steht nach* armůt. 9 *auch* widerblic *ist Eckartisch.*

vnd dz wesen one zil:
In erthrichen strike
wirfet es sich wider in.
do blipt es sich in(ne)
in der verborgenheyt:
geystes vnd naturen
hat es sich gar entzet,
es hat sich do verborgen
vor allen geysten gar:
Xp̄s im do luhtet
sunder on allen won.
Wer wil nun bevinden
des weyssen kornnes val,
der sol bald begúnnen
und swingen v́beral.
In armút sol man vinden
glich zit vnd ewikeyt,
gotliche natůr(e)
entslossen on alle anderheyt.

5.

Eyn liet. (Bl. 150[b])

Do ich bevant des brunnen
der hohen eynikeyt,
do wart mir benůmen
aller underscheyt:
ich vant got und got vant mich.
O du riches wesen,
wie stostu so rechte blos!
der din hat befunden,
der stot sin selbes los,
im selbs offenbar
und allen den verborgen,
Die do stont in underscheyt

18 *l.* entseit.

und eynikeyt nút enhant.
der sin het sines sinnes
die het kein redikeyt.
Es ist eyn lutter swigen
in siner stillikeyt.
nun weys ich was ich sprich(e),
mir ist swigen (kunt):
noch eynvalt mines sinnes
sol mir ston der můnt.
In siner eygenschaft
so ston ich unberůrt.
untz har hab ich gesprochen
dz ist redelich.
eyn nycht ist mir verswůnden,
des kan ich reden nit.
Eyn vernicht und eyn vergicht
ist gar do hin:
weder got noch creaturen
entweders ich enbin.

6.

(152ª) Ich solt mich nún leren lossen,
es wer wol me denn zit:
got für kůmt mir alle min strossen,
ich bin trostes worden fry.
ich solt mich nún leren liden,
dz wer dz hôhste gesetz,
zitlichen trost vermiden:
got het mich sin schier ergetzt.
Repetytz. Las alle dink entwerden
und löfen ůf ir zil,
ler dir selb absterben
und wellen wz got wil.

---

14 so *roth über ursprünglichem* Die sin het sines sines. 17 stillikeit *ein bei den Mystikern beliebtes Wort.* 22 *l.* eygenschefte. 25 l *aus* n *gebessert.*

Wye solt ich mich nún lossen,
wan̄ ich bin selber ich.
in has und ôch in strofen,
seht, do vind ich mich.
das mach ich mit dem rechten.
dz ich mir selber gib.
min dink wurt nyemer slecht(e),
bis ich mich des rechten gar verwig.
R. Los alle dink entwerden.

Wye dik ich nún wil wenen
mit fůrsatz werden gůt,
do trug ich nun mich selber
und irret mir min můt.
ich můs mich gar verwogen,
verliesen ye dz min;
dz hat mich dik betroget:
dz ist min ungewin.
R. Los alle dink entwerden.

Wo ich nun hin kere
in hertzen und in sinnen min,
so find ich als die lere,
dz ich solt lidig sin.
des kan ich nút bekůmen,
ich ker als wider in.
wer ich mir selbs benomen,
so möcht ich wesen fry.
R. Los alle dink entwerden.

7.

(157b) Lip noch sel ist nút as gut
as wol besinnter müt,

---

25 irret mich (*getilgt*) mir. 27 *der Reimpunkt steht nach* ye. 28 *l.* des — betråget. 32 *l.* in hertz und sinnen min.

der zû gotte lot alle sin sach,
sy sigent wirdig oder swach;
wan̄ es geschiht doch nuwant dz got wil.
der sich dorum kifet vil,
der wúrt alt e zit
und ist doch gottes widerstrit.
ich wer noch junger denn ich bin,
het ich ye gehept den sin
und hett ich mich zü gott verlon.
also stûnt oft und dik min won,
das ich wolt leben wider got,
wenn es nut gienk noch mim gebot
und ich dz nut gedultklich leyt
und doch ser dor wider streyt:
do wolt es mir doch besser werden nye,
bisß ich den strit von mir verlie.
nun hab ich mich zû got verlon:
was got wil han, dz sy geton,
und eyn getrnkten sin.
es kumpt eyn siecher hin,
so eyn gesunder wirt vergraben,
der eyn dink ze gewisß wil haben,
dz got ym von handen trot,
und wúrt eyns her wider brocht,
do er gar lutzel trost von hat.
ich han mir oft gedocht
. . . . . noch hohen wonē,
das wart mins herzen klag:
man siht mengen nacht und tag
haben grosse angest und not noch gût
und kúmt nyemer us armût;
do zwischen vint man mengen, der ist gar verlegen,
uf den felt es recht as eyn regen,
silber und golt one zil,
dz es in selber dunket ze fil.
do von ways ich nút bessers,

---

20 han *zwischengeschrieben.* 29 *keine Lücke angedeutet.* 38 *l.* bessers niht.

wan̄ der alle sin zuversiht
lot uf gott, der do nemen kan und git.
as eyn dink beschehen ist,
dz nyeman widerbringen mag,
das sol man ab dem hertzen lon;
wan̄ got tút alle dink umb gůtz.
des ist mengem mut,
des er im billich danken sol.

8.

(154ᵃ) Wenn die bůben zů samen
kůment in den taverner,
der erst der lobet sinen got,
der ander het in gerne;
der drite der bekennet in,
der fierd der minnet in;
der funfte nymet sin war,
der seste vereynt sich gar;
der sibend stot sin blos,
der achtēt hat keyn genos.
eya, du fryes bůben leben!
wz wil uns got geben?
den heylgen geyst:
des bedörfen wir allermeyst.

Die würfel, die die bůben tragent,
dz sint tyefe scharfe sinne:
die werfent sú in die gotheyt
vs ire fryen minne.
eya herr jħu xp̄,
wye wol den lieben kinden ist!
sú legent sich an die lůder
zú trinkent volle fůder:

---

42 *l.* kan. 2 *l.* tavernen. 5 *vor* bekennet *durchgestrichen:* minnet in. 7 nymz. 10 *l.* der achte enhat. 20 wye *aus* wyr.

nút ist gnûg;
got ist das höchste gût.
Amen. Amen.

9.

(154b) Min geyst hat sich verwildet
us allem underscheyd:
do ston ich unverbildet
in miner istikeyt.
ich mag mich nút gebinden
in keyn anderheyt:
fry und fry durchgangen,
do bin ich inn erhangen,
ich kan nút anders leben.
min sinne hant sich vergangen,
min vernunft mag es küm erlangen,
wenn der do inne swebet.
vor fröden wil ich wütten:
der mich der fröden wendet,
fúr wor der wil mich tôten.
min hertz wil us mir selber.
in fryheyt fry müs ich leben:
dz sulent ir mir vergeben.
Repetiz. Wolten ir es eben schöwen
in blosser istikeyt!
ir welt als eyn anders;
do sint jir an betrogen.
und wellent ir mirs nit glöben,
ich wil üch dz geloben,
us úch wirt keyn anders
denn dz do ewig wz.
ach wolten jr es recht schowen,
wz do lit verborgen
in der h. drivaltikeyt!
sorg aller zitlicher dingen

1 sich *zwischengeschrieben*.

wil ich mich verwegen:
[aller ding] zumol des wil ich leben
in eyner fryen stille
und in allen dingen unbeweglich;
dz hat got mir gegeben
sunder und unverborgenlich.
mich enrůch wz yederman sprech,
.m. so gar tumplich.
.x. o du edels selges leben,
wer ob allen dingen so hoch leret sweben
und der sich on underlos vereynet an im,
doch der mus vor ǹemen
mangen bittren stos
von den creaturen:
sú úbent in an underlos,
und dor zů die leydige natur.
o wol uf, sele min,
wir müssen bliben unvermischet.
natúrlich us nye creatur gegangen ist
noch kůnt nycht wider in
in ir selben icht:
do von kan ich nycht vinden
keyn geschaffenheyt;
mir ist och vergangen
zit und ewikeyt,
wan̄ ich bin bestanden
gar in eynikeyt.

10.

(165[b]) Selig sy die gŏttliche mynn,
die Maria ye erdochte,
sy hat geborn eyn kindelin
zů disen winachten,
aller welt eyn heylant,

---

37 *l.* enrůcht. 38 = mensche. 39 = Crist. 53 geschaffenheit *ein Wort der Mystiker.*

vor 5 ausgestrichen: ih̄s xp̄ ist e.

ihesus xp ist er genant.
  Repeticio. Maria, du hast in getragen,
  du solt dich wol gehaben,
  Josep wil dir ihm wagen.

Sy leytentz in eyn kripelin,
dz usserwelte kindelin;
es het zwey hubsche ôgelin
vn ein rotes mûndelin.
wer es kusset an sinen mûnt,
wer er siech, er wurde gesûnt.
  R.' Maria du hast in .

Zû disem ingenden jor
Ihesus wart besniten;
er vergoß sin blûte . . . .

11.

Eyn liedelin (Bl. 173^b).

Mir liebet in den sinnen min
fûr alle dink die gotheyt fin alleyne.
môcht ich mit got vereynet sin,
so wol ich zitlich frôd achten kleyne;
wan̄ got der ist eyn solcher hort,
und könd ich aller meyster wort
und alle wißheyt hye und dort,
von gottes dienst möcht mich nyeman vertriben.
  Repetitio. Ach got, bescheyd mir eynen tag,
  in dem ich mich vereynen mag,
  sel und lib in dich üf trag,
  dz ich on end in dinē dinst belibe.

Ich weysß, und het ich gantzen flisß,
dz ich got dienet mit hertzen und mit sinen,

11. 13 *l.* kindel : mûndel. 19 *mit* blute *schliesst die Seite* (165^b), *das folgende Blatt ist leer.*

4 *l.* wolt ich zitlich frôde. 14 *l.* sinnen.

ich wurd schyere von im gewisß
dz er mich trost von ussen und von innen;
wan̄ got der ist also gestalt
dz er den menschen jung und alt
teylet sin erbermde menigfalt,
die in von hertzen und von allen kreften minen.
R. Ach got.

Man vindet noch der luttē vil,
die wort können machen dru alt fiere;
dor noch so löffentz zů dem zil,
wye su götlich minn und worheyt zierent.
ich weysß, und sol mir yemer werden recht,
ich můsß mich halten itel schlecht,
ich můß mich nydren als der knecht,
wil ich on end in gottes dinst bliben.
Repetitio. Ach got, bescheyd mir eynen tag.

12.

Eyn geystlich liedelin (181^{a}).

Der ussren trost zü mol verlurt,
der sol in die worheyt gon,
do got von siner zarten trůw
sich machet der sele vnderton.
natur und geyst hant underscheyt
an der innigosten stat,
do mans in den adel treyt.
wer stetiklich inn bliben well,
der můß creatur lon,
wan̄ su sich so listiklich
in eygen wol behelfen kan.
Sy meynent, enthalt der sy in gůt,
und schallent usß naturen lieht,
und fliehen geystes armůt.

---

18 *mit* menschen *schliesst Bl.* 173^{b}; *die Fortsetzung steht auf Bl.* 181^{a}. 20 *l.* minnen. 26 yemer *wird zu streichen sein.* 29 *l.* beliben.

konden wir es in der worheyt vinden,
wz geystes armit innen hat,
wir kerten uf eyn sicher sterben
und fluhen creaturen rat;
wan̄ ir rot der ist so nútelich.
kerten wir uns von allen bilden,
so wurden wir der worheit glich,
und ilten in dz ist der rot,
do geystes lieht in widerglast
sich weselich besessen hat.

13.

(207b) Wer disß liedelin wol wil leren,
der mûß sin hertz zû gotte keren.

Wiltu bekennen got und dich,
in Xp̄s ler und leben sich,
dz dich keyn valscher geyst in liech iht betriege.
dich hilfet keyn vernunft [verston] noch sitten;
lebestu in Xps minne nut,
so ist din leben valsch vor got eyn liegen.
der weg der worheyt ist der sûn,
des leben wir do sûchent:
er lebet in unser selen grûnt,
er sol den nyemer werden kûnt,
die nut in Xpō sterbent und verruchent.
Wye siech ich bin, so wurd ich doch
in xpō gesûnt enthalten:
keyner pin ist mir zû vil,
er sol mich wurken wye er wil,
der hymelsch vatter sol des endes walten.

Gewore min sich tôtten lot,
do su alles trostes ellend stot,
on eygenschaft von ussen und von innan.

---

19 *oder* mitelich. 23 *nach* geistes *ausgestrichen* armût sich weselich.

4 *l.* sit.

die minn blibet sunder haft
und zuhet die al vermögende kraft
in irre geburt ob aller m̄. sinne.
got sich aller wise verseyt
in nychtes nyht besunder:
do wurt der geyst des sinen entcleyt,
in ruret weder lust noch leyt:
der selig sin wûnder uber wunder.

Die sich ir selbes hant verzigen,
von ussan und [von] innan sint geswigen,
der geyst der worheyt hat in an gerichsnet.
was mag den armen me geschehen?
su hant sich selber uß gesehen,
dz alle dink in irem bild sich nychtent
doch ewig e mit underscheyt,
eyn widerschin des cloren;
das edel ist im selber zart,
dz rich unmessig sunder arg,
undurftig sich im selber offenbar(e)t.
Wie siech ich bin, so wurd ich doch
in Xpō gesunt enthalten:
keyner pin ist mir ze vil,
er sol mich wurken wye er wil,
der hymelsch vatter sol des endes walten.

Hôre und swig,
sich und litt,
fluch und mit
und ritterlich stritt
alle din zit.

---

20 *l.* belibet. 22 = menschen. 27 *l.* ist wunder. 39 *vor* wurd *ausgestrichen* bin. ich *zweimal am Schluss und Anfang zweier Zeilen.*

EINE STRASSBURGER SAMMELHANDSCHRIFT.

Papierhandschrift in Quart vom Jahre 1428, ehemals im Besitze von T. O. Weigel (vgl. Germania 9, 379). dann in dem von F. Butsch in Augsburg, jetzt in der Universitätsbibliothek in Strassburg. Sie enthält folgendes.

1. Leben und Wunder der Klausnerin Elisabeth von Rüthy Bl. 1ᵃ—26ᵃ. Auf der Vorderseite des ersten Blattes steht unten (roth) Dit erst bůchlyn ist von der seligen klüseneryn von Růthy. Die genant waz. Elizabeth. Verfasst von dem Probst Conrad Kôgelin im Augustinerkloster Walse im Bisthum Constanz. Nach dieser Hs. herausgegeben von Birlinger, Alemannia 9, 275 ff.

2. Eyn gebet von unserm herren. Bl. 26ᵇ.

Ich bit dich vater almechtiger got
Durch dyn angst und durch dyn große not
Durch dyn wunden und durch dyn blůt so rot
Durch dyn martel und durch dynë bittern dot
Daz du mich lieber herre behůtest vor dem jehen dot
Und mich also lange wollest fristen
Biß ich myn sünde gebůßen
O lieber herre laß mich nymmer ersterben
Ee dann ich dyn hôlde erwerben
Und myr auch luter bychte und ware ruwe
Und dynen heilgen fronen lycham
An myme lesten ende myr herre verlyhe
Und sende myr dynen engel klar
Der mich brenge zu der hÿmel schar
Dich zu loben ymmer eweclich

Mit dynen lieben heilgen in hÿmelrich.
Das werde war. In gotis namen Amen.

Hie und dort ist er geert
Der alle ding zum beßten kert

3. Diß sint die zehen gebot Bl. 27ᵃ—31ᵃ, mit Auslegung.

4. Der psalme magnificat zu dutsche Bl. 31ᵃ—31ᵇ.

5. Eyn cleyn gebet von unserm h'n got Bl. 31ᵇ.

Ich bit dich herre ihesu crist
Daz du mir gebest frist
Miner zyth und myner tage
Das ich myne sůnde clage
Mit ganczer bychte mit warem ruwen und buße[1]
Durch dyne gotliche pyne die du lidde durch hende und durch fůße
Durch dyne sythen Durch dynen bittern dot
Und daz du liebe můter Maria mich behůtest vor angst und vor ewiger[2] not.
In gotes namen Amen.

6. Wan̄ du unsers h'n lycham sehest ader enphaen wilt Bl. 32ᵃ.

Wiß mir hůde und ẏmmerme wilkům myn schepper und myn got
Der wernde drost one spot
Verlych myr das lebendige hÿmelbrot
E mich begryff der bitter dot
Herre got des bit ich dich
Durch dynen dot gewere mich
Vnd gerůche myr die sele zu bewarn
Also wan̄ sie von hynnen sal farn
Und daz sie die ewigen freude fynde
Herre mit dyr Marien kynde
Das werde ware in gotes namen Amen.

---

[1] *und buße* zwischengeschrieben von anderer Hand.
[2] *ewiger* zwischengeschrieben von anderer Hand.

7. Eyn ander gebet von unserm herren wan man yn enphahen wil 32ª.

Ich enphaen dich heilger lycham herre zu droste myner armen sele zu notdorfft mynes lybes. Ich bit dich heilger lychnam herre umb die freude des hȳmelriches daz du mir verlyhest und sendest eynen rechten dot an myme ende Amen.

Auch dies Gebet hat wohl ursprünglich poetische Form gehabt.

8. Noch eyn gebet von unsers h'n lycham 32ª — 32ᵇ.

Ich ruffen von allem myme herczen an
Daz heilge ware blůt Und unsers herren waren lycham
Daz mir der snelle jehe dot
Nymmer gethů so grosse not
Ich enphae dich heilges hymmelbrot
Daz got synen heilgen czwolff jungern gap und bot
Vor den ewigen dot
Enphahe ich herre dich
Des gewere guter got mich. Amen.

9. Sant Bernhart drôstet die arbeitseligen lůte Bl. 32ᵇ — 33ª. Prosa.

10. Dit ist daz selgerede und lere sant Bernhards daz er sinen brůdern ließ Bl. 33ª—34ᵇ. Prosa.

11. Geistliche Ermahnungen, jeder Absatz beginnend Ach du lieber mensch Bl. 35ª—36ª.

12. Dreizehnerlei Gnade der Messe Bl. 37ª— 42ª.

13. In sibbenerley wyse wirt die Almůse vollenbracht. Als hernach geschreben stet Bl. 42ᵇ—45ª.

14. Von zweyerley geistlich und lyplich almusen Bl. 45ᵇ.

15. Dit ist die frage sant Bernhards die er det zu synen funff brůdern und sprach. Wie sie getruwelich gote dienten Bl. 46ª.

16. Dit sint etliche autoriteten. sprôche der heilgen und der lerer vß der heilgen schrifft bewert wol Bl. 46ᵇ.

17. Dit ist daz gulden Ave Maria Bl. 47ª—49ª.

Ave got grûß dich konnegynne ryche
Nẏmant kan sich dyner wirdekeit glychē.

Jeder der (ungleichen) Absätze beginnt mit einem Worte des englichen Grusses.

18. Von sant Barbaren eyn gût gebeet Bl. 49ᵇ—50ᵃ.

19. Von dem Advent Bl. 50ᵃ.

20. Hie hebent an die sibben bûßpsalmen Bl. 50ᵇ—56ᵇ.

21. Die letany Bl. 56ᵇ—60ᵃ.

22. Gebete Bl. 60ᵃ—60ᵇ.

23. Dit ist der psalm Miserere zu dûtschem der text. Mit der glosen. zu verstēn. Bl. 61ᵃ—65ᵃ.

24. Der psalm De profundis der text und die glose Bl. 65ᵇ—66ᵇ und ein anderer Psalm Bl. 66ᵇ—69ᵃ.

25. Eyn hûbsch gut gebēt von unser lieben frauwen wol gedichtet zu ryme Bl. 69ᵇ—71ᵃ.

O Maria der jungfrauwen czier.
In hoffen fliehen ich zu dyr.

26 vierzeilige Strophen in Reimpaaren. Darauf der Reimspruch

Bürge und schatze man hie verlat
Uns folget nicht dann unser dat.

26. Diß bûchelyn heisset der dogende krancz
Und leydet zu des hymmels dancz. Bl. 71ᵇ—79ᵃ.

Wer sich zu gode wil keren. Vgl. oben S. 246.

27. Daz pater noster Aue Maria und der Credo zu dutschem Bl. 79ᵇ—80ᵃ. Dann der Reimspruch

Bycht on ruwe
Liebe on truwe
Bedden on innekeit
Ist verlorn arbeit.

28. Zu den sibben geczyden eyns leyen Bl. 80ᵇ. Gebetanweisung.

29. Spruch Bl. 80ᵇ.

Zyth verliesen selden
Nygen widder schelden
In pynen haben guden mût
Swygen da man lyden dût

Gedultig in versmacheit
Dit ist vollekommenheit.

30. Diß sint die funff herczeleit unser lieben frauwen Bl. 81^{a}—81^{b}.

31. Pater noster Aue maria. Bl. 82^{a}.

Ich manen dich hȳmelische kônegyn
An daz große lyden dyn.

32. Dit sint schôn gediͤchte sprôche und gebeͤt von unser lieben frauwen. Bl. 83^{a}—^{b}.

Ich gebe dies Lied, das sich auch in der Kolmarer Hs. (Nr. 566) findet, in der Sprache der Zeit, der es angehört, seine Form ist die eines bekannten Tones von Konrad von Würzburg: S. 389 ff.

Marîâ muoter reine meit, der engel keiserinne,
ein tempel der drivaltekeit, ein slôz der wâren minne,
menschlîch gedanc und sinne
dich nimmer vollenloben mügen.
Du reine kiusche wandels frî, des himels ein gruntveste,
du hâst alle sælekeit und aller êren leste.
du wære ie diu beste,
diu gote in sîme rîche tüge.
Der sünder trôst, ein leitesterne hie der werlt und ûf dem mere
uns armen wîselôsem here,
Marîâ gotes künne,
hilf uns daz wir alumbe got die sünde alsô verkünnen
daz wir dich êweclîchen sehen in endelôser wünne.
des hilf uns durch die spünne,
die got ûz dînen brüsten süge.

Marîâ muoter reine meit, nu lât iuch, frouwe, erbarmen
(ir sît an gnâden unverseit) al über uns vil armen,
und daz wir niht enwarmen

---

vor 1 Daz erst. 1 mûter. 4 mögen. 8 gode. töge. 9 wernt. 11 godes könne. 12 versûnen. 13 in unendeloser wönne. 14 spönne. 15 brösten sog. *vor* 16 Das ander gesecze. 16 no laßet uch. 17 unverzeit? 18 entwarmen.

in der hellekrüfte grunt.
Des hilf uns biten, Barbarâ und werdiu Katharîne,
sint iuwer ruof vor gote ist jâ, sô lâzet uns ûz pîne:
ir sît in gotes schrîne
mit sîner heilekeit enzunt.
Annâ, hôher tugende ursprinc, bit got vür uns, er tuot durch dich,
Marîâ Jacôbî, sich,
Marîâ Magdalêne
und Salomê, bit ouch vür uns, Lucîâ und Helêne,
den zarten got, den man hie vor nante von Nazarêne,
der hât drî namen, niht zwêne,
der durch uns wart sô hôhe wunt.

Jôhannes, hôher himmelar, halt uns in dîner huote,
swar wir noch hiute der lande varn, sint Jhêsus Crist der guote
dir an dem criuze muote,
daz du pflæge der muoter sîn.
Dar nâch rief er in kurzer stunt hêlî daz wort sô grimme,
daz durch uns wart sô hôhe wunt, mit einer lûten stimme:
daz was der sêlen gimme;
sie trunken dâ den himelwîn.
Seht dâ lôste er uns ûz pîn, der werde sun Marîen barn.
swar wir noch hiute der lande varn,
sîn tôt uns wol beschirmet.
Jôhannes muost die meit bewarn, daz hâte im got getirmet.
wir sîn in toufe, werder Crist,
cristen nâch dir gefirmet:
dîn name niht enhirmet,
er müeze och unser pfleger sîn.

---

19 mûßen in. croffte. 20 bidden. werde katherina. 21 pynen. 22 schrynen. 23 entzůnt. 24 hoher dogenden orsprung. vor. 25 rych, *dann* und werde salomee. 26 magdalenen. 27 und Salomê *fehlt.* vor. helena. 29 nit. 30 hoe wont. *vor* 31: III. 31 hoer. 32 war. hude. var. 33 der dir. 34 plege. 37 gimme] gewynne. 39 son. bar. 40 war. hude. 42 hatte gedirmet. 45 doch. pleger.

33. Eyn anders von unser frauwen Bl. 83ᵇ–84ᵇ.

Auch dies Gedicht (= Kolm. 78, 2. 3), das in Frauenlobs langem Tone verfasst ist, gebe ich ins Mhd. umgeschrieben.

Avê, dîn hôhez lop kein sin volgründen mac:
der engel tac
bistu ins himels trône,
Marîâ, meide crône,
dan hilf mir an dem ende mîn durch die fünf wunden frône,
die got enphienc umb unser heil, frouwe, an des criuzes stamme.
Ich bite dich, muoter Marîâ, der armen trôst,
daz werde erlôst
ich von sünden bürde,
ê mich der tôt ermürde,
daz mich kein bœser tiufel rœste ûf sîner hellen hürde:
dîn mantel sî mîn umbehanc, Marîâ, Christus amme.
Marîâ, süeze künegîn,
durch got enphâch die sêle mîn,
der meide wîn
clâr unde vîn,
du bist der drier namen schrîn,
die von dir sint uns worden schîn:
Marîâ, der werlde slôz, hilf mir ûz helle flamme.

Avê Marîâ, süeze muoter unde meit,
dir sî gecleit
daz ich in sünden bôse.
vil süeze himelrôse,
nu tuo mir dîne helfe schîn: der drîer namen clôse,
Jhêsus dîn kint mîn vater ist, und der hât mich geschaffen.
Des ist geziuc der vrîe Adam den er gemaht
hât vil geslaht.

---

1 synne. 3 in des. 4 *nach* crone, *roth durchstrichen*, die got enphing umb unser heyl (= 6). 5 Dañ. 7 bit dich můder. 10 dot ermorde. 11 důfel rost. hörde. 18 sint] syn. 19 wernde floß. *vor* 20 daz ander. 20 und. 22 bosen. 24 no thu. dyner hilffe. 26 vry a. den er da macht. 27 hât *fehlt*.

Marîâ küneginne,
ein schaz der wâren minne,
du bist ein hort, der niht zegât, frouwe, als ich mich versinne:
hern Jôachîmes tohter guot, hilf mir unwîsen affen.
Marîâ, süeze trinitât,
hilf mîner sêle niht ze spât,
sô hie zegât
lîp unde wât,
sô tuo der armen sêle rât.
diu helle gein mir offen stât:
du bist genant der sünder slôz, schrîbent uns meisterpfaffen.

Ich bite dich, muoter Marje, durch den rîchen Crist,
der immer ist
ein slôz der minnen flüete,
Marîâ meit, behüete
vor allen bœsen geisten mich durch dînes kindes güete,
den du ze trôste gæbe mir und alln getouften liuten.
Ich bite dich, Marjâ, durch diu fünf herzeleit,
daz mir bereit
in nôt dîn helfe sîe.
vil süeze meit Marîe,
vernim du mîner stimme ruof, die ich ze himel schrîe:
ich wil die grimmen sünde mîn mit bîhte ûz herzen riuten.
Marîâ, süezez himelcleit,
du sîst gemanet an daz leit,
daz dich versneit
ein swert sô breit,
und mir dîn helfe sî bereit
in nœten und in arebeit.
swen du ze hulden komen lâst, den wil got immer triuten.

---

34 zu got. 35 und wort. 36 selen rod. 37 uffen. 38 sunder ein s. schriben uns die meister paffen. *vor* 39 daz dritte. 39 bit. 40 ummer. 44 den zu droste gibbe. allen. luden. 45 bidden. 47 in nöden dyn hilffe sy. 48 mary. 50 sunden. růden. 55 hilffe. 56 nôden. arbeit. 57 wen du holden k. lest. ummer druten.

34. Bl. 84^b—85^a = Hagen Ms. 3, 365^b. Ettmüller, Frauenlob S. 199.

Sage an, mensche cristen,
wilt du die sele icht fristen,
die eweclichen leben mûß on endes zil,
so hût du dich vor sundeclichen listen.
dencke an die wort, die got uff erden hie gesprochen hat:
'Ich orteiln als ich dich fynde',
spricht er zu dem gesinde:
mit sant Johans ich das wol erczugen wil;
'gib widder, laß eß nicht zu dem kynde,
ob du wilt in freude kōmen, die nẙt endes hat.
Czwo und sibbenczig zungen sint, der sechczig sin verlorn;
der czwolffer fert mit yn eyn deil, die hie verdienen godes zorn;
wer abber heldet sin gebot, des name ist ußerkorn.
was y von hȳmel kōmen was
das synnet widder dar:
deus, sabaoth, messyas,
hilff uns an der engel schar.
Amen.

35. Von kônig Nabuchodonosor und syme sone. Bl. 85^a —86^a. Strophe 1 bei Hagen 3, 344^a. Vgl. Kolm. 255, 7. 294, 2. 3.

Eß waz eyn rych geweldig könig hie vor,
in der schrifft genennet Nabuchôdonosor:
da er gestarp, da drat in daz kōnigliche spor
her Balthasar, der waz syn son. no horent wie eß yn ergynge.
Nach syme tode gewan er angst und wan,
er forchte daz sin vader widder wôlde erstan.
die sorge yn tzwang daz er zu rade mûste gan:
da riet man ym zuhant daz er druhundert gyre fynge.
Die hieß er ym in ganczer schone dar brengen,
he grûp den vader widder uß, als man ym riet,
als yn der ungetruwe rad des underschiet.

---

2 icht, *das in* P *fehlt, ist unzweifelhaft echt.*

wol an druhundert stôcke er synen vader schriet,
yglichem gyer gap er eyns: dahin ließ er sie swingen.

Da no Balthasar der kōnig zu Babilonien saß,
in dem palas mit großem ubermûde er aß:
er hieß in schenken in der tempel vaß,
die gode gehorten zu: da qwam eyn hant und schreyp mit golde
'Mane thethel fares'. der kōnig erschrack zuhant,
die schrifft enkunde ym ußgelegen da nẙmant.
sie wart zu dem propheten daniel gesant,
der sagete ym die wort, als eß got selbes wolde.
'Mane thethel, dyne tage sollent kûrczen
und auch dyn rych sal zustôret werden so.
der kōnig von india und der von persia
die czwene kōnige stôrent Babilonia,
dyn gewalt, dyn hochffart, dyn ubermût mûß stûrczen'.

Des dages da die hant dar schreyp mit golde clar,
zu babylonie zwene kōnige qwamen dar
des nachtes und erslûgen kōnig balthasar:
daz eyne waz darius, der kōnig von yndia genennet,
Der ander Asswerus, der kōnig da von persia.
die czwene kōnige storten babylonia.
suß nam kōnig balthasar sin ende da
durch sinen großen ubermût. yr herren, das erkennet.
Nicht freffelt widder almechtige hende.
der kōnig, der uber alle kōnige hat gewalt,
der hat vil schiere darczu gehaben und gestalt.
wie vil das unrecht wert, doch vergat eß yn balt
yr leben zu eyme suren grymmen bitterlichen ende.

36. Von dem priester. ritter. und buman. Bl. 86^a—87^a; die dritte Strophe bei Hagen 2, 309^a, alle drei in der Kolmarer Hs., meine Ausgabe S. 378 f.

.I.

Ich han dry kempen so gedûret und gewegen.
waz wirde und hoer eren ist an yn gelegen!

---

16 *l.* im. 23 *l.* sâ. 27 *l.* daz.

der erste kempe eyn priester ist mit godes segen,
der ander kempe eyn ritter ist, der buman sy der dritte.
Als sich der priester gerwet in synes kempen wat,
der godes kempe der bestat:
wan̄ alle godes frunt flichen, so stet der edel priester
und versûnet die armen cristenhait mit gode.
Der ander kempe der fromme ritter ist,
wan̄ er mit syner krafft und list
beschirmet witwen und weysen,
wan̄ er den schilt nȳmet neben sich und auch sin swert
und widder daz unrecht fichtet, wo man sin begert.
no sehent, wie der gude buman stet, als er die phert
in den plug gespannen hat und vert uß vor hungers
freysen.

.II.

Eß wechset uff dryn stemmen dryer hande fridden,
dem ich mit myner zungen so ryches lop smydden,
eß missestûnde mir, ob ich yrē lop vermydde,
des werden priesters und des eddiln ritters dogentriche.
Der werde priester fryhet uns vor der helle w^{b}irt,
w'ntliche fryheit uns von dem ritter wirt,
und den der buman rodet, hacket und ẙrt
und dem werden priester und dem ritter eddil glyche;
Wan̄ er uns nert vor des hungers freysen
mit syme sweyße, der getruwe arbeydet gût:
alsam der werde priester vor der helle glût
mit syme geweyde san der eddel dût
mit syme swerte, der beschirmet witwen und weysen.

Ir priester und yr rittere, drybent den buman von uch
nẙt,
man prûfet anders großer ungnaden zyth,
yr sollent vil rechte wißen wie eß umb uch lyth:
eyn priester, eyn ritter, eyn buman, die dry sollent sin
gesellen.
Ein buman sal den priester und den ritter eren,

25 *fehlt* ritter.   31 *l.* dem — dem.

so sal der werde priester den ritter und den buman neren
vor helle, so sal auch der eddil ritter wern,
wer dem werden priester und dem buman thun icht wöllen.
No dar, yr herren, yr werden dry gesellen,
stolen und swert das hillet mit eynander wol:
so wirt die cristenheit von uch gnaden vol.
griffet zu schilt und zu swert, der plug dut alles daz er sal:
und nert uch mit eyn ander hin, uch kan nyͤmant gefellen.

37. Eyn cleyn gebet. Bl. 87^{a}.
Ave Maria du sußes vaß.
Got goß in dich daz er selber waz.

38. Anfang des Evang. Johannis Bl. 87^{b}—88^{a}.

39. Aber eyn cleyn gebeet. Bl. 88^{a}.
Ave Maria du vil gůte
Habe mich in dyner hůte
Daz myn ende werde gůte
Durch dynes vil heilgen kyndes blůte.
Daz werde war in gotis namen. Amen.

40. Von sibben deygelichen guden gedencken Bl. 88^{b}—89^{a}. Prosa.

41. Eyn geistlich closter von dögenden Bl. 89^{b}. Prosa.

42. Daz Salue Regina zu důtsch Bl. 90^{a}.
Gegrůßet systů mit innekeit
O konnegyn der barmherczekeit.

43. Die Passion uff den palmetag Bl. 91^{a} — 98^{a}. Uebersetzung des betreffenden biblischen Stückes.

44. Dit ist der kōnig in dem bade Bl. 98^{b}—105^{b}.
Wer an ym selber nyt enspart
unzůcht vnd auch hoffart.
Das bekannte, dem Stricker beigelegte Gedicht.

45. Dit ist von lyden gesprechen Bl. 106 und verwandtes bis Bl. 109^{b}.

46. Von unser frauwen sant Marien Aue gegrußet systů

Bl. 110^{a} — 110^{b}. Vgl. Wackernagel 2, 286. 287; Erlösung S. 207.

Gegrůßet systu one we,
dryer hande er.
gegrußet systu, der nuwen e
eyn folkommen ler.
gegrußet systu, daz wort daz dyr saget
von got der engel her.
gegrußet systu du, reyne maget:
von sunden mich beker.

Maria, hochgelobter stam,
dyn frucht ist seldenrich,
Maria, zůcker sußer nam,
der sůße ist nyt glych.
Maria, aller engel gyr
und freude in hymmelrich,
Maria, an dem ende myr
mit helffe nyt entwych.

Gnaden vol ja, fraw, waz
dyn selden ryches gemůte.
gnaden vol bistu, eyn vaß
vol dogende und vol gůte.
gnaden vol du were auch clar,
du xpe in dyr blůte.
gnaden vol, ach frauwe
vor súnden mich behůte.

Der herre ist mit dyr, du were auch *ie*
im in syme synne.
der herre ist mit dir, wand du qwem ny
ußer gotis mynne.

---

9 Maria, das über der Strophe steht, muss am Anfang der 11. 13. 15. Zeile wiederholt werden; ebenso entsprechend bei den folgenden Strophen 'Gnaden vol' etc. Ich habe diese wie andere Ergänzungen durch Cursiv bezeichnet. 21 *l.* zwar. 23 *l.* frauwe clar.

der herre ist mit dir, da wanen wir
mit freuden inne.
der herre ist mit dir, hilff, fraw, *mir*,
daz ich der helle entrynne.

Du bist gesegent, frauwe, allein
in gotis geyst gehûre.
du bist geşegent, wan̄ so reyn
wart nẙ keyn creatûre.
du bist geṡegent, want gegen got
bistu aller sûnden sture.
du bist gesegent, behûte mich
vor der hellen fûre.

In den frauwen got aller meist
wolde dyr selbs getruwen.
in dyr hat ym der heilge geist
sin hus gebuwen.
in den frauwen [e] er dich erkoß
zu muter und zu frauwen.
in den frauwen ach liechte ros,
laz mich dyn kynt schauwen.

Vnd gesegent ist der lyp,
von dem got ist geborn.
und gesegent ist sie hat
die kûscheit nẙ verlorn.
und gesegent [sie] ist die maget,
die got hat ußerkorn.
und gesegent ist sie jaget
von uns den gotes zorn.

Die frucht nymant volloben kan,
daz du uns hast gewonnen.
die frucht [sie] ist alles wandels on

29. 30 *entstellt.* 43. 44. *l.* in dir hat der heilge geist im sin h. g. 45 erkoße, e *angefügt von anderer Hand.* 47 rose. 58 *l.* die du.

und lüchtet vor die sonnen.
die frucht wer recht von dyr begert,
der ist dem tode entronnen.
die frucht hilff uns hie und dort
zu hymmelischen wonnen.

Dynes lybes dogende zart
du siczest in gotes throne.
dynes lybes [o] reyne art
[got] gab dyr von sternen eyn krone.
dynes lybes werde zucht
durchlücht die hymmel schone.
dynes lybes reyne frucht
die gip mir, fraw, zu lone. Amen.

47. Den starken got Bl. 111^a—112^b.

O starcker got. Mit Musiknoten. Vgl. Germania 25, 210 ff.

48. Dit ist die beczeichenunge der heilgen messe Bl. 113^a—120^b.

49. Meister Eckart sprichet etc. Bl. 121^a.

50. Eyn meister sprichet also Bl. 121^b.

51. Ave preclara maris stella Bl. 122^a—127^b.

Got grüße dich luter sternen glancz
Maria bluender gnaden krancz.

Vgl. oben S. 176.

52. Mystisches Bl. 128^a—131^a.

53. (andere Hand). Gebet, geschrieben von Johannes Offenbach Bl. 131^b—133^a.

54. (dritte Hand) Wie lude riff ein engel uß der gottes stam Bl. 133^b—134^a. Eine der zahreichen geistlichen Umdichtungen, die das sehr verbreitete Wächterlied 'Vil lûte sanc der wahter von der zinnen' erfahren hat. Ich theile die sehr entstellte Fassung hier wortgetreu mit, die Zeilen sind nicht abgesetzt.

---

63 *l.* helf. 66 *l.* setzt dich.

Wie lude riff ein engel uſs der gottes stam
'wer sich zu got keren vil,
der sal eſs frie began;
der sal sin an der sunden laſs
und got dinen ei leuer und ei baſs:
so mag eim wol gellinē.'

Ach engel gotes, du has mich vol geleret:
ich waſs zu den sinden vol bereit,
non wil ich vidder keren.
ich wil halde x gebot,
sind ist der sellen dot:
daz hon ich h wol bewonden.

Laſs ich nit die senden, eſs muſs mich ruen,
sit daz unſs crustus hat erlost
mit alſs so groſsen druen:
al an dem crucze, daz ist var,
goſs er sin gut gar uffen bar;
die wert vol ernûen.

Daz himmelrch ist unser erbe vorden:
al die da kom dar
die dorffen nim sargen;
sie niſsent got in der ebekeit,
(134ᵃ) wir larn han sie die idelkeit,
mit got sin sie einſs varden.

Der ist vil die dar nach nit vil belanen,
der czit han sie sich ergeben,
die hat sie wmb ffanen
in cr'me mettel, daſs ist war,
die warheit hon sie varen lan,

---

1 stam *oder* strim. 2 *l.* wil. 3 *l.* fru beginnen. 4 *l.* den sunden. 6 *l.* gelingen. 7 *l.* wol. 8 *l.* wol. 9 *l.* widder. 11 sin̄ᵈ: *der Strich über* n *und das* d *von jüngerer Hand*; *l.* sunde. 12 *l.* ich wol bevonden. 13 *l.* die sunde nit. 16 *l.* war. 17 *l.* blut. 18 *l.* die werlt wolt er ernuwen. 20 *l.* alle die da komen dar. 21 *l.* nimmer sorgen. 22 *l.* in ewekeit. 23 *l.* virlarn han. 25 *l.* wil belangen. 27 *l.* umbefangen. 29 *über* lan *von anderer Hand* gelon.

in der czit sint sie vir ganen.

Iß in hilff sie nit und het sie dart ruen,
in der czit sint sie verganen
mit eren falsen und druen.
des srient sie dart ach und wee:
wir larn sint sie imerme.
dar muß got behude.

55. (vierte Hand) Aber wil ich syngen Bl. 134^b.

Aber wil ich syngen
von hymmelichßen dingen:
dar muße uns gelingen,
sprach eyn fryer geyst.
in dem understen chore
ist iß so schone
von wondicklichen wonnen:
das frauwe ich mich allir meynst.
Der ander ist vol clarheyt,
als man uns nüwe hat gesayt.
des dritten soln wir warten
in der edeln jungfrauwen garten
das zarten ubir zarten
der kōmet von eynir maget.
den fierden sehen ich gern,
er ist vol lichter stern:
dy^e geyste flygent ferre
yn dy^e heyllige dryualdikeyt.
Der funffte ist vol stircke,
von sußer augenblick
ye dicker und dicker
so ist die freude gantze.
Der sechste ist mit wonne,
das golt schynet durch dy sonnc,
von honnich flußt eyn bronne:

30 *l.* virgangen. 31 *l.* hilft. *l.* heten. 32 *l.* virgan. 33 *l.* falsen druen. 35 *l.* virlaren. 36 *zwischen* dar *und* unß, *von anderer Hand*, ber. *l.* dar vor unß.

6 *l.* also. 7 *l.* wonnicklichen. 8 *l.* des. 14 *l.* das? 15 *l.* gerne. 16 *l.* sterne. 20 *l.* vol. 22 *l.* gantz.

das sagent, des fräu ich mich.
Der siebende der ist wilde,
so slußit man uff den mirren,
so seget man xpūs bilde:
so ist allis truren hene geleyt.
Der achte ist gar clar und fin,
so schenckt man yn den sußen wyn
uß der claren edeln gotheyt fyn.
Der nūde ist eyn spegel,
ir ist gar clar und ist gar fyn,
er ist gar wonnecklich,
Do dy engel syngent,
dy seraphin erclyngent,
dy jonffrauwen springent
nach xpūs lemmelyn.
immer ewicklich.

56. (fünfte Hand) 135^a—135^b.

Eine Bearbeitung des Hohen Liedes, 5, 8 ff. Die Anfänge der Zeilen sind aber nicht regelmässig, und nicht immer richtig, durch Striche bezeichnet.

¶ 'Nu geen ich uß in myner beger,
ir dochter von syon, nu sagent mir,
und sagirn ern,
so helffet mir en suchen.'
¶ 'Nu sage unß, lieb, wie ist er gestalt,
noch dem dyn beger ist manigfalt,
gar ungezalt?
wir helffen der en suchen'.
¶ 'Min lieb ist schôn wyß unde rôt,
noch dem ich sterben one dôt.
dy myne nôt

---

26 *l.* das sagent die bûch. 33 *es fehlt eine Zeile.* 34. 35 *entstellt aus drei Zeilen.* 41 *dann von anderer Hand nochmals* ewicklich, *und wieder von anderer, unter* nach (v. 40) nach.

1 *l.* gir. 2 *nach* syon *ein Strich.* 3 *l.* und sagit (= sahit) in ir. 6 *l.* dyn gir.

dy glichet sich der helle pin.
q Syner gleder underscheyt,
dy sint mit schaffer underleyt,
ober spreyt
mit mancher hande syden.
q Dye syne fynger sin ein gedrot,
recht als en̄ duber aũgen hat;
syn hor em stat
glich eynem palmen boum.
q Nu kom, du edeler jūgelling,
myn granet eppel enkene sint,
vol ane wint:
mȳ wingarten dye bluent.
q Nu kom, du edeler adamas,
myne selen en werdeger gast,
du son glaß,
karfonckeln mȳs gemůdes.
Nu horent wie der liebe dut,
wā er sich sencket in mynen mut:
der mynnen glut
dye geet er mir zu mal.
q An eyne stille fort er mich,
syn heȳmelichkeyt bewißt er mich:
da befanden ich
den vorsmag des hemelrichs.

Die Rückseite, von derselben Hand beschrieben, enthält folgendes:

Got sprichet zu dē mēschē mēsche nim.

57. (sechste Hand) 136[a]. Geistliches Lied in derselben Weise wie das auf Bl. 133[b].

Der heilge geist der lert vns von in bytden:
wer nu dis wernt gelaßen hat,

---

12 pin *ist wohl zu streichen.* 14 *l.* saffir. 15 *vorher, durchstrichen,* wol oberleyt: *es ist zu lesen* wol oberspreyt. 18 *l.* en dub er augen. 20 *l.* boume. 26 *l.* myner. 27 *am Rande beigefügt*; *l.* du schone glast. 32 *l.* git — male. 35 *l.* befinden. 36 *l.* himelriches.

1 in *undeutlich*; an? bytden *undeutlich*; bynden? 2 *l.* werlt.

der sal sich keren ynne;
er sal zu syme grunde gan,
for im vnd bilde ledig stan
und aller s geschaffen dinge.

Die natuer die sprach 'ach arme, mus ich nu sterben
und myner gennngede abe gen,
der creaturen derben.
ich fochte, sie wole mich gar versmaen,
uf mich fort me kemacht me han.
ach arme, mus ich nu sterben!'

Die vernonfft die sprach 'hie ist nit lenger beiden:
das licht schinet in die sele myn,
dem licht dem wil ich leben
mit in die clare gotheit fin,
da alė ding ein mytteil sin
in einekeit des einen.'

Die nature die sprach 'ich hettes dig gern begunnen,
ich in mocht die wernt nye gelan,
des bin ich worden jne.
doch bat ich got umb sin gude,
das he myr went myn gemude
in eyn dogentliches leben.'

Die vernonfft die sprach 'czwiffel nit uff der selben straßen,
won got der ist so richer gude,
er in wil uns nimer me gelaßen.
wer sin hoffen in in lat,
wie selden er in czwiffel stat
eynes dogentlichen lebe"s.'

Die nature die sprach 'got hot mir czwifel benomen.
ach richer crist, nu bieden ich dich,

---

5 *l.* form. 6 s *ist zu streichen.* 7 Die *ist hier wie in den folgenden Strophen überall zu streichen.* 8 gehügede? gedingede? 10 *l.* forchte. 11 *l.* kein acht. 14 *l.* schint. 15 *l.* leiden? 19 *l.* ich woldes gern beginnen. 21 *l.* inne. 25 selben *ist zu streichen.* 27 *l.* nimer laßen.

das du mir helffest uber winden
mich selbes und auch der wernde spot,
des bieden ich dich, du richer god,
erczeige an myr dyn gude'.

Die vernonfft die sprach 'ich erkennen in mym gemude,
alles das gut das mir got noch ie gedet,
das kompt uß syner fryen gude:
an allen minen verdienst so kompt iß dar.
helffe mir, here, das ich din nemen war
in allen mynen wercken.'

Die nature die sprach 'mir dut gar we zu liden
wiederwertekeit in dieser zit,
dar durch mus ich lern striden.
da ruffen ich an den richên crist,
der aler myner werck ein heuptman ist,
das he mir helffe uber winden.'

Die vernonft die sprach 'durch got so lere dich liden.
eß in wert nit lenger in diser zit,
dis kurcz vergencklich striden.
dan wage dich frolich in sin hant,
er hilft dir sicher in das lant,
das nimer nympt ein ende.

Amen Amen Amen.

---

33 *l.* uberkomen. 38 alles *und* noch *zu streichen.* 39 fryen *zu streichen.* 40 *l.* an min verdinst. 51 *vor* striden *ausgestrichen* leben.

BRUCHSTÜCK EINES DRAMAS.

Die Handschrift ch. B. 1582 der herzoglichen Bibliothek in Gotha besteht aus zwei Papierblättern des fünfzehnten Jahrhunderts in sehr schmalem, wahrscheinlich sehr langem Format, wie es die Handschriften altdeutscher Schauspiele mehrfach haben. Das erste Blatt ist sehr zerrissen; zusammenhängenden Text bietet nur eine kurze Stelle der Vorderseite. Nach 16 Zeilen heisst es hier

Et sic finis est p*rimi diei*[1]
Altero die primo dicit[2]
Otteb'[3]
Nu horit ir hern mit scha*lle*,
ir ritter und ir knechte a*lle*,
unde vornemet mich
hy kompt der kaß (*l.* kaiser) T*itus* (?)
obir das romische r*ich*:
her ist hobisch unde w*is*,
des sult ir flissig ne*men war*.

Das zweite Blatt, dessen oberer Theil abgeschnitten, enthält folgenden Text.

Vorderseite.

das kan myn frouwe vor Hoffart wol,
*i*r hercze is grossir froude vol.

---

[1] Cursiv gedrucktes ist von mir ergänzt.

[2] immer abgekürzt geschrieben dt.

[3] Dieselbe Person nochmals weiter unten: Otteb' currit ad p*etrum* Petir hir ist komen her.

Item dicit

*Fro*uwit uch alle und syt gemeit:
*hie*r komt her dy heylyge cristinheyt,
dy umme den heiligen cristin glaubin ficht.
wer der folgit, des syt bericht,
her sy jung addir alt,
d*er* bebel sy in gotis gewalt,
in welchin notin das her sy,
so stet sy om mit truwin by,
alzo daz her ewiglich
lebit mit gote in dēm hȳmelrich.
das lasse wir da by bestan.
da kompt der jodin art her gegan
und ouch das jodissche dit,
das hat den tuffil nyd.

Item dicit

Myne frouwe, vor Hoffart,
ich ruffe allin lutin zcarth.
nu hort' ir stolczin ritter alle,
ir (*l.* ich) ruffe uß mit schalle
eynen schonen lobetancz.
wer da vordinen wil eynen rosinkrancz,
der kome zu myner frouwin vor Hoffart:
dy is fyn, schone und zart.
allis das syn hercze gert,
das wert her von or gewert.
ir sullit das nicht enlan,
ir sullit zcu dēm lobetancze gan,
er sy kenig, ritter addir knecht,
blint, krum addir hochkerecht,
nunnen, monche addir pekin,
was da wertlich wulle sy,
is sy nae addir verne,
was da tanczit gerne,
is sy frouwe addir mait,
dem̄ is tanczin unvorsait.

Item dicit

Edeler herre, das wil ich thu.

gebit mir zcerunge dar zu
und spisist (*l.* spisit) mir mynen sag:
ich geruge widdir tag nach nach (*l.* noch nacht),
da*s* *n*ummer gerugin myne beyn,
ich bringe dann dy botschaft widdir heӱ.

Item dicit Cantans carmen in via.

. . . . .⌒. pylatus
. . . . und' synē grus
enpitet dir sichirlich.
der key*sir sendit mi*ch
unde leth dich· fragin vm̄*e das*,
wy is vmm*e* den man was,
den dy jodin h*ab*in gefangin
und an eyn c*rucze* gehangen,
ab her were gotis son:
das saltu mynen hern wisse l*on*.
man sait von siner u*ff*stendinge,
und is vil or . . . . el . . . e obir al

Rückseite.

Item dicit ad tytum

Gerne, vil libir herre myn,
ich thu nach deme gebote dyn:
dy botschaft wil ich werbe,
solde ich dar umme sterbe.

Item dicit ad neronem

Ich sage dir, koning Nero,
von myme heren tito,
der wil komen in dyn land
und hat mich vor zcu dir gesant,
das ich dir sulle enczagen.
wy mag dir das behagin
umme dyne grosse bosheit,
dy du hast an dj libin zcwelf botin geleid?

---

47 *vielleicht* Der herre myn pylatus. 48 by mir hirunder?

Item redit ad tytum et dicit
Herre, dy bothschafft habe ich wol volbracht.
dar uf bis rechte wol bedacht:
uff uwir beide koninge czorn
sy geben sy her nicht eyn mankorn.
or lanth willin sy wol behalde.
dar umme gebuth, herre, balde
dyme volcke dar zcu,
allē dy durch lassin vnd thun,
das wir gesturem dem̄ bosin man
und gewynnen om die burgk an.

Damit schliesst der Text mitten auf der Seite. Den Inhalt bildete, wie man sieht, die Rache, welche Titus (und Vespasian, vgl. uwir beider koninge 2b, 18) an den Juden für den Tod Christi nimmt, ausserdem an Nero wegen der Verfolgung der Apostel.

---

18 *l.* beider. 19 *l.* sy geben nicht eyn mankorn 'Mohnkorn'. 23 alle *am Rande. l.* dy durch dich. 24 *l.* gesturen.

VERZEICHNISS ALTDEUTSCHER GEDICHTE.

A — AL.

Vorbemerkung.

Ich habe die alphabetische Folge, nicht die nach Reimen gewählt, weil dadurch das gleichartige mehr zusammenbleibt. Grade in den Eingängen tritt das formelhafte und typische der altdeutschen Poesie besonders stark hervor. Weggelassen sind einzelne Sprüche und Verse (wie deutsche und deutschlatein. Hexameter), ferner die Schreiberverse, die Segens- und Beschwörungsformeln, die Priameln. Aufgenommen habe ich wegen der nahen Berührung auch die niederdeutschen Gedichte. Bei schon gedruckten Sachen habe ich die Verweisungen möglichst beschränkt; es hätte keinen Sinn bei einem Liede Walthers alle Handschriften und Ausgaben anzuführen. Nicht gedruckte Stücke sind durch ein Sternchen bezeichnet; mit einem solchen sind auch die verloren gegangenen Lieder versehen, von denen wir nur den Anfang kennen; ebenso diejenigen Gedichte, die zwar in alten Drucken (des 15. und beginnenden 16. Jahrh.) enthalten, aber seitdem nicht wieder gedruckt worden sind. Für Berichtigungen und Zusätze werde ich dankbar sein; es ist begreiflich, dass bei einem so ausgedehnten Material dem Sammelnden manches entgehen kann.

***Abdîas sunder wân.*

Heinrich von Mügeln. Göttinger Hs. Bl. 168, Str. 30. Kolm. Hs. 598[c] (662, 31). Schröer S. 471.

**Abecê diu kinder westen.*
Gedichtet 1321. Heidelberg, pal. 693, Bl. 30[b], Wilken S. 522. Leipzig, Universitätsbibl. 1289, Bl. 99[b], Hagen, Grundriss S. 406.

Abel der opferte got ein lamb.
Geistliches Lied. 4 Zeilen. Catholisch Manual. Mainz 1605. Wackernagel, Kirchenlied 2, 1035.

Aber hüget mir der muot.
Albrecht Marschall von Raprechtswil. Pariser Hs. Hagen 1, 342[a]. Bartsch, LD. 95, 1.

Aber so wöln wirs heben an.
Historisches Lied 1452. Cyr. Spangenberg, Manßfeld. Chronica Kap. 331. Liliencron 1, 449 ff.

Aber spricht mijn hertz mir in.
Bruder Hans. Minzloff S. 265 ff. Wackernagel 2, 793 ff.

**Aber tringt eyns wibes güete.*
Lob der Frauen und der Liebe. Schluss fehlt. Berlin, aus W. Grimms Nachlass. Vgl. Zeitschrift f. d. Alt. 13, 360.

Aber walt und ouch diu heide.
Winli. Pariser Hs. Hagen 2, 28[b]. Bartsch, Minnesänger der Schweiz S. 152.

Aber wollen wir singen.
Geistlicher Weingarten. Wackernagel 2, 637 f., wo die Drucke verzeichnet. Böhme, altd. Liederbuch Nr. 373.

Aber wil ich heben an
des besten das ich gelernet han.
Historisches Lied von 1489. Verf. der Scherer von Ilow. Lenz, Schwabenkrieg; Liliencron 2, 271.

Aber wil ich heben an,
min sinne sint mir gestellet.
Historisches Lied von 1431. Verf. Bernkopf. Bei Eberhard von Windeck. Liliencron 1, 329.

Aver wil ick heven an
von einem Danhüser singen.
Uhland Nr. 297 B, nach einem Fl. Blatt von 1550; nach einem andern Drucke Leyser im Jahresbericht der D. Gesellschaft in Leipzig 1837, S. 36.

Aber wil ich hie künden
ein bîspel von den sünden.
Aus Barlaam 109, 25 ff. Wiener Hs. 2705, 65ª. Hoffmann S. 64.
Aber will ich singen
und singen ain news gedicht.
Lied vom Raumensattel. Uhland Nr. 127. Böhme Nr. 78.
Aber wil ich singen
von himelischen dingen.
Geistliches Gedicht. Strassburg. Hs. 134ᵇ; s. oben S. 350 f.
Aber wil uns glimmeren.
Bruder Hans. Minzloff S. 215 ff. Wackernagel 2, 784 ff.
**Abestôn ist mir kunt.*
Heinrich von Mügeln. Göttinger Hs. Bl. 174, Str. 28; Kolm. Hs. 606ᵇ (668, 28). Schröer S. 472.
Abgunst unde untriuwe ist sêle und lîbe ein wernder slac.
Friedrich von Sonnenburg. Jenaer Hs. Hagen 3, 76ᵇ. Zingerle S. 80.
Abt Kaspar von Sant Gallen.
Hist. Lied von 1451. St. Gallen, Stiftsarchiv, Büchersammlung 87. Abschrift in der Stiftsbibliothek, 1481, Bl. 121: Scherer S. 487. Liliencron 1, 441. Tobler 2, 39.
Abt Uolrich von Sant Gallen.
Hist. Lied von 1480. St. Gallen, Stiftsarchiv, Büchers. 87. Liliencron 2, 163. Abschrift in der Stiftsbibl. 1481, Bl. 116. Scherer S. 487.
Ach ach wie schwach.
P. Schöffers Liederbuch (1513) Nr. 49. Gödeke, Grundriss 2², 26.
Ach aremuot, daz du verwâzen müezest sîn.
Missener. Kolm. Hs. 787 (865, 2). Meisterlieder 169, 19.
Ach aremuot, ich kund mich brechen nie von dir.
Missener. Kolm. Hs. 787 (865, 3). Meisterlieder 169, 37.
Ach arme welt du trûgest mich.
Strophe von 10 Zeilen. Heinrich von Loufenberg. Strassburg, Joh. B. 121. Wackernagel 2, 605. Anzeiger 2, 269.
**Ach armes lip gedencke an mich.*
Frankfurt a. M., Stadtbibliothek Nr. 1237. 6 Zeilen.

Ach armuot, daz dîn ie ûf erden wart erdâht.
Missener. Kolm. Hs. 787 (865, 1). Meisterlieder 169, 1.
Ach bader, lieber maister mein.
In Hans Foltzen Thailthon. Dresden M 8, 113. M 5, 472. Schnorr, Meistergesang S. 51 f.
**Ach bedenkâ mensch din krankes leben.*
München, cgm. 24514, Bl. 200ᵇ. 14. Jahrh. Catal. 2, 4, 127.
**Ach boumes blut du tust mir leyd.*
Verlornes Lied von Eberhard von Cersne, Nr. 3.
**Ach daz des gluckes unde.*
Heinrich von Mügeln. Götting. Hs. Bl. 211; Kolm. 687, 3. Schröer S. 486.
Ach daz dirr dôn sîns meisters gar verweiset ist.
Klagelied auf Frauenlob. Kolmar. Hs. 113ᵇ (106, 1). Meisterl. 29, 1.
Ach du lieber stallbruder mein.
Uhland S. 587. Böhme Nr. 323. Ambras. LB. 85.
Ach durch got vernempt die klag.
Histor. Lied von 1457. Liliencron 1, 492 in zwei Redactionen.
**Ach edeliu hohe raine frucht.*
Abc-Gedicht. Heidelberg, pal. 355, Bl. 156. Altswert S. XXI.
Ach Elslein liebes Elselein.
Uhland S. 91. 92 in zwei Redactionen; ebenso Böhme Nr. 24.
Ach ewiger got laß dich erparmen.
Rosensplüts Spruch wider die Hussiten. Vgl. Anzeiger des germ. Mus. 1859, 329 und die Citate daselbst.
**Ach fraw, mein hertz leidt großen schmertz.*
Liederbuch (zw. 1513—18) Nr. 21. Gödeke, Gr. 2², 27.
Ach geitichait du valscher hort.
Suchenwirt S. 103.
Ach got, daz ich diu scharpfen wort doch niht enmac vermîden.
Kolm. Hs. 567, 6. Meisterlieder Nr. 116, 76.
Ach got, daz ich niht glückes hân.
Kolm. Hs. 653ᵇ (728, 3). Meisterlieder Nr. 131, 25.

Ach got, daz ich sie miden muß.
Lied in der Limburg. Chronik, ed. Wyß S. 45.

Ach god, dorch dyn gewer.
Allegor. Gedicht. Wolfenbüttel, Helmsted. 1233. 15. Jh. Niederd. Jahrbuch 9, 55 ff.

Ach got, hiet ich der chünsten grunt.
Suchenwirt S. 40 ff.

Ach got, ich klag dir meine not.
Uhland S. 100. Görres S. 66. Böhme Nr. 216.

Ach got, nu hab die reinen guotn in dîner huot.
Erlanger Hs. Hagen 3, 466b.

Ach got, nu laß dir wesen layd.
Lied auf Albrechts II Tod, von Kipfenberger. Wiener Hs. 5153, Bl. 53. Liliencron 1, 367.

Ach got, nu wiste ich gerne.
Frauenlob. Heidelb. Hs. 392 (103, 2); Kolm. Hs. 196b (220, 2). Nach jener bei Hagen 2, 376a, Ettmüller Spr. 281.

Ach got und herre Jhesu Crist.
Nach Rex Christe factor. Engelberg. German. 18, 55 f.

**Ach got und möcht es sin.*
St. Gallen, Stiftsbibl. 520. 220. 15. Jahrh. Scherer S. 544.

Ach got vater durch Jesum Christ.
Uhland S. 929.

Ach got wenn (var. *Ach wenn*) *wil ungelucke mich.*
München cgm. 270, 79; cgm. 379, 39; Liederbuch der Hätzlerin S. 134; Bechsteins Hs.

Ach got, wer ich ain pilgerein.
Oswald von Wolkenstein S. 190 f.

**Ach got, was bekumert sich das herze mein.*
Minnelied. München, cgm. 379, 124; cgm. 811, 21.

Ach gott, was meiden tut.
Locheimer Liederbuch in Wernigerode. Böhme Nr. 253.

Ach got, waß sol ich mich beklagen.
Tanhäuserlied. Karlsruhe, germ. 74, 46. Anzeiger 5, 169. Keller, altd. Hss. S. 45.

**Och got, wat vrouden se hyr smaken.*
Geistliches Lied aus Niesink. 15. Jahrh. German. 18, 301.

Ach got, wem sol ich clagen
das ich so elend bin.
München cgm. 810 (ms. music. 3232). Zeitschrift f. d. Philol. 15, 105. Vgl. Germania Bibliogr. 1883, Nr. 1215.

Ach got, wem sol ichs klagen
das heimlich liden min.
Basel, Univers. Bibl. F. X. 21 (16. Jahrh.) Bl. 95, 3 Strophen. Görres S. 85 in anderm Texte.

Ach got, wem sol ichs klagen?
mir leit groß kumer an.
Klosterneuburger Hs. (Anzeiger 8, 349); München, cgm. 808 (um 1505); Val. Holls Hs. 159ᵇ. Nach den ersten beiden bei Wackernagel 2, 1048; vgl. 3, 499. 790. 863. 864. 865. 866. 498. 4, 323; Hoffmann, Kirchenlied[2] Nr. 244; Ambras. Liederb. 109.

**Ach got, wer hilft mir tragen laid.*
Minnelied. München, cgm. 379, 125.

Och god, wes schall ik nu betengen.
Histor. Lied von 1455. Liliencron 1, 471.

Ach got, wes zîhet mich diu frouwe mîn.
Kristan von Lupin. Pariser Hs. Hagen 2, 21ᵃ.

Ach got, wie lang, wie we und twang.
Muscatblut. München, cgm. 379, 199; Heidelberg pal. 392, Nr. 12. Nach letzterem bei Groote S. 200.

**Ach got, wie mag der mentsch so gar sundig gesin.*
In Frauenlobs langem Ton. Kolm. Hs. 93ᶜ (81).

**Ach got, wie wee dem ist.*
Weimar. Hs. 42 Q. 15.–17. Jahrh. Keller, Fastnachtspiele S. 1457.

Ach got, wie we tut scheiden.
St. Gallen, Stiftsbibl. 462, 21 (Scherer S. 544). Nach andern Quellen Uhland S. 128, Görres S. 43, Wunderhorn 1, 206, Böhme Nr. 262.

**Ach got, wold mich nymant melden.*
Gedicht gegen die Kläffer. Hs. in Ulm (Kellers Verz. Nr. 60), Bl. 127—129.

Ach grimmichleiches todes acht.
Suchenwirt S. 17 ff.

**Ach guter gsel, von wannen her.*
Öglins LB. 1512, Nr. 30. Aichs LB. Nr. 58. Gödeke, Gr. 2², 26. 27.

Ach guter gesel, weś zeiht du mich.
München cgm. 258, 177. Anzeiger 1865, 279 f.

**Auch gut, ich lob dich nimer tag.*
Im blauen Ton. Heidelberg, pal. 392, 97ᵇ (105, 5).

Ach heil unt wie hân ich gemeinet.
Frauenlob. Weimar. Hs. Hagen 3, 370ᵇ; Ettmüller, Spr. 356.

**Ach herr, durch din heylig dryfalte.*
In Regenbogens Grundweise. Kolm. Hs. 418ᶜ (448, 3).

Ach herr, durch dein mechtigkliche macht.
Rosenplüt von der Hussenflucht. Anzeiger 1859, 329 und die Citate daselbst.

Ach herre got, daz mir diu liebe tuot sô wê.
Kolm. Hs. 659ᶜ. Meisterl. 135, 25.

**Ach herre got, der jemerlichen zuversicht.*
In Frauenlobs langem Ton. Kolm. Hs. 79ᶜ (58, 3).

Ach herre got, gefriste mich.
Kolm. Hs. Meisterlieder 95, 41.

Ach heri gott, ich hab gesungen also lange.
Heidelberg, pal. 680. Germania 3, 322.

Ach herre got, ich schrîe.
Kolm. Hs. 812, 3. Meisterlieder 158, 19.

Ach herre got,
kund ich auß meynes hertzen grund gewinnen.
Bergkreyen 1536 (ist aber älter). Wackernagel, Kirchenlied 5, 522 f. vgl. Gödeke, Gr. 2², 28.

Ach herre got, wann danke ich dir.
Muscatblut. Groote 32.

**Ach here got, wem sol ich nu myn liden klagen.*
Missener. Kolm. Hs. 790ᵃ (870).

Ach herre got, wie gar on spott.
Hätzlerin S. 82.
Ach her mîn vater und mîn got.
Kolm. Hs. 852, 2. Meisterlieder 166, 14.
Ach herzeliebe bauersfrau.
Uhland S. 711. Böhme Nr. 234.
Ach herzeliebe minne.
Ulrich von Winterstetten. Pariser Hs. Hagen 1, 148ª.
Ach herzeliep, ach herzeleit.
Heidelberg, pal. 357. Hagen 3, 420ᵇ.
**Ach hertzigs lieb, vernimm mein klag.*
Liederbuch (zw. 1513—18) Nr. 33. Gödeke, Gr. 2², 27.
**Ach hertzigs M. mein trew vernem.*
P. Schöffers LB. (1513) Nr. 59. Gödeke, Gr. 2², 26. Vgl. 2, 34.
**Ach hertzigs weib, dein grader leib.*
Ebend. Nr. 56. Gödeke a. a. O.
**Ach hochgelopter starcker (zarter) got.*
Kolm. Hs. 187ᶜ (207³). Baseler Hs. oben S. 289.
**Ach hoher got, herr Jhesu Crist.*
Heinrich von Loufenberg. Straßburg, B 121. Vgl. Wackernagel 2, 604; Anzeiger 1, 45.
**Ach höchster hort, das dir wär kunt.*
Minnelied. München, cgm. 379, 128.
**Ach hôchster hort, du edles blut.*
A. von Aich LB. nr. 52. Gödeke 2², 27; vgl. 2, 31. 34. 54. 56.
**Ach hôster vatter ihū crist.*
Gereimter Eingang zu Seuse's Büchlein der ewigen Weisheit. Stuttgart, theol. et philos. Fol. 19.
**Ach holtseligs A, vernim und schaw.*
P. Schöffers LB. nr. 30. Gödeke, Gr. 2², 26.
**Ach hore mich, liebis frouwichin gud.*
Verlorenes Lied von Eberhard von Cersne, Nr. 11.
Ach hulf mich leid und senlich klag.
Wiener Hs. 4337, 16. Jahrh. (Tabulae 3, 244). St. Gallen 462, 5 (Scherer S. 544). Basel F. X. 21, (16. Jahrh.) Bl. 56 f. Emden. Locheimer Liederbuch (Wer-

nigerode): Jahrbücher f. Musikwiss. 2, 19 f. Geistliche Umdichtung von Adam Kraft v. Fulda: vgl. Wackern. 2, 1081. 1082. Görres S. 46.

Ach ich armer ackerman.
Hätzlerin S. 78.

Ach yetzund erfüllen.
Von den elftausend Jungfrauen. Ortulus anime 1501. Wackernagel 2, 883.

**Ach in maniger gestalt.*
Minnelied. München, cgm. 379, 128.

**Ach jemerliches hertzeleides uberlast.*
Kolm. Hs. 552ᵃ (607 ³).

Ach jammers herzen werender grunt.
Hätzlerin S. 214.

Ach jungfräwlein soll ich mit euch gahn.
Uhland S. 104. Ambras. LB. 76. Mittler S. 32. Weller, Annalen 1, 266.

Ach jung man, sich an myn gestalt.
Wiener Hs. 3009, 41ᵃ. Altd. Blätter 1, 29 ff.

**Ach junger man, du solt dich rümen nit zu vil.*
Kolm. Hs. 786ᵇ (863, 2).

**Ach jung(er) man, du solt uff werffen nit zu vil.*
Kolm. Hs. 786ᶜ (863, 3).

Ach junger man, ich lere dich.
Kolm. Hs. 534. Altd. Museum 2, 208.

**Ach junger man, wie dunckest dich so synnentrich.*
Kolm. Hs. 639.

Ach junger man, wiltu verdienen rîchen solt.
Kolm. Hs. 234ᶜ (264, 6) und 271ᵃ (299, 3). Meisterlieder 59, 66. 74, 27.

**Ach Jupiter, hetst du gewalt.*
Lied. St. Gallen, Stiftsbibl. 462, 67: Scherer S. 544. A. von Aich LB. nr. 40. Gödeke, Gr. 2², 27; vgl. 2, 31. 38.

**Ach [krancke] welt der dynen dumben sinne.*
Kolm. Hs. 832ᵈ (925, 2).

**Ach [krancke] welt, wes machtu dich gefräuwen.*
Kolm. Hs. 925, 1.

**Ach cristenvolk von Syon.*
Geistliches Spruchgedicht. Val. Holls Hs. 99ª.

Ach lieben leut.
Weimarer Hs. 43, 76ᵇ. Keller, Erzählungen S. 393 ff.

Ach lieber gott, man sicht es an den layen wol.
Baseler Hs. oben S. 294 f.

**Ach lieber got von himelreich.*
Künzelsauer Fronleichnamsspiel. Vgl. Germania 4, 338 ff. Zeitschrift des V. f. d. wirtemb. Franken Bd. 6.

Ach lieber herre Jhesu Crist.
Heinrich von Loufenberg. Wackern. LB.[4] 1185. Wackernagel, Kirchenlied 2, 534. Hoffmann[2] Nr. 125. Vgl. 3, 219.

Ach lieb mit leyd, wie hast dein bscheyd.
Öglins LB. (1512) Nr. 6. LB. zw. 1513—18, n. 29. Gödeke 2[2], 26. 27. Vgl. 2, 29. 34. 40. 42. 51. Ambr. LB. 6.

**Ach lieb, was zeichstu mich.*
P. Schöffers LB. Nr. 12. Gödeke, Gr. 2[2], 26.

Ach löw, was schmuckest du dinen wadel.
Spruch von 6 Zeilen. St. Gallen, Stiftsbibl. 806, 248. (Scherer S. 544). Züricher Hs.; danach Liliencron 1, 123.

Ach Maria, durch dines kindes tot.
Gebet. Hs. in Bern. Germania 22, 365.

Och metgen, wat hait dir der rocken gedain.
Uhland S. 533. Böhme Nr. 209.

Ach meister, merk waz ich dich lêre.
Kolmar. Hs. Meisterl. 185, 45.

**Ach mensch, du solt nit wunder haben.*
Kolmar. Hs. 339ª (367, 2).

**Ach mensche, lebe in rechter mosse.*
Kolmar. Hs. 352. Münchener Hs. 60, 4.

**Ach mensch, sich an dich selber und herdenck eyn list.*
Kolmar. Hs. 562ᶜ (619, 3).

**Ach mensche fluch der sunden stricke.*
Kolmar. Hs. 321ª (352, 3) und 362ᶜ (398, 4). Münchener Hs. 351, Nr. 60, 6.

**Ach menscheit, wie bistu so öd.*
Michel Beheim. Heidelberg, palat. 312 u. 334.
**Ach menscheit, wie bistu so tumm.*
Michel Beheim. Heidelberg, pal. 312 u. 334.
Ach meiden, du vil senende pein.
München, cgm. 810, 152ᵃ, danach Z. f. d. Philol. 15, 114. Wernigerode, Locheimer LB. 11 (ed. Arnold). Hätzlerin S. 46.
**Ach milter got, ich armer sonder rüff dich an.*
Kolm. Hs. 270.
**Ach mynn all dugent weis.*
Heidelberg, pal. 313, Bl. 328. Vgl. Altswert S. XII.
**Ach mynne, daz du mangen man.*
Kolmar. Hs. 253.
Ach min din süsser anfang.
Hero und Leander. Liedersaal I, 335 ff. Gesammtabent. Nr. 15.
Ach minn, du wunderliche frucht.
Heidelberg, pal. 313. pal. 355. pal. 358. Der Spiegel, gedr. in M. Altswert S. 117 ff.
Ach mynne, wie groß ist din macht.
Ficharts Archiv 3, 297—316.
Ach mynne, wie creftig ist dine craft.
Gotha ch. A. 985. Abschrift in Dresden 105 (Adelung 2, XXIX). Liedersaal 3, 579. pal. 313 (Altswert S. X). Berlin, aus W. Grimms Nachlass: Z. f. d. Alt. 13, 359.
**Ach mynniclicher got ob aller hertzen sin.*
Kolm. Hs. 554ᵃ (608, 5).
**Ach mynnecliches fräuwelin zart durch dine zuht.*
Kolm. Hs. 789ᵈ (869, 3).
**Ach mir, ich tumber, ich bedarf wol sinne.*
Kolmar. Hs. 544, 2. Meisterlieder 108, 20.
Ach mir was lange.
Hadloub. Pariser Hs. Hagen 2, 278ᵃ. Ettmüller S. 1. Bartsch, LD. 87, 1.
Ach owê, daz nâch liebe ergât.
Wilde Alexander. Pariser u. Jenaer Hs. Hagen 2, 365ᵇ. 3, 31ᵇ.

Ach pfenning, wer din vyle hat der redet recht.
Kolmar. Hs. 309. Meisterlieder Nr. 78.
Ach priester, wer möht überkomen.
Harder. Kolmar. Hs. Meisterlieder 186, 34.
Ach priesterschaft, daz sî dir vor gesungen.
Kolmar. Hs. Meisterlieder 149, 25.
**Ach raine muder gottes.*
St. Gallen, Stiftsbibl. 930, 422. 1425. Scherer S. 544.
Ach reinez wîp von guder art.
Lied in der Limburger Chronik ed. Wyss S. 37 f.
Ach richer Christ, wie groß sind unser schulde.
Spruch von Sempach. Liliencron 1, 116.
Ach Rôme, wie du verwitwet bist.
Reimar von Zweter. Hagen 2, 218ᵃ.
**Ach sanffter susser anfangk.*
Trierer Hs. Anzeiger 2, 49 f.
Ach scheiden du vil senende not.
Lied. München. cgm. 379, 106ᵇ. Hätzlerin S. 62.
**Ach scheiden tut mich krenken.*
A. von Aichs LB. Nr. 62. Gödeke, Gr. 2^2, 27.
**Ach sele min, sit dich nach ym gebildet hat.*
Kolmar. Hs. 608.
Ach senliches leiden.
Oswald von Wolkenstein S. 142 ff.
Ach senlichs seufzen ist mein clag und krey.
Hätzlerin S. 215.
**Ach solt man villen di.*
Heinrich von Mügeln. Götting. Hs. Kolmar. Hs. Wiltener Hs. Schröer S. 478.
Ach sorge, du můst zu rucke stan.
Uhland S. 97. Görres S. 45. Böhme Nr. 152.
**Ach starcke manheit, wie pistu dich hie.*
Michel Beheim. Pal. 312 u. 334.
**Ach starcker got, verleich mir hilff und steur.*
Michel Beheim. pal. 312 u. 334.
Ach starker got von himelrîch.
Nürnberg cent. VII. 19. Erlösung S. 214 ff.

Ach süsser anfang.
Liedersaal 1, 351 ff.

**Ach susser got, wie lange sol ich din enbern.*
Kolmar. Hs. 609.

**Ach süsser zarter mynniclicher ihesus crist.*
Kolmar. Hs. 556[c] (612, 5).

Ach suessi frucht, du bist mir wert.
Liedersaal 3, 201.

**Ach sündig mensch, bedenck dich rechte.*
Kolmar. Hs. 361[d] (397, 3). Wiltener Hs. 161, 2.

**Ach tete der sunnen pflanz.*
Heinrich von Mügeln. Götting. Hs. Bl. 171, Str. 7. Kolmar. Hs. 604[c] (668, 7).

Ach döhterlin, min sel gemeit.
Heinrich von Loufenberg. Strassburg. B 121. Wackernagel 2, 535. Böhme Nr. 652.

Ach tot, daz du nicht lere hast.
Suchenwirt S. 38 ff.

**Ach treger mensch, wer hat so ser gebunden dich.*
Kolmar. Hs. 252[a] (283, 9).

**Och truwe untruwen dicke entgilt.*
Wiener Hs. 2940, 139. Hoffmann S. 193.

**Ach trost und wunn, myns herczen augelweyde.*
Kolmar. Hs. 709[b] (793, 3).

Ach tumbe werlt, nu volge mir.
Suchenwirt S. 116 ff. Wiener Hs. 2969, 266 (Hoffmann S. 352). Wiener Hs. 2848, 60[b] dem Teichner beigelegt.

**Ach und owe immer.*
Heidelberg pal. 349. Wilken S. 432.

Ach und wê, des winters twingen.
Frauenlob. Weimar. Hs. Hagen 3. 399[a]. Ettmüller, Lied 6.

**Ach unfal groß, wie gar on moß.*
P. Schöffers LB. Nr. 34. Gödeke, Gr. 2[2], 26, vgl. 2, 34.

**Och valsche hert und roter mundt.*
Gödeke, Grundriss S. 254, Nr. 9.

Ach vater Crist, ich clag mit gir.
Hätzlerin S. 300.
Ach vatter unser also schon.
Straubing 1615. Wackernagel 2, 936.
Ach Venus, wes du wunders kanst.
Liedersaal 1, 235 ff.
**Ach fraw, durch all din gute.*
Kolmar. Hs. 140[c] (145, 5), Donauesch. Hs. 24, 5.
**Ach frauwe, ich lobe dich fur den sonne und fur die man.*
Kolmar. Hs. 789[a] (868, 2).
**Ach frawen nam, du hochgeloptes wort.*
Michel Beheim. pal. 312 u. 334.
**Ach freulin zart, du treist doch einen schnoden mût.*
Kolm. Hs. 664[b] (742, 3).
**Ach freli zart, hilf mir aus not.*
Heidelberg, pal. 392, 29[a], str. 2.
Ach wachter, mein geselle.
Hätzlerin S. 25.
**Ach weer ich als Arestotyles.*
Berlin, aus W. Grimms Nachlass. Zeitschr. f. d. Alt. 13, 361.
Ach weren nu alle de dancken myn.
Kopenhagen. 4 Zeilen. Niederd. Jahrbuch 7, 2.
Ach was sol ich vahen an.
Liedersaal 3. 619.
**Ach was wil doch mein hertz damit.*
A. von Aich LB. Nr. 19. Gödeke, Gr. 2 [2], 27, vgl. 2, 31. 38.
**Ach welt der jemerlichen zuversichte.*
Kolmar. Hs. 833[a] (925. 3).
Ach welt, dîn hôhste wunne.
Otto zum Turne. Pariser Hs. Hagen 1, 343[a].
Ach welt, sich umb dich was got nu mit dir wil tun.
Kolm. Hs. 80[a]. = *Sich umb dich werlt.* Karlsruher Hs. Keller, Erzählungen S. 631.
Ach welt, wie sol ichs fohen an.
Meffrid. Kolmar. Hs. 851. Meisterl. 165.

Ach wer hat mir min fröd entwand.
Tanhusers tagwise. Karlsruhe, germ. 74, 18 b. Anzeiger 5, 171 ff.
Ach werde ersam maget also reyne.
Akrostichisches Ave Maria. Göttingen. German. 12, 60.
**Ach werde manheit, lob sei dir geseit.*
Michel Beheim. Heidelberg, pal. 312 u. 334.
**Ach werder got, nu laß mich dir befolhen sin.*
Kolmar. Hs. 85d (69, 2).
Ach werder may, verspät dich nit.
Hätzlerin S. 59.
Ach werndi myn, syd din kraft.
Liedersaal 1, 95 f.
Ach wibes trew diu ist an menger frowen klein.
Baseler Hs. oben S. 292 f.
**Ach wie gar suberlich und zart.*
Rothes Lob der Keuschheit. Berlin, ms. germ. 4⁰. 186. Vgl. German. 7, 366.
Ach wie ist so lobesam.
Hätzlerin S. 179.
**Ach wy lange wiltus wisen.*
Verlornes Lied von Eberhard von Cersne, Nr. 19.
Ach wie tuont nu die jungen.
Frauenlob. Weimar. Hs. Hagen 3, 361b. Ettm. S. 190.
Ach wîp, dîn süeze alle süeze übrsüezet hât.
Frauenlob. pal. 680, 28a. Kolmar. Hs. 788b (867, 2). Hagen 3, 357a. Ettmüller S. 104.
**Ach wip, ein wonne obe aller wonne.*
Kolmar. Hs. 831b (933, 3).
Ach wîp, ich lobe dich für der liehten bluomen schîn.
Frauenlob. Heidelberg, pal. 392, 28a, str. 3. Hagen 3, 357a. Ettmüller S. 104.
**Ach weiplich art hart tröbstu mein hertz.*
A. von Aich LB. Nr. 49. Gödeke 2 2, 27. Vgl. 2, 31.
**Ach wyser man, durch liebe nieman lob zu vil.*
Kolmar. Hs. 103.
**Ach wuster walt, ich fint dich an.*
Kolmar. Hs. 323.

Ach würffelspil du snodes ampt.
München, cgm. 444, 1ᵃ (unvollendet). Hätzlerin S. 203.
**Ach zertlich frucht obe aller creature.*
Kolm. Hs. 836ᵇ (933, 2).
Ach zeitt, ach zeitt, ach edleu zeitt.
Hs. in Kuppitsch' Besitz. Karajan, Frühlingsgabe S. 147.
Achates ainer des zwelff gestains.
St. Florian (Anzeiger 8, 591). Lambel, Volmars Steinbuch, im Anhang.
**Achates swarz gefar.*
Heinrich von Mügeln. Götting. u. Kolmar. Hs.
Achter mines vaders hof.
Uhland S. 54. Böhme Nr. 158. 159.
**Adam begunde siechen also.*
Heidelberg, pal. 680, Nr. 17.
**Adam bracht uns in großes we.*
Geistliches ABC. Stuttgart, 15. Jahrh., Anzeiger 7, 282.
**Adam das was der erste man.*
Lesch. Kolmar. Hs. 920, 2. München. Hs. 351, Nr. 37, 2.
Adam den êrsten menschen den betrouc ein wîp.
Frauenlob. Würzburg. Hs.; palat. 314, 63. Kolmarer Hs. 81ᵇ und 95ᵈ. Baseler Hs. oben S. 282. Adelung 2, 314. Hagen 3, 355ᵃ. Ettmüller S. 102. Meisterlieder 15, 39.
**Adam der hat nit wol gehalten.*
Kolm. Hs. 386.
**Adam der kam in angest und in große not.*
Kolmar. Hs. 627.
**Adam der fürte eynen reyen.*
Kolmar. Hs. 416.
Adam, ez wart von gote ein ebenbilde fîn.
Frauenlob. Jenaer Hs. Hagen 3, 115ᵃ. Ettmüller S. 111.
**Adam gedacht in sinem synn und was ym also leyde.*
Kolmar. Hs. 821.
**Adam hub sich in ain lant.*
St. Gallen, Stiftsbibl. 969, 219 f. Scherer S. 363.
**Adam sein erst gepot geprach.*
Heidelberg, pal. 680, 25ᵇ (17, 3).

**Adam sulde eyns gebotis phlegen.*
Hs. in Kolmar. Spruchgedicht aus Freidank.

**Adam ind Eva moiste scheiden sich.*
Hs. in Trier. Altd. Blätter 1, 325.

Adam und Eva speyß bracht grossen harmen.
Wackernagel 2, 1083 f. Vgl. Weller, Repertor. S. 167 f.

**Adam und Efa speis ward hart erarnet.*
Dresden M 13, 13[b]. Vgl. Wackernagel 2, 477.

**Adam und Eva wesen ich hie wissen lauss.*
Michel Beheim. pal. 312 u. 334.

**Adam und Eva wurden nacken.*
Kolmar. Hs. 447. pal. 392, Nr. 101.

**Adam und Even schuld wart hart uns armen.*
Zwinger. Kolm. Hs. 25.

Adam und manic verlorne sêl.
Reinmar v. Zweter. Hagen 2, 178[a].

Adam vnse alre vater.
Bruder Hans. Minzloff S. 17 ff. Wackernagel 2, 772.

Adam verlôs niht êwikeit noch die gestalt.
Frauenlob. Weimar. Hs. Hagen 3, 128[a]. Ettmüller S. 44.

**Adam wart uß dem paradise.*
Harder. Kolmar. Hs. 939.

Adducentur regi virgines.
Wien, Schottenkloster. Altd. Blätter 2, 316 ff.

Ade mit leid ich von dir scheid.
Liederbuch der H. Amelie; Ambras. LB. 177; Öglins LB. (1512) Nr. 18. Göd. Gr. 2², 26. Vgl. 2, 30. 39.

Adeler schön Maria ave.
Marien-ABC. Heinrich von Loufenberg. Strassburg, B. 121. Wackernagel 2, 562.

Adonay des gewaldes got.
Väterbuch.

Adonai herre mach mîn herze vrî.
Servatius.

**A. du mein trost und zuversicht.*
Öglins LB. (1512) Nr. 7[a]. Gödeke, Gr. 2², 26.

Agez, du bist ein übel diep.
R. von Zweter. Hagen 2, 208ᵇ.
**Agnus dei daz von dem pabst wirt gewenedeit.*
St. Florian. Hs. 619, 84ᵃ. Czerny S. 211.
A herre got, wie liebe ist mich.
Wizlaw. Jenaer Hs. Hagen 3, 80ᵃ.
Ahî nu kumet uns diu zît, der kleinen vogellîne sanc.
Dietmar von Eist. MF. 33, 15. Hagen 1, 98ᵇ.
Ahî nu sol diu werelt lâzen manige swære.
Heinrich von der Muore. Pariser Hs. Hagen 1, 119ᵇ.
Ahî wie blüet der anger mîner ougen.
Frauenlob. Weimar. Hs. (zweimal). Hagen 3, 397ᵇ. Ettmüller, Lied 4.
Ahî wie kristenlîche nu der bâbest lachet.
Walther. Lachmann 34, 4.
Ahî wie werdeclîche stât.
Friedrich v. Sonnenburg. Hagen 2, 353ᵇ. Zingerle S. 51.
**Achte myn gheboed.*
Wolfenbüttel, Helmst. 442 (jetzt 477), Bl. 128. Heinemann 1, 345.
Ahten ûf die heide.
Jakob von Warte. Pariser Hs. Hagen 1, 66ᵃ.
Ahtet wie mir wære.
Bruno von Hornberg. Pariser Hs. Hagen 2, 67ᵃ.
Al dat geboren wert kumt in de not.
Todtentanz, ed. Baethke.
Al diu welt mit grimme stêt.
Wiener Hs. 160. Hoffmann S. 371. MSD., Wackernagel LB.
**All in der hell apgrunde.*
Kolmar. Hs. 132ᵈ (139, 2).
**All in gedicht ich uberkrien.*
Schilher. Heidelberg, pal. 392, Nr. 15.
All mein pegir sent nach dir.
München, cgm. 810, 156ᵃ. Z. f. d. Philol. 15, 121.
All mein fröd ist ze nicht.
Teichner. Liedersaal 1, 495. A 4ᶜ. C 106ᵃ. D 97ᵇ. E 24ᶜ.

All mein gedank ker ich sunder wank.
Görres S. 52.
All zit zu dir staut min begir.
München, cgm. 810, 114. Z. f. d. Philol. 15, 125.
All zu gesange horet spil.
Kolmar. Hs. 475. Meisterlieder 96.
Alde alde vos sponse rein.
Heinrich von Loufenberg. Wackernagel 2, 604.
Allain on allen zweifel dein.
Hätzlerin S. 51.
Aleine ez eische daz reht.
Marienlegende. Wien 2677, 10. Wien 2694, 55a. pal. 341, 44b. Koloczaer cod. Pfeiffer, Marienleg. Nr. 13.
Algast der wolte rîten.
Kolmar. Hs. Hagen 3, 408a.
Alhie (l. *Ahî*) *sich bœset liute unt lant.*
Frauenlob. Weimar. Hs. Hagen 3, 381a. Ettmüller S. 123.
Alle die do gesündet handt.
Naumburger Hs. Anzeiger 1876, 367 f.
Alle di da sint gidouft.
Hannover. Von den vier Scheiben. Wernher vom Niederrhein S. 50 ff.
Alle die in hôhem muote wellen sîn.
Ulrich von Lichtenstein. Hagen 2, 45b. Lachmann 426.
**Alle die Mariam loben.*
Marien-ABC. Köln. Anzeiger 4, 446.
Alle die nue lebendig sein.
Karlsruhe 481. Keller, altd. Erzählungen S. 41.
**Alle ding di nu uf erden.*
Eingang des Schöffenbuchs von Thorn. 1363. St. Petersburg. Minzloff S. 106.
**Alle ding sint von drein.*
Teichner. Hs. C 289.
**Alle dynck so gude dynk laeß dir liep syn.*
Goldenes ABC. Gotha ch. B. 237.
Alle ding sol man fahen.
Histor. Lied. 1476. Liliencron 2, 82.

Alle êre zergât.
Liedersaal 3, 599.
Alle künige fürsten herren ritter knaben knehte.
Rumelant. Jenaer Hs. Hagen 3, 63ª.
Alle kunst ist guot dâ man ir guote zuo bederbet.
Rumelant. Jenaer Hs. Hagen 3, 62ª.
**Alle menschen die hier gan.*
Kölner Hs. 15. Jahrh. Anzeiger 4, 447 f.
**Alle menschen die got lieb han.*
Spruch von der Messe. O. O. u. J. Weller, Repert. Nr. 113.
Alle menschen sont hút fúr mich gan.
Jüngstes Gericht. Donaueschingen Nr. 136. 14. Jahrh. Barack S. 135. Mone, Schausp. 1, 265 ff.
All mein gedenken die ich han.
Wernigerode, Locheimer Liederbuch. Böhme Nr. 127.
Alle schuole sint gar ein wint.
R. von Zweter. Hagen 2, 183ª.
**Alle stend der welt haben sich verkert.*
Stuttgart, ms. poet. Fol. 7.
Alle welt springe und lobsinge.
Hoffmann, Kirchenlied ² S. 327.
Alle werlet frewet sich.
Breslauer Hs. Hoffmann, Kirchenlied ² 327. Wackernagel 2, 697.
**Aller dinge ein schöpfer mit gewalt.*
Tagzeiten. St. Gallen, Stiftsbibl. 1006, 81. 16. Jahrh. Scherer S. 382.
Aller diser welt her kayser und got.
Sieben weise Meister ed. Keller. Hss. Donaueschingen u. Hamburg.
**Aller disser welt weiszhait chint.*
Todtentanz. München, cgm. 270, 192ᵇ.
**Aller engel wunne.*
Paraphrase des Daniel. Königsberg Nr. 890ᵇ. Zeitschr. f. d. Alt. 13, 511 und die Citate daselbst.
Aller êrst leb ich mir werde.
Walther. Lachmann 14, 38.

Aller güete voller flüete.
Rumelant. Jenaer Hs. Hagen 3, 61ᵃ.

Aller herren ain kaiser und gott.
= *Aller diser welt.*

Aller hohster got der gute.
Giessen Nr. 878, 158ᵇ. Wackernagel 2, 47.

Aller lay tier fürst der löw.
Liedersaal 1, 401. = *Aller tier der leo hauptman.* Teichner C 233ᵇ.

Alderleveste fruntschen, bescheyde mich.
Wiener Hs. 2940, 18. Hoffmann S. 192. ed. Schröder im Nd. Jahrb. II, 54.

Aller meide gimme.
Mönch Felix. Heidelberg, pal. 341, 90ᶜ. Koloczaer Codex. Gotha, ch. A. 216, 99. Bruchstück: Haupts Zs. 5, 433 f. Altd. Wälder 2, 70 ff. Gesamtab. Nr. 90.

Aller mageda reinsda.
Gebet, ed. Keinz, Sitzungsberichte der Münchener Akad. 1870, II, 1, S. 114 f. Zweifelhaft ob als Gedicht aufzufassen.

Aller orden prîse ich niht.
Reinmar v. Zweter. Hagen 2, 218ᵇ.

**Aller ritterschaft zû eren.*
München, cgm. 568, 243ᵃ—244ᶜ. 15. Jahrh.

Aller sælde ein sælic wîp.
Reinmar. MF. 176, 5. Hagen 1, 185ᵇ.

**Aller sêlden trift.*
Heinrich von Mügeln. Götting. u. Kolmar. Hs. Schröer S. 484.

Aller duvel twingerin.
Bruder Hans. Minzloff S. 115 ff. Wackernagel 2, 774 ff.

Aller werdekeit ein füegerinne.
Walther. Lachmann 46, 32.

Aller werlde gelegenhait.
Mönch von Salzburg. München, cgm. 715 (a. Bl. 2, 338); cgm. 1115, Bl. 31. Wien 2856, 235 (Hoffmann S. 249); 2975, 155ᵇ (Hoffmann S. 172); 3946 (Tabulae 3, 123); 4696, 143 (Hoffmann S. 143). München, clm. 5967,

270 (Catal. 3, 3, 60). Strassburg B 121, Bl. 93. Wackernagel 2, 435. 436.

Aller welte nüwerung.
Heinrich von Loufenberg. Strassburg B 121, 94. Wackernagel 2, 437. Nur 7 Zeilen.

Aller wîbe wunne diu gêt noch megetîn.
Kürenberg. MF. 8.

Aller wîsheit anefang.
Hugo von Montfort, Nr. 4.

**Aller wîsheit ein anevanc.*
Ulrichs von Türheim Willehalm.

**Aller wyßheyt fundament.*
Gotha ch. B 237. Sprüche.

Aller wîte ein ümbekreiz.
Johans von Rinkenberc. Pariser Hs. Hagen 1, 339ª.

Alles des man beginnen sol.
München. Albertus' Leben des hl. Ulrich, ed. Schmeller.

Allez daz den sumer her mit vreuden was.
Nithart. Haupt 86, 31.

Alliz daz geschrybin stat.
Schachbuch des Pfarrers vom Hechte.

**Allike gut blift de vilthoet by werden.*
Wien 2940, 142. Hoffmann S. 193.

Alliu creature ir reht.
Hs. in Melk. Germania 3, 357.

Alli menschen sint verlorn.
Liedersaal 3, 607.

**Alleu sach verloren ist.*
Teichner. Hss. A 98ᵈ, B 85ᶜ.

**All meister waz die tichten unde schryben.*
Kolmar. Hs. 765ᶜ (834, 2).

All welt soll billich frôlich seyn.
Osterlied. Wackernagel 2, 976 f. vgl. 5, 1132 f. 5, 1186 f.

**Allz gut dz all dies welt nu hat und ye gewan.*
Kolmar. Hs. 546ª (599, 3).

Alls mein gedenken das ich hab.
Schiller. Wackernagel 2, 843 ff. vgl. Goedeke, Grundr. S. 229.

Als mein gemüt hat sämleich wüt.
Hätzlerin S. 56.
Als mein gemüt hat sich gewant.
Hätzlerin S. 61.
**Almechtig aller dinge.*
Kolmar. Hs. 201^{d} (231, 3).
Almehtic got, barmunge rîch, sich nider in diz ellende.
Mîsnære. Hagen 3, 102^{a}.
**Almechtig got wiß uñ milt unmesseclich.*
Kolmar. Hs. 555^{d} (611, 3).
Almechtig konig in himels tron.
Gegen die Türken. 1455. Weller, Annalen 2, 11. Facsimile-Ausgabe von Aretin 1809.
**Almechtig kunig, ob ich din wunder werd bestan.*
Kolmar. Hs. 102^{a} (84, 3).
**Almechtig vatter, ich bit dich durch die gabe dyn.*
Kolmar. Hs. 230^{a} (257, 8).
Almechtig schopfer aller creature.
Kolmar. Hs. 788. Meisterlieder 146.
Almehtig schepfer, den ich obe den künigen allen prîse.
Konrad von Würzburg 32, 16 Bartsch.
**Almahtig schephar milder kunik sabaoth.*
München, clm. 4350, 38. 14. Jh. Cat. 3, 2, 149.
**Almechtig súnerynne.*
Kolmar. Hs. 131^{d} (136, 4).
Almechtiger got, du pist so stark.
Hülzing. München. Hs. 351, Nr. 27. Meisterlieder Nr. 195.
Almechtiger got her Jesu Crist.
Mönch von Salzburg. Donaueschingen Nr. 111 (Barack 108). München, cgm. 715 (altd. Blätter 2, 348, wo noch 6 andere Hss. angeführt werden). St. Gallen, Stiftsbibl. 392, 58 (Scherer S. 544); Stadtbibl. B. 5 (Scherer, 1859, S. 36). Wien 2856 (Hoffmann S. 245); 3027 (Hoffmann S. 188); 3741 (Tabulae 3, 74); 4696 (Hoffmann S. 168). Hätzlerin S. 81. München, clm. 4423. Stuttgart, kgl. Privatbibl. cod. asc. 38. Eine Kretschmarsche Hs.: Anzeiger 2, 278. — Wackernagel 2, 458. Nach

dem Locheimer Liederbuch (Wernigerode) 2, 458 f. Vgl. German. 20, 443. 24, 399. Weller, Annalen 2, 167.

Almachtiger got, seind Lucifer.
Hs. in Regensburg Nr. 19, Bl. 141 (Anzeiger 7, 494). Wackernagel 2, 936 f.

Almechtige god, vel leve here.
Arnold von Immessen, Sündenfall.

**Almechtiger iemer wesender got.*
s. *Got sich in die menscheit barc.*

**Almechtige, kum, sume nicht.*
Gebet, akrostichisch. Wernigerode Zb. 22.

Almechtiger zarter sußer got.
Suchensinn. Fichards Archiv 3, 237 ff.

**Allmehtiglicher got.*
M. Beheim. pal. 312 u. 334.

**Almechtikeit in gottes wesen.*
Kolmar. Hs. 383^a (422, 3).

**Alpha et o deus sabaot.*
Heinrichs von Neuenstadt Gottes Zukunft.

**Alpha et o du rainer.*
Ulrich Füterer.

**Alpha et o got reine.*
Verlornes Gedicht; vgl. Germania 24, 16.

Alpha et o künic Sabaot.
Rudolfs Barlaam.

**Alpha et o, kung sabaoth alleine.*
Kolmar. Hs. 835.

**Alr myner synne hort luzerne.*
Kolmar. Hs. 407^a (438, 2).

**Als ab on ains sunst will mir kains.*
Veesenmeyers Hs. 15. Jahrh. Anzeiger 1, 15. Vgl. Gödeke, Gr. 2^2, 32.

Als Barnim de fast lütke man.
Histor. Lied. Liliencron 1, 35.

**Als der mon das liechte sin.*
Alani proverbia. St. Gallen, Stiftsbibliothek 656. Scherer S. 544.

Als der sumer kumen was.
München, cgm. 711, 16[b]. Hätzlerin S. 183.
Als der winter wart vertrukt.
Hätzlerin S. 187.
Als des lewen welf geborn.
Marner. Hagen 2, 251[b].
Als die vogele frewelîche.
Heinrich v. Veldeke. MF. 65, 28.
**Als ich einer nacht entschlaffen was.*
H. Folz, Beheim. Irrung. Weller, Repertor. S. 165.
Hagen, Museum 2, 319.
**Als ichz an den buchen las,*
Clemens —
Buch der Märtyrer 86.
**Als ichz an den buchen las,*
do sant Silvester was.
Buch der Märtyrer 97.
**Als ich ez an den buchen las,*
so het Symon und Judas.
Buch der Märtyrer 80.
**Als ich ez an den buchen las.*
von Schotten lande was.
Buch der Märtyrer, Brigitta.
**Als ich euch hab zu erkennen geben.*
Teichner. Hs. C 143.
**Als ich mich versinnen kan,*
sô hilfet ez deheinen man.
Stricker. Heidelberg, pal. 341, 219[b]. Koloczaer codex, Nr. 106. Wien 2705, 67[a].
Als ich mich versinnen kan,
sô stuont nie diu werlt sô trûric mê.
Reinmar. MF. 172, 23.
**Als ich vernymm Matheus stymm.*
M. Beheim. pal. 312 und 334.
Als ich werbe und mir mîn herze stê.
Reinmar. MF. 179, 3.
Als ieman kumet der von Stîrmarke vert.
Bruder Wernher. Hagen 2, 233[b].

**Als wærlich daz wâr ist.*
Stricker. Heidelberg, pal. 341, 166[d]. Koloczaer Codex Nr. 57.
Alsam ein frowe geflammet sich.
Frauenlob. Hagen 3, 382[b]. Ettmüller, Spr. 216.
**Also der sumer grüenet.*
Rosengarte (verloren). Germania 24, 18.
**Also groß ist myn jamer und myn smercze.*
Kolmar. Hs. 709[b] (793, 2).
Alsô guot diu wîle was.
Orendel.
Alsô heilic ist der tac.
Osterlied. Wackernagel 2, Nr. 968—970. Hoffmann[2] Nr. 114 f. vgl. Wackernagel 4, 35; Gödeke, Grundriss 2[2], 38. niederd. Kopenhagen (3 mal): Jahrbuch 7, 2; vgl. 5, 50.
**Alzo ich sol wandel in golt* (Hs. *gelt*).
Heinrich von Mügeln. Weimar. Hs. 43. Vgl. Fastnachtsspiele S. 1451 f.
**Also man dy messe hebet an.*
Hs. von Kuppitsch. 1501. Anzeiger 8, 210.
**Also wurdes noch geschaffen.*
Teichner. Hs. C 296[t].
**Alsus sagent uns die wisen pfaffen.*
Dresden M 60. 15. Jahrh. Schnorr 2. 461.
Alsus wisit uns ein heilig man.
Konrad von Weissenburg. Hs. in Berlin. Hagens Germania 2, 308 f.
**Alte lüt crauwent sich.*
St. Gallen, Stiftsbibl. 692, Bl. 491. 15. Jh. Scherer S. 544.
**Alter, wilt du jarlang nit haben wicz.*
M. Beheim. pal. 312 u. 334.
**Altissimus der schopfenung begynnen.*
Kolmar. Hs. 765[c] (834, 3).
**Altissimus vor dem ich ser erschrecke.*
Kolmar. Hs. 218[a] (245, 2). pal. 392, Nr. 147; danach Hagen 3, 354.

NACHTRAG ZU S. 168–170.

Ein Ferienaufenthalt in Breslau ermöglichte mir, das a. a. O. abgedruckte Bruchstück zu bestimmen. Es gehört der Paraphrase des Hohen Liedes von Brun von Schönebeck an, von welcher nur eine Handschrift bis jetzt bekannt war: Breslau, Stadtbibliothek Nr. 482. Die Handschrift ist aus dem XV. Jahrhundert, mein Bruchstück aus dem XIV. Die Vergleichung bestätigt auch, dass dasselbe vielfach einen besseren Text enthält. Das Stück auf Sp. a steht Bl. 145ª der Breslauer Handschrift. 1 muss gelesen werden (die Hs. ist undeutlich) *an zua werue:* die Bresl. Hs. *in czu varben.* 3 *der* fehlt. 3 ein *daz* fehlt. 6 *glichit.* 9 *Waz ys.* 10 *So gleichet iz sich w.* 16 *deser bouch* ohne Absatz. 18 *erit* fehlt.

Sp. b = 145ᵇ. 19 *genaden.* 20 *Der was*] *Gar.* 23 *dr. t.*] *turen dry* 24 *ouch* fehlt. *vf.* 26 *Daz dy s. insigel.* 27 kein Absatz. *Do her dez vateres w. ynbezunet.* 28 *H. und b.* 30 *zur*] *vor dy.* 31 *So h. den.* 32 *leydigen.* 34 *der.* 36 *Hat und an seynem stryk.* *strit* steht deutlich in dem Bruchstück.

Sp. c = 148ᵇ. 39 *Sy solde ym syn holfe s.* 40 *eyne swere.* 41 *Dy andre brut.* 45 *Deze brut allen czorn vorbyrt Vnd daz sich och nymer vorkirt.* 47 *uns alsus.* 48 *virum potentem.* *virum* (abgekürzt) hat auch das Bruchstück, aber *potente.* 49 *senū.* 50 *Daz sprichet.* 52 *Demutiget den gewaldigen.*

Sp. d = 149ª. 55 *sundir seyn* (: *aleyn*). 56 *ander*] *an.* 61 *hiez*] *geheyzen.* 62 *b. ist och ware.* 63 *schreybet.* 64 *fontes.* 65 *sus o. schreyb und spricht.* 66 *gebricht.* 67 *er hat vlyssendes.* 68 *nicht.* 69 *an ym.* 70 *sich*] *vornym.*

REGISTER.

FSC
www.fsc.org
MIX
Papier | Fördert
gute Waldnutzung
FSC® C083411

Kolibri 360 GmbH
Ferdinand-Jühlke-Straße 7
99095 Erfurt, Deutschland
produktsicherheit@kolibri360.de